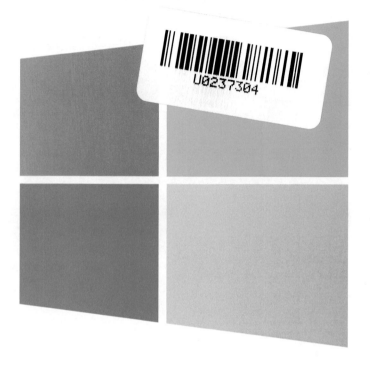

第2版

精解 Windows 10

李志鹏 著

人民邮电出版社
北京

图书在版编目（CIP）数据

精解Windows 10 / 李志鹏著. -- 2版. -- 北京：
人民邮电出版社，2017.8（2020.9重印）
　ISBN 978-7-115-46047-9

　Ⅰ. ①精… Ⅱ. ①李… Ⅲ. ①Windows操作系统
Ⅳ. ①TP316.7

　中国版本图书馆CIP数据核字(2017)第156652号

内 容 提 要

本书全面深入讲解 Windows 10 操作系统的使用方法，全书共计 14 章，包括：
Windows 10 操作系统的变革；Modern2.0 界面的体验以及 Cortana；传统桌面下的改进功能；全新的 Microsoft Edge 浏览器；安装操作系统的方式和方法；存储管理；文件系统；虚拟化；Windows 云网络；常规设置；备份与还原；性能原理和帐户管理；操作系统安全与管理；操作系统故障的解决方案。

- ◆ 著　　　　　　李志鹏
　　责任编辑　　赵　轩
　　责任印制　　焦志炜
- ◆ 人民邮电出版社出版发行　　北京市丰台区成寿寺路 11 号
　　邮编　100164　　电子邮件　315@ptpress.com.cn
　　网址　http://www.ptpress.com.cn
　　北京虎彩文化传播有限公司印刷
- ◆ 开本：720×960　1/16
　　印张：29.25
　　字数：595 千字　　　　　　　　　2017 年 8 月第 2 版
　　印数：16 301 – 16 800 册　　　　2020 年 9 月北京第15次印刷

定价：79.00 元
读者服务热线：(010)81055410　印装质量热线：(010)81055316
反盗版热线：(010)81055315
广告经营许可证：京东市监广登字 20170147 号

序：人人都爱 Windows

万众瞩目的 Windows 10 在 2015 年盛夏华丽登场！Windows 10 可以提供跨设备的移动体验，为用户提供更为个性化的计算，更为强调个人隐私的保护和尊重，可以实现语音、触控、手写和全息等更自然的交互。此外，Windows 10 可以帮助用户提高生产力，为用户提供持续的功能创新和安全更新，以自己喜欢的方式工作和娱乐。

Windows 10 是微软全新一代产品，Windows 和 Windows Phone 两大平台正式得到了整合，新系统均会以 Windows 10 来命名，是微软平台融合之旅的顶点。所有符合条件的 Window 8.1 、Windows Phone 8.1 以及 Windows 7 的设备，都能够在 Windows 10 正式发布的一年内免费更新升级，这是微软首次以开放的方式来推动 Windows 的更新，意味着全球约十亿用户可以免费升级到 Windows 10。

微软把自己定位在 "Enabling Technology" 的公司，生产平台性产品和开发工具，为第三方软硬件厂商提供丰富的增值商机。微软联合众多 OEM 伙伴，造就了 Windows 产品极高的市场占有率。同时 Windows 作为个人电脑操作系统的翘楚，给用户和应用软件开发商带来了更加丰富的选择和更加低廉的成本。

本书作者李志鹏是微软最有价值专家、远景论坛管理员，Windows 操作系统调优的资深专家，曾著有《精解 Windows 8》一书。作者紧跟 Windows 不断更新的脚步，在 Windows 10 发布之际，与大家共同分享 Windows 10 的最新技术和使用方法，使所有的读者能在第一时间领略 Windows 10 的精妙之处。

正如微软总裁萨提亚·纳德拉在发布会的总结："微软 Windows 10 将成为一项服务，这是一个具有深远意义的变革。我们诚挚地期待'人人都热爱 Windows，如生活必需品一样。'"

陈宣霈

微软（中国）有限公司 Windows & Surface 事业部 大中华区总经理

前言

Windows 10 第一个版本（1507）发布至今已有两年之久，期间也进行了数次功能升级，所以本书也基于最新的 Windows 10 创造者更新（1703）进行更新修订。除了修订旧版勘误外，本版还介绍了新功能及特性。

Windows 10 操作系统作为微软最新一代的产品，备受各界关注。而且 Windows 作为生产力平台，很多人想知道 Windows 10 操作系统究竟有哪些大的变革，究竟和 Windows XP、Windows 7 操作系统有何区别，归根到底就只是一个问题：我为什么要去用 Windows 10 操作系统。

经过两年的更新升级，Windows 10 逐渐成熟，功能完备、流畅、易于使用、安全可靠。因此，这本书也旨在通过深入挖掘 Windows 10 操作系统的内置功能和技术，为读者提供使用 Windows 操作系统的新方式、新体验，而不仅仅是教你一些常规的 Windows 使用方法。

本书在编写的过程中，得到了许多人的大力支持，在此表示衷心的感谢。由于水平以及时间有限，书中难免有错误和不足之处，所以殷切希望广大读者批评指正。

李志鹏

2017-05-24

目录

第 1 章

超越传统的 Windows 10

如果说 Windows 8 操作系统的改变是翻天覆地，那么 Windows 10 操作系统可谓是脱胎换骨。在 Windows 10 操作系统的开发过程中，微软广泛的听取了用户的意见，使其不管在性能和易用性上都有长足的进步。

蜕变的 Windows 操作系统

Windows 8 操作系统是自 Windows 95 操作系统以来的又一个重大变革，但是 Windows 8 操作系统过于颠覆的设计，导致学习成本增加，广为被用户所诟病。而 Windows 10 操作系统则是在 Windows 8 操作系统的基础上在易用性、安全性等方面进行了深入的改进与优化。同时，Windows 10 操作系统还针对云服务、智能移动设备、自然人机交互等新技术进行融合。总之，Windows 10 操作系统犹如涅盘重生般蜕变，成为最优秀的消费级别操作系统之一。

更加开放

Windows 10 操作系统从第一个技术预览版到正式版发布，有近 700 万 Windows 会员计划注册网友参与了 Windows 10 操作系统的测试。通过 Windows 会员计划，微软收到了大量的建议和意见，并采纳了部分用户呼声很高的建议。可以说 Windows 10 操作系统是一款倾听了用户建议而完成的操作系统。

微软也承诺每年会为 Windows 10 提供两次重大更新服务，包括安全更新以及新功能等内容，这样可以使你的计算机随时保持在最新的状态。

优化的 Modern 界面

不可否认 Modern 界面一直是 Windows 操作系统中最受争议的部分。微软直接使用"开始"屏幕取代使用了十多年之久的"开始"菜单，这确实让很多用户不适用。因此在 Windows 10 操作系统中，"开始"菜单以 Modern 设计风格重新回归，功能更加强大。

Modern 应用程序在保留 Modern 界面优点的基础上，其操作方式更加符合传统的桌面应用程序操作习惯，这样有助于减低学习成本，使用户能快速上手。

硬件支持更加完善

Windows 10 操作系统对计算机硬件要求低，只要能运行 Windows 7，就能更加流畅的运行 Windows 10 操作系统。此外，Windows 10 操作系统对固态硬盘、生物识别、高分辨率屏幕等硬件都进行了优化支持与完善。

更加安全

Windows 10 操作系统更加安全，除了继承旧版 Windows 操作系统的安全功能之外。

微软还为 Windows 10 操作系统，引入了 Windows Hello、Microsoft Passport、Device Guard 等安全功能。

更加省电

节能减排，是当今社会一直在讨论的话题，而且移动设备越来越普及，设备的电池使用长短也是用户考虑的重要问题之一。而微软也出于省电的目的，为 Windows 10 操作系统做了大量的改进，首要一点改进就是 Modern 界面。Modern 界面简洁，没有华丽的效果，因此能降低操作系统资源使用率，而且微软完善了 Windows 10 操作系统电源管理的功能，使之变得更加智能。

不同平台相同体验

微软着力于统一各平台用户体验，智能手机、平板计算机、桌面计算机都能使用 Windows 10 操作系统，而且操作方式与交互逻辑都相同，用户可以无缝切换平台，而不用付出任何学习成本。同时，通过使用微软云服务，可轻松在各个平台设备中共享数据。

Cortana

Cortana 是微软推出的个人超级助理，也被集成于 Windows 10 操作系统，其能够通过不断学习用户的使用习惯和兴趣来帮助用户组织日常活动。Cortana 会在整个 Windows 操作系统平台上形成一个统一、数据共享的语音式智能服务。

更灵活的升级方式

微软为旧版 Windows 升级至 Windows 10 提高了多种升级方式与工具，即便是普通用户也能完成操作系统升级，从此升级操作系统不再是难事。

第 2 章

Modern 界面体验

2.1 Modern 界面

Modern 界面又称 Metro 界面、Microsoft Design Style 界面。此设计方案已被用于 Windows Phone（Windows Mobile）、Windows 8/8.1、Windows 10、Xbox One、Office 2013/2016 等几乎所有微软主流产品中。

在 Windows 10 操作系统中微软对 Modern 界面进行改进，使 Modern 界面与传统桌面交互使用时更加自然顺畅。对于改进的 Modern 界面，可以称其为 Modern 2.0 界面。

历史

早在 2006 年，微软的设计师们计划重新设计现有用户界面使之具有更加清爽的排版和较少的重点以便于使用。于是 Modern 界面的雏形便诞生于 Zune HD 音乐播放器。Zune HD 音乐播放器的电脑端程序 Zune 也使用了不同于以往的 Portable Media Center 用户界面的清爽排版和设计，如图2-1所示。在2012年发布的 Windows 8 操作系统中，微软首次将 Modern 界面作为重要改进引入桌面操作系统，随后 Modern 界面被广大的用户所熟知，其设计风格也越来越多的被开发者所采用。

图 2-1　Zune

设计理念

微软希望在 Modern 界面上，能够让用户更加方便快捷的获取它们想要的关键信息，而机场和地铁的指示牌则为微软设计团队带来灵感。虽然交通线路错综复杂，但是地铁和机场的指示却十分明晰，便于旅客选择它们想要的线路。在当下互联网信息量过于庞大和冗杂的情况下，可以采用类似于交通指示牌的方式使信息更加简洁，富有条理便于获取。

Modern 界面采用简洁的美术风格和明晰的内容呈现方式，是其标志性的特点，同时也是其设计的核心理念。

图 2-2 Modern 风格的标识牌

Modern 2.0 更新

综合来说，Modern 2.0 主要更新内容如下。

- **Modern 2.0 设计风格更加实用**：Windows 10 操作系统中 Modern 界面更加实用，和传统桌面环境交互更加自然流畅。

- **Modern 应用程序基础功能改进**：Modern 应用程序的基础功能，越来越趋近于桌面应用程序，例如增加关闭、最大化等按钮。运行 Modern 应用程序时，其不再默认全屏显示。

- **取消"开始"屏幕**：Windows 10 操作系统中使用重新设计的"开始"菜单取代 Windows 8/8.1 操作系统中的"开始"屏幕。

- **细节设计微调**：微软重新设计了部分 Modern 界面细节，例如开关按钮由矩形变成了四角带有弧度的按钮、采用汉堡菜单等。

2.2 进化的"开始"菜单

使用 Windows 操作系统的用户一定不会对"开始"菜单陌生。在 Windows 8 操作系统中，微软彻底使用"开始"屏幕替代了"开始"菜单，如图 2-3 所示，而"开始"屏幕对于非触摸屏幕的计算机来说意义不是很大，且"开始"屏幕属于全新功能，普通用户使用"开始"屏幕的学习成本较高。

图 2-3　Windows 8 "开始"屏幕

在 Windows 10 操作系统中，"开始"菜单重新回归，不过此时的"开始"菜单已经过全新设计。在桌面环境中单击左下角的 Windows 图标或按下 Windows 徽标键即可打开"开始"菜单，如图 2-4 所示，"开始"菜单左侧依次为常用的应用程序列表以及按照字母索引排序的应用列表，左下角为用户帐户头像、Modern 设置以及开关机快捷选项，右侧则为"开始"屏幕，可将应用程序固定在其中。

图 2-4　"开始"菜单

常用应用程序列表中显示的应用程序支持在"开始"菜单中使用跳转列表，在应用程序图标上单击右键即可打开跳转列表以及常用功能选项。

在"开始"菜单中，应用程序以名称中的首字母或拼音升序排列，单击排序字母可以显示排序索引，如图 2-5 所示，通过索引可以快速查找应用程序。

图 2-5　应用列表索引

"开始"菜单有两种显示方式，分别是默认的非全屏模式和全屏模式。同时，还可在"开始"菜单边缘拖动鼠标调整"开始"菜单大小。

 注意　"开始"菜单功能设置选项在 Modern 设置 - "个性化" - "开始"中，其中可自定义快捷选项列表以及设置全屏显示"开始"菜单等。

"开始"菜单右侧界面显示的那些类似于图标的图形方块，称为动态磁贴（Live Tile）或磁贴，其功能和快捷方式类似，但是它的功能不仅限于打开应用程序。动态磁贴有别于图标，因为动态磁贴中的信息是活动的，在任何时候都显示正在发生的变化。例如 Windows 10 操作系统自带的 Modern 邮件应用，其会自动在动态磁贴上滚动显示邮件简要信息，而不用打开应用。因此动态磁贴中所呈现的东西都是用户接受到的信息和内容，用户在生活和工作上需要获取的信息，可以非常方便的呈现在面前。

在"开始"菜单中，右键单击固定的动态磁贴或应用程序列表中的应用程序即可显示功能菜单，如图 2-6 所示，其中可选择取消动态磁贴固定、卸载、固定至任务栏、调整动态磁贴大小以及关闭动态磁贴等选项。默认情况下动态磁贴最多有 4 种大小显示方式。拖动"开始"菜单中的动态磁贴可自由移动至"开始"菜单任意位置或分组中。Windows 10 操作系统中对动态磁贴的操作方式和 Windows 8/8.1 操作系统中是一样的。

图 2-6 磁贴功能菜单

2.3 多彩的 Windows 10

在 Windows 10 中，微软为个性化设置提供了丰富的选项。首先微软为 Windows 10 锁屏界面添加了 Windows 聚焦，Windows 聚焦（Windows Spotlight）是一项锁屏壁纸功能，选择 Windows 聚焦后，每次登录操作系统时会显示不同的锁屏背景。使用 Windows 聚焦不必刻意的去设置锁屏壁纸，操作系统会自动更换壁纸并且壁纸上可能会有"热点"提供新功能和应用推荐提示，如图 2-7 所示。

图 2-7 锁屏界面

以往 Windows 7/8 等操作系统的登录界面都使用默认界面或配色，而 Windows 10 操作系统中，可以设置登录界面显示锁屏壁纸，如图 2-8 所示，这使 Windows 10 登录界面更美观现代化。

图 2-8　登录界面

此外，在 Windows 10 创意者（1703）更新中，微软还添加了主题商店，如图 2-9 所示，可以使用 Windows 应用商店下载安装更多的主题。

图 2-9　主题设置

2.4 平板模式

在 Windows 10 操作系统中，用户可使用的操作环境有两种，分别是桌面模式和平板模式。桌面模式也就是自 Windows 95 操作系统开始一直被使用至今的桌面环境，应用程序图标放置于桌面，通过任务栏切换或关闭打开的应用程序。平板模式是 Windows 10 操作系统新增的操作环境，其适合于使用触屏显示器的计算机、平板计算机以及 Surface 之类的混合形态的计算机设备。平板模式旨在让桌面和 Modern 界面和谐共存。

在操作中心中单击"平板模式"快捷操作按钮即可快速启用平板模式，如果使用的是 Surface 之类的混合形态计算机，当分离键盘后操作系统会自动提示是否启用平板模式。启用平板模式之后，"开始"菜单全屏显示，应用程序列表自动隐藏，但可通过屏幕左上角的汉堡按钮、电源按钮以及应用程序按钮显示应用程序列表和电源操作选项。此外，默认情况下任务栏只显示开始按钮、后退（上一步）图标、搜索图标（Cortana 图标）、多任务图标以及通知区域图标，不显示固定至任务栏和已打开的应用程序图标，如图 2-10 所示。同时，通知区域图标间隔变大以应对触屏操作。除此之外，文件资源管理器以及微软 Office 等都会在平板模式中做显示优化并调整图标、字体间隔以应对触屏操作。

图 2-10　平板模式

在平板模式下桌面环境无法使用，"开始"菜单将是唯一的操作环境，并且在平板模式中运行任何应用程序或打开文件资源管理器窗口，其都将全屏显示。

在图 2-7 的右侧会显示"开始"菜单功能按钮，单击顶部第一个按钮即可完全显示功能按钮，如图 2-11 所示。单击"已固定的磁贴"，就会显示所有已经固定在"开始"屏幕中的磁贴，该选项也是平板模式默认显示模式；单击"所有应用"即可显示所有应用程序列表，如图 2-12 所示，同样使用首字母或拼音升序排列，单击排序字母可以显示排序索引。

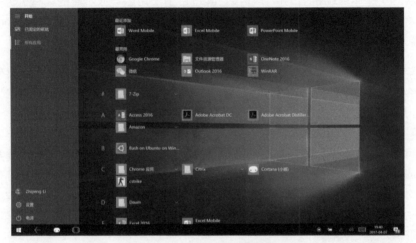

图 2-11　"开始"菜单功能列表

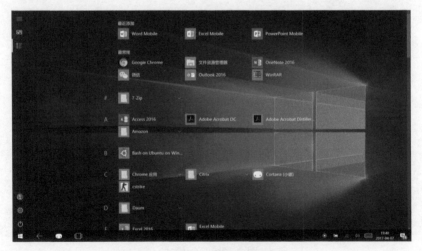

图 2-12　"开始"菜单应用程序列表

平板模式的交互逻辑其实和 Windows 10 Mobile 操作系统交互逻辑非常相似。当在平板模式中打开应用程序时，任务栏所显示的开始按钮、后退图标、搜索图标（Cortana

图标）、多任务图标，功能上分别与 Windows 10 Mobile 中的开始按钮、后退按钮、搜索按钮相对应。单击开始按钮，可进入"开始"菜单或返回上一个打开的应用程序；单击后退图标，可返回上一步界面；单击多任务图标，可切换应用程序或关闭应用程序，如图 2-13 所示；单击搜索图标（Cortana 图标），可使用 Cortana 个人助理或搜索本地计算机和网络。在平板模式下的操作方式和 Windows 10 Mobile 中的操作方式，可以说是一模一样，如果使用过 Windows 10 Mobile 或 Windows Phone 手机，则能很快适应平板模式的操作方式。

图 2-13　多任务视图

 注意 可在 Modern 设置界面的"系统"-"平板电脑模式"选项分类下对平板模式进行设置。

2.5　Modern 设置界面

微软在 Windows 10 操作系统以及后续的更新版本中继续加强并改进 Modern 设置，越来越多的功能设置选项被移至 Modern 设置，有意识的弱化用户使用控制面板的习惯。在 Windows 10 创意者（1703）更新中，操作系统默认打开的都为 Modern 设置。可以说 Modern 设置就是控制面板的替代品，但是相较于控制面板，Modern 设置功能设置分类更加合理，设置选项更加简洁易懂。而且 Modern 设置具备强大的搜索功能，可以在使用关键词快速查找需要的设置选项。

在图 2-4 中的"开始"菜单左下脚单击齿轮状图标或按下 Win+I 组合键即可打开

Modern 设置界面，如图 2-14 所示。Modern 设置共有 11 种设置分类，以下分别介绍。

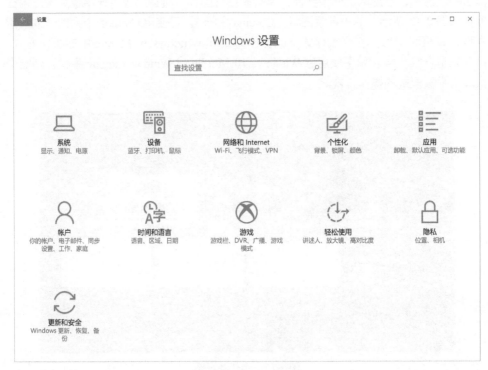

图 2-14　Modern 设置

系统

在系统分类中，主要包含电源和睡眠、存储、显示以及多任务等有关操作系统设置的选项，如图 2-15 所示。Windows 10 操作系统支持将 Modern 设置中的设置选项固定至"开始"菜单，只需在左侧选项列表中右键单击要固定的设置选项，然后在出现的菜单中选择"固定至开始屏幕即可。

系统分类中默认显示关于显示器方面的设置选项，包括文本显示比例、屏幕亮度、显示方向、多显示器设置等。同时，在桌面右键菜单中选择"显示设置"即连接至此设置界面，控制面板中关于显示设置选项已被移除。

相对于 Windows 10 早期的版本，在 Windows 10 创意者更新中，微软将 Modern 设置中更多一级与二级界面里的设置选项进行合并，使所有设置选项只在一级界面中显示，减少用户操作步骤，提示用户体验。

图 2-15　系统

Windows 10 创意者更新中，微软新加入了夜灯显示模式，自动调节屏幕的色温，使屏幕减少蓝光显示。缺乏蓝光的屏幕偏红、黄暖色调。目的是让夜晚或暗光下使用计算机的用户能够减少蓝光对眼睛的过多刺激。

启用夜灯模式后，操作系统会根据当天日出日落时间自动开启和关闭夜灯模式下的色温调整，当然也可以自定义开启和关闭时间，如图 2-16 所示，在该图所示的界面中可以手动调整色温值，拖动滑块向左，显示效果就越偏向红色，意味着色温升高，反之就偏向黄色和白色（正常颜色）。

存储选项分类中可以显示所有硬盘分区的空间使用情况，并且具有存储感知功能，当硬盘空间不足时自动删除不需要的文件。此外，还可以修改 Modern 应用、游戏、音乐、视频、图片、文档的默认保存位置，如图 2-17 所示。其中标注为"此电脑"的硬盘分区即为 Windows 分区，单击"此电脑"分区之后，操作系统将按照 13 种数据分类，显示 Windows 分区的硬盘空间使用情况，如图 2-18 所示。

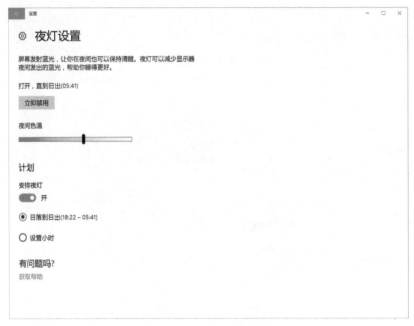

图 2-16 夜灯模式设置

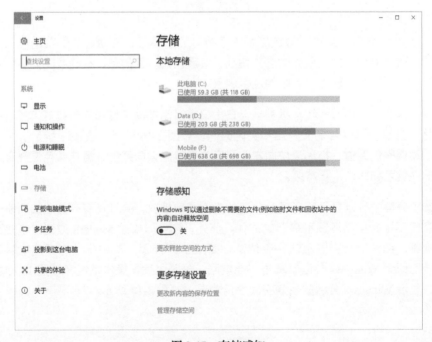

图 2-17 存储感知

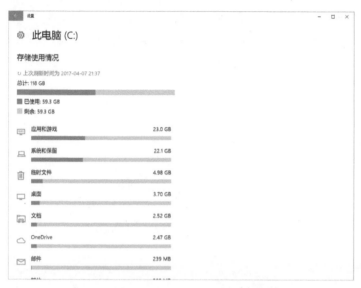

图 2-18 Windows 分区硬盘空间使用情况分类

设备

设备分类下主要包含连接至计算机的外围设备的设置选项，例如鼠标、打印机与扫描仪、蓝牙、自动播放等设置选项，如图 2-19 所示。

图 2-19 设备

网络和 Internet

网络和 Internet 分类中主要有无线网络、宽带拨号、代理、VPN、飞行模式、移动热点以及数据量统计等设置选项，如图 2-20 所示。其中在各子类选项中还显示控制面板中的有关网络设置选项的链接。

图 2-20　网络和 Internet

Windows 10 创意者更新中还具有移动热点功能，用户可以方便的将网络连接作为热点 WiFi 分享至其他计算机或手机设备使用，如图 2-21 所示，使用该功能前，请确保要分享的计算机有能正常使用的无线网卡。

个性化

个性化分类中主要包括背景、主题、锁屏界面、窗口颜色以及"开始"菜单以及任务栏等设置选项，如图 2-22 所示。其中部分设置选项也会连接至控制面板。

图 2-21 移动热点

图 2-22 个性化

应用

在应用选项中，用户可以设置有关应用程序安装 / 卸载、默认应用以及离线地图等。

其中应用和功能分类选项里，操作系统会自动检测安装的应用程序大小并列表显示，显示方式可按照应用程序大小、安装日期、名称和所在硬盘分区排序显示，也可以输入应用程序名称进行搜索，如图 2-23 所示，选中列表中应用程序即可单击"卸载"按钮卸载该应用程序。"应用和功能"部分的替代了控制面板中的"程序和功能"。

此外，在应用和功能分类选项中，用户还可以选择应用程序的安装来源，如图 2-23 所示，其中可以选择只安装 Windows 应用商店中的应用。

图 2-23　应用

帐户

帐户分类选项主要包含有关帐户方面的设置选项，如图 2-24 所示。可在帐户分类中设置使用启用或停用 Microsoft 帐户，还可管理其他帐户。此外，还可以在同步你的设置选项中选择同步保存在 OneDrive 中的操作系统设置、个性化设置、密码以及浏览器收藏夹等信息。帐户分类选项部分的替代了控制面板中的"用户帐户和家庭安全"。

时间和语言

时间和语言分类选项主要可对时间、显示语言、输入法、区域等选项进行设置，如图

2-25 所示。为了针对广大的国内用户，微软在 Windows 10 创意者更新的日历中添加了农历显示功能，用户可在图 2-25 所示的界面中设置是否显示农历。

图 2-24　帐户

图 2-25　时间和语言

游戏

游戏分类选项是 Windows 10 创意者更新中新增功能，如图 2-26 所示，该分类选项主要为游戏体验设计，包括游戏录屏、截图、游戏 DVR 以及游戏模式等。

图 2-26　游戏

其中使用游戏模式后，当运行游戏程序时操作系统会自动为游戏分配更多的系统资源。使用游戏模式前需要先标记游戏，使操作系统知道该游戏需要使用游戏模式，按下 Win+G 组合键会打开如图 2-27 所示的界面，勾选界面中选项，则会打开如图 2-28 所示的游戏工具栏，在其中可对该游戏进行截图、录屏等操作。

图 2-27　标记游戏

图 2-28　游戏工具栏

轻松使用

轻松使用分类选项中主要包含操作系统辅助功能的设置选项，例如讲述人、放大镜、高对比度、鼠标样式、键盘等设置选项，如图 2-29 所示。

图 2-29　轻松使用

隐私

隐私分类选项主要包括位置、摄像头、麦克风、联系人等有关计算机隐私方面的设置选项，如图 2-30 所示。

更新和安全

更新和安全分类选项主要包括 Windows Update、系统备份、系统恢复以及 Windows Defender 等设置选项，如图 2-31 所示。此分类中的设置选项会在后续章节中做详细介绍。

图 2-30　隐私

图 2-31　更新与恢复

2.6 操作中心

Windows 10 操作系统引入了全新的操作中心，可集中显示操作系统通知、邮件通知等信息以及快捷操作选项。

默认情况下，操作中心会在任务栏通知区域以图标方式显示，图 2-32 所示为操作中心有通知信息和没有通知信息状态下的图标样式，单击图标即可打开操作中心，如图 2-33 所示。此外，使用 Win+A 组合键可快速打开操作中心。

图 2-32　操作中心图标状态　　　　　　　图 2-33　操作中心

操作中心有两部分组成，最上部分为通知信息列表，操作系统会自动对其进行分类，单击列表中的通知信息即可查看信息详情或打开相关设置界面。自左向右滑动通知信息即可从操作中心将其删除，单击顶部的"全部清除"将清空通知信息列表。

操作中心底部为快捷操作按钮，主要包括平板模式、WLAN（如果有无线网卡）、夜灯、显示器亮度、VPN、位置、飞行模式、电源（笔记本或平板计算机）、移动热点、免打扰时间、节电、投影、模式、便笺、媒体连接、Modern 设置以及蓝牙（如果有蓝牙设备）等 16 种快捷操作选项，默认只显示其中 4 种，单击快捷按钮右上角的"展开"即可显示全部种快捷操作选项。单击快捷操作按钮可快速启用或停用无线网络、飞行模式、定位等功能，也可快速打开电源、媒体连接、Modern 设置等设置界面。

在 Modern 设置中依次打开"系统"-"通知和操作"，可修改快捷操作按钮位置以及增加删除快捷操作按钮，如图 2-34 所示。此外，还可以该设置界面中，设置操作中心是否接收特定类别的通知信息。

图 2-34　通知和操作

2.7　Cortana

Cortana，中文名称为"小娜"，其名来自于游戏《光晕》中的人工智能 Cortana。Cortana 是一款个人智能助理而不是语音助手，她能够了解用户的喜好和习惯并帮助用户进行日程安排、回答问题、显示关注的信息等。

Cortana 可以说是微软在机器学习和人工智能领域方面的尝试，微软想实现的是 Cortana 与用户进行智能交互式的对答，不是简单的与用户进行基于存储式的问答。Cortana 会记录用户的行为和使用习惯，然后利用云计算、必应搜索和非结构化数据分析程序，读取和"学习"包括计算机中的电子邮件、图片、视频等数据，来理解用户的语义和语境，从而实现人机交互。

2.7.1 启用 Cortana

当首次使用操作系统进行初始化设置时，会提示是否启用 Cortana，选择启用即可。默认情况下只要当前操作系统环境符合 Cortana 要求，则会自动启用。在 Windows 10 一周年更新及以后的版本中，不需要使用 Microsoft 帐户登录操作系统也能使用 Cortana。

当第一使用 Cortana 时，其会要求进行语音识别测试，以便提高语音识别度，如图 2-35 所示，可以立即测试，也可以选择以后测试。

图 2-35　语音测试

 注意 启用 Cortana 需要保证当前操作系统所设置的地理位置与安装的语言相对应，否则无法使用 Cortana。

2.7.2 唤醒 Cortana

启用 Cortana 之后，其默认处于静默状态，可以使用以下三种方式唤醒。

■ 单击图 2-36 中的麦克风图标即可唤醒 Cortana 至聆听状态，并使用麦克风与之对话，如图 2-37 所示。如果单击图中的搜索框，则打开 Cortana 主页并显示用户已经关注的一些信息，例如天气、新闻资讯等，如图 2-38 所示。

图 2-36　Cortana 搜索框

图 2-37　Cortana

■ 按下 Win+S 组合键，可打开 Cortana 主页。按下 Win+C 组合键，唤醒 Cortana 至迷你版聆听状态，如图 2-39 所示。

图 2-38　Cortana 主页

图 2-39　Cortana 聆听状态

■ 对这计算机麦克风说"你好小娜"（如果启用）。Cortana 自动监听用户所说的话，当监测到用户说"你好小娜"时，则自动唤醒 Cortana 至聆听状态。

当计算机处于锁屏状态时，也可以使用麦克风说"你好小娜"来唤醒 Cortana。

2.7.3　设置 Cortana

Cortana 可设置选项不多，单击图 2-37 左下角的齿轮按钮可以 Cortana 设置界面，如

图 2-40 所示，在其中可设置 Cortana 图标、历史记录
以及其他更详细设置选项。

Cortana 会自动记录用户信息并加密上传至微软云服
务，如果对个人隐私信息敏感，可在关闭 Cortana
之后，手动删除记录的用户信息。在浏览器中输入
https://account.microsoft.com/privacy#/cortana 并使用和
Cortana 关联的 Microsoft 帐户登录，然后按照提示删
除 Cortana 中保存的个人信息。

默认情况下，任务栏会显示如图 2-36 所示的 Cortana
搜索框。如果任务栏空间有限，可在任务栏单击右键
并在出现的菜单中选择"搜索"或"Cortana"，然后
在打开的二级菜单中，可选择隐藏、显示 Cortana 图
标、显示搜索框等选项设置搜索框的显示类型。

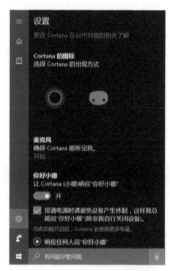

图 2-40　Cortana 设置界面

2.7.4　玩转 Cortana

Cortana 不仅仅是简单的语音助理，她具备的功能丰富多样，例如打开应用程序、安
排日程、出行路线规划、重大新闻提醒、天气提醒等。此外，微软也在为 Cortana 不
断的添加新功能，使其能更能更加强大易用。

Cortana 真正的智能助理

Cortana 设计灵感来自现实中的助理人员，其与必应搜索高度集成。Cortana 就像一位
真正的助理，她不仅能帮用户打开应用程序，而且她有自己的"笔记本"，用来存储、
记忆并更新用户的兴趣、喜好等信息。Cortana 可以及时向用户发送通知，使用户不
会错过任何最关心的信息，比如当航班延误时，当有重大新闻时。用户还可以添加自
己的兴趣，在 Cortana 功能菜单中选择"笔记本"，然后在出现的图 2-41 的界面添加
感兴趣的笔记本。

贴心的 Cortana

Cortana 的提醒功能非常贴心，她会通过多种方式来提醒。"时间提醒"会在特定时间

提醒用户，以免迟到或失约；"位置提醒"会在特定地点提醒用户，以防在某地忘记做某事情；"联系人提醒"会提醒用户在和某人联系时，做某些事情。

在 Cortana 功能菜单中选择"提醒"选项，然后在提醒设置界面中根据时间、位置、联系人等分类设置提醒信息，如图 2-42 所示。

图 2-41　添加笔记本

图 2-42　Cortana 提醒设置

有趣的 Cortana

Cortana 能像真人一样陪你聊天，她非常聪明与人性化，不仅会模仿周杰伦，还会唱葫芦娃，还可以讲很多笑话以及绕口令。例如对 Cortana 说：爱是什么，她会像个诗人一样回答：是一种深刻的眷恋与羁绊，如图 2-43 所示。如果 Cortana 无法回答用户的问题，则她会自动打开浏览器搜索该问题。Cortana 语音识别率高且迅速，只要会说普通话即可被识别，此外，Cortana 还支持识别粤语并能与用户对话。

Cortana 与用户对话的是女性声音，其声音甜美，普通话字正腔圆，让人心情舒畅。Cortana 和其他语音助手相比，在中文发音上并不是机械式的一个字一个字的朗读，而是像人类一样抑扬顿挫的发音，与 Cortana 对话更像是在与人类沟通，而不是计算机。

图 2-43　Cortana 对话

听音识曲

此外，Cortana 还能根据听到的音乐识别歌曲名称，也就是听音识曲功能。单击图 2-37 右上角的音符符号即可启动听音识曲，如图 2-44 所示。对着 Cortana 哼唱一首歌，Cortana 会很快识别并显示歌曲信息，如图 2-45 所示，单击识别出的歌曲信息即可使用关联的音乐播放器搜索并播放。从实际使用效果来说，Cortana 歌曲识别率相当高，只要不是太冷门的歌曲基本都能被识别。

图 2-44　听音识曲

图 2-45　音乐识别

综合来说，Cortana 可完成表 2-1 中的场景任务。

表 2-1　　　　　　　　　　　　　Cortana 任务列表

Cortana场景	举例
打开应用程序	• 打开天气 • 打开邮件
聊天	• 给我讲个笑话 • 给我唱首歌
电话（移动版）	• 给妈妈打电话
发短信（移动版）	• 给爸爸发短信
日历	• 将我下午3点的事件更改到4点 • 今天下午6点有什么事 • 我下一步该做什么

续表

Cortana场景	举例
提醒	• 提醒我明天去取干洗的衣服 • 当米珺打电话时，提醒我祝贺她创办新专栏
闹钟	• 早上6点叫醒我 • 关闭下午3点的闹钟
备注	• 写便笺 • 注意：将我的车留在第4层上
音乐	• 播放[艺术家] • 开始播放[歌曲] • 播放[专辑]
地图和路线	• 向我提供到上海的路线 • 我在哪里 • 去上班的路上的交通情况如何
地点查询	• 我附近有星巴克吗 • 告诉我附近评价高的餐馆
天气	• 这个周末会下雨吗 • 外面冷吗 • 今天天气如何 • 下周的天气预告是怎么说的 • 北京现在很热吗
现实	• 世界上最高的女人是谁 • 美国总统是谁 • 德国的首都是什么
航班	• 中国东方航空公司航班737的状态如何 • 国航航班16点能准时到达吗
体育	• 最新NBA消息
生活	• 我的快递到哪了 • 我买的股票啥价格 • 1+1等于几

2.8　Windows Ink

Windows 系统一直在追求最自然的人机交互方式，随着数字笔的流行，微软在 Microsoft Edge 浏览器和 OneNote 中已经加入众多手写功能，不过很多用户仍不能在 Windows 上很好的掌握手写输入。

在 Windows 10 中，微软大大简化了手写笔输入体验，使得数字笔使用如同真正纸笔那样简单。Windows Ink 则为数字笔而生，其手写、用笔体验近乎真正的纸笔。

单击桌面右下角的系统托盘上的笔形图标或是使用类似 Surface 手写笔顶部按钮就可以启用 Windows Ink，如图 2-46 所示。Windows Ink 主要由三部分组成，分别是便笺（Sticky Notes）、草图板（Sketchpad）、屏幕草图（Screen Sketch）

全新升级的便笺

使用便笺功能，可以记录一些常用的信息，包括重要事项、提醒事项等信息，然后将其固定至桌面，以便随时提醒自己，如图 2-47 所示。使用便笺功能，你再也不会错失任何灵感或细节。记下航班号和航班状态，或者记下某个地址，地图会为你找到最佳出行路线。

图 2-46　Windows Ink 工作区

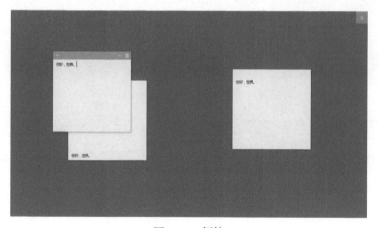

图 2-47　便笺

草图板——创意白板

受日常使用纸笔启发，微软加入了草图板功能，用户可以将想法和创意随时记录下来，包括文字、涂鸦、问题解决方案等。甚至可以调出直尺等工具将手掌按在屏幕上，使用手写笔进行划线等，就像使用日常纸笔一样。

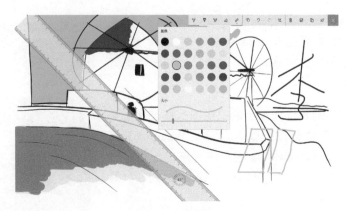

图 2-48　草图板

屏幕草图——表达和创作

屏幕草图使得你可以在整个桌面上进行标注涂鸦，然后分享给其他人，这是最自然的使用和分享创意方式。

图 2-49　屏幕草图

2.9　搜索

Windows 10 操作系统中的搜索功能与 Cortana 高度集成且功能强大并支持全局搜索。在任务栏的搜索框中输入关键词或打开"开始"菜单直接输入关键词即可使用搜索功能。此外，按下 Win+S 组合键也能使用搜索功能。使用搜索时，其会自动根据输入的关键词显示最佳匹配项目，如图 2-50 所示。如果要进行更精确的搜索，可以单击图

2-50 所示右上角的"筛选器",打开搜索分类列表,如图 2-51 所示。操作系统将按照文档、文件夹、应用、设置、视频、照片、音乐、网页 8 种分类,显示要搜索的对象。

图 2-50　搜索列表

图 2-51　搜索筛选列表

2.10　关机

在 Windows 8 操作系统中,没有"开始"菜单且关机按钮也不在显眼的位置,因此给用户造成了很大困扰。好在微软在 Windows 10 操作系统的"开始"菜单中添加了关机按钮,如何关机也不再困扰用户的了。

Windows 10 操作系统的电源管理中,默认设置按下计算机电源按钮(Power 按钮)即可自动关闭计算机,但此种关机方式不一定适用于所有用户,因此除此之外,还有其他 3 种关机方式。

通过"开始"菜单关机

打开"开始"菜单,在其底部单击"电源"选项即可弹出选项菜单,如图 2-52 所示,单击"关机"即可关闭计算机。

使用关闭 Windows 对话框关机

在桌面环境中按下 Win+F4 组合键,打开"关闭 Windows"对话框,如图 2-53 所示,对话框默认为关机操作，在下拉菜单可选择其他操作方式。

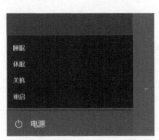

図 2-52　电源菜单　　　　　　　　図 2-53　关闭 Windows 对话框

使用 Win+X 组合键菜单关机

按下 **Win+X** 组合键并在打开的菜单中单击"关机或注销"，然后即可在弹出的子菜单中选择关机选项。

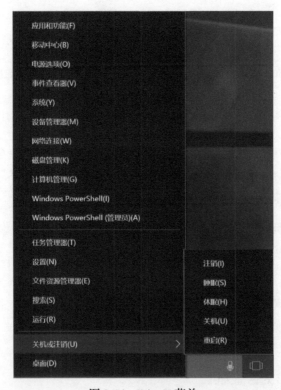

図 2-54　Win+X 菜单

2.11 Windows 应用商店

Windows 应用商店是获取 Modern 应用程序的唯一途径。在 Windows 10 操作系统中，微软重新设计了 Windows 应用商店，使其显示和分类更加合理。Windows 应用商店将包括现有的上百万的 Windows 和 Windows Phone 应用、4000 万 Groove Music 音乐、40 万电影和电视剧。此外，Windows 应用商店还支持下载安装 PC 游戏、桌面应用程序、电子书、Microsoft Edge 插件以及系统主题等服务。

Windows 应用商店内购买的数字内容将可在安装有 Windows 10 操作系统的设备上使用，包括手机、平板计算机、笔记本计算机、台式计算机、Surface Hub、HoloLens、Xbox 等其他设备。

注意 音乐、电影和电视剧下载服务目前只支持美国、加拿大、爱尔兰、英国、澳大利亚和新西兰等地区用户使用，以后会陆续支持其他国家或地区的用户使用。

Windows 通用应用程序

Windows 应用商店是安装 Modern 应用程序的唯一途径，商店中提供专用和通用两种类型的 Modern 应用程序。所谓专用 Modern 应用，是指只能在普通计算机和手机等其中的一个设备中安装使用的 Modern 应用程序，也就是说对于收费的 Modern 游戏应用，需要在普通计算机和手机的 Windows 应用商店中分别购买才能使用。而通用应用又称 Windows 通用应用程序（Universal Windows Platform，UWP），只要在某一个平台的 Windows 应用商店购买 Modern 应用程序，即可在其他平台设备中免费使用。通用应用是微软力推的 Modern 应用程序类型，使用通用应用不仅能为消费者省钱，还为开发者减少了开发成本，使其开发的 Modern 应用程序只需编译一次即可在 Windows 全平台运行。

Windows 10 操作系统自带的 Modern 应用程序都为通用类型程序。通用类型的 Modern 应用程序会根据屏幕或应用程序窗口的大小，自动选择合适的界面显示方式。例如 Windows 10 操作系统自带的 Modern 邮件应用，当将应用程序窗口拉大，则其会显示左侧的邮件文件夹列表，如图 2-55 所示。如果将其应用程序窗口拉小，则其会将邮件文件夹列表隐藏至汉堡菜单并使用紧凑型的界面显示方式，如图 2-56 所示，这就和 Windows 10 Mobile 操作系统中的邮件应用界面显示方式一模一样。

图 2-55 邮件应用常规显示方式

图 2-56 邮件应用紧凑显示方式

目前，对于国内用户常用的 QQ、微信、淘宝、唯品会、微博、百度、大麦、爱奇艺、哔哩哔哩以及优酷等都推出了通用应用类型的 Modern 应用程序。

Windows 应用商店体验

在"开始"菜单或任务栏中单击图 2-57 所示的图标
即可打开 Windows 应用商店，如图 2-58 所示。

图 2-57　Windows 应用商店图标

Windows 应用商店会展示热门应用程序列表，如果要查找特定应用，可在右上角输入
关键词进行查找。

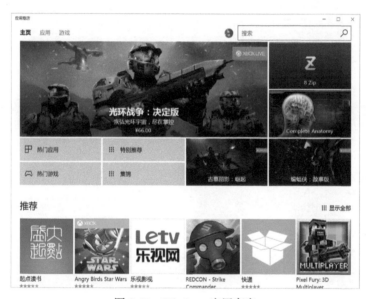

图 2-58　Windows 应用商店

安装 Modern 应用程序只需单击应用图标，然后在打开的安装界面中单击"安装"选
项（如果是付费 Modern 应用程序，则显示标有该应用价格的按钮选项），如图 2-59
所示，Windows 应用商店将开始自动安装，安装完成之后，"开始"菜单应用程序列
表将会显示该 Modern 应用程序图标并且操作系统会出现弹窗提示。

如果安装的 Modern 应用程序有更新，则会在图 2-58 右上角的头像图标旁边显示下载
图标提示有更新可用，单击该图标可在出现的更新界面中选择对 Modern 应用程序进
行更新，如图 2-60 所示。

注意　对于付费 Modern 应用程序，支持使用支付宝付款，安装时按照向导
提示进行购买安装即可，这里不再赘述。

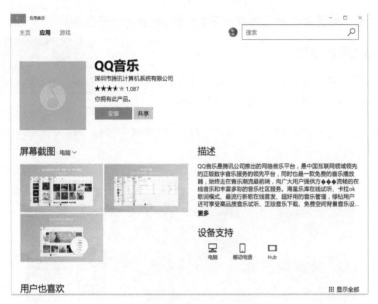

图 2-59　Modern 应用安装界面

图 2-60　Windows 应用商店更新

Windows 应用商店管理

Windows 应用商店的管理主要指已购买应用、更新、下载等方面的管理。单击
Windows 应用商店右上角搜索框旁边的头像图标，打开 Windows 应用商店选项菜单，

如图 2-61 所示，可根据需要选择相应的选项。

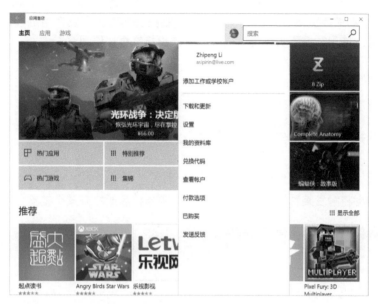

图 2-61　Windows 应用商店选项菜单

在图 2-61 的选项菜单中选择"设置"即可打开 Windows 应用商店设置界面，如图 2-62 所示，其中可设置选项有应用更新、动态磁贴、离线权限以及购买是否确认。默认情况下 Modern 应用程序自动进行更新，也可以立即手动查找更新。

图 2-62　Windows 应用商店设置界面

2.12　触摸手势

Modern 界面本身非常适合触摸屏幕。当使用触摸屏幕时，可以使用触摸手势完成各项操作任务。使用触摸手势，自然而直观，使用起来更加便利。

■ **长按显示更多选项**

在某些情况下，长按某些项目，可以打开提供更多选项的菜单。

等效的鼠标操作：类似于使用鼠标右键单击。

■ **单击以执行操作**

单击某些内容将触发某种操作。例如运行某个应用程序或打开某个链接。

等效的鼠标操作：类似于使用鼠标单击。

图 2-63　长按项目手势　　　　图 2-64　单击项目手势

■ **通过滑动进行拖拽**

拖拽动作主要用于平移或滚动列表和页面，也可以用于其他操作。例如拖拽移动一个磁贴、应用程序窗口等。

等效的鼠标操作：按住鼠标左键并拖拽进行平移或滚动，类似于使用鼠标滚轮进行滚动。

■ **收缩或拉伸以缩放**

通过两根手指在屏幕上，进行收缩或拉伸操作以实现对象的缩放。

等效的鼠标或键盘操作：按住键盘上的 Ctrl 键，同时用鼠标滚轮上下滚动以放大或缩小某个项目。

图 2-65　滑动手势　　　　　　图 2-66　放大与缩小手势

■ **通过旋转完成翻转**

将两个或更多手指放在一个项目上，然后旋转手指。该项目将沿着手的旋转方向旋转。

等效的鼠标操作：其功能类似于方向调节功能且需要得到应用程序本身支持。

■ **从边缘轻扫或滑动**

从边缘开始快速轻扫手指或者在不抬起手指的情况下横跨屏幕滑动。

在 Windows 10 操作系统中，边缘滑动手势主要用于以下 4 种操作。

- 从屏幕右侧滑动可打开操作中心。

- 从屏幕左侧滑动可打开 Task View 多任务程序。

- 从屏幕顶部滑动可显示全屏状态的 Modern 应用程序标题栏。

- 从屏幕底部滑动可显示全屏状态的 Modern 应用程序任务栏。

图 2-67　旋转手势　　　　　　图 2-68　边缘滑动手势

■ **三指操作手势**

三个指头同时点按屏幕即可唤醒 Cortana。

三个指头同时向上滑动即可启动 Task View 虚拟桌面并显示所有打开的窗口。

三个指头同时向下滑动即可最小化所有窗口并显示桌面，反之亦然。

三个指头同时自右或自左滑动即可切换显示打开的窗口。此手势功能和 Alt+Tab 组合键功能相同。

■ **四指操作手势**

四个指头同时点按屏幕即可唤醒操作中心。

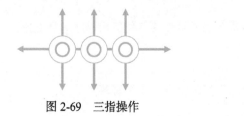

图 2-69　三指操作　　　　　　　图 2-70　四指操作

2.13　快捷键

快捷键是提升使用 Windows 10 操作系统体验的一种方式，使用快捷键可以快速启动某些操作或完成某些操作。以下罗列部分 Windows 10 操作系统中的快捷键使用方式，以便使用这些快捷键可以使工作效率大大提高。

组合键	功能
Win+Tab组合键	启动Task View虚拟桌面
Win+Ctrl+D组合键	使用Task View虚拟桌面创建新桌面
Win+I组合键	打开Modern设置
Win+K组合键	启动媒体连接菜单
Win+P组合键	启动多屏幕显示方式菜单
Win+A组合键	打开操作中心
Win+空格组合键	切换输入语言和键盘布局，其功能和Ctrl+Shift组合键相同
Win+D组合键	显示桌面，再次按下显示打开的窗口
Win+E组合键	打开文件资源管理器
Win+L组合键	锁定计算机
Win+R组合键	打开运行对话框

续表

组合键	功能
Win+方向键组合键	调整窗口显示大小
Ctrl+Esc组合键	打开"开始"菜单。某些笔记本计算机或键盘没有Windows徽标键，所以此组合键为此类设备多设计
Ctrl+Shift+Esc组合键	打开任务管理器

第 3 章

改进的传统桌面

虽然 Modern 界面足够精彩，但是大多数的用户常用的还是传统桌面环境。在 Windows 10 操作系统中，传统桌面环境和之前的 Windows 版本操作系统相比变化不是很大，自 Windows 8 操作系统后移除的开始菜单也重新回归桌面任务栏。

Windows 10 操作系统的传统桌面环境更加简洁、现代。所以用户看到的是一个纯色调的传统桌面环境，虽然少了以往毛玻璃的华丽，但是简洁的环境也是不失为另一种优秀的视觉体验。

3.1 找回传统桌面的那几个图标

在安装完成 Windows 10 操作系统之后，会发现桌面就只有一个回收站图标。但是"此电脑""个人文件夹""网络"等这些熟悉的图标去哪里呢？

Windows 10 操作系统默认桌面只显示回收站图标，其他都被隐藏，要找回其他图标只需三步操作即可。

① 在桌面右键选择"个性化"，如图 3-1 所示。

② 在打开的 Modern 个性化设置界面中选择"主题"分类，如图 3-2 所示，然后单击右侧中的"桌面图标设置"选项。

图 3-1 桌面右键菜单

图 3-2 桌面个性化

③ 在打开的桌面图标设置中，如图 3-3 所示，勾选要在桌面上显示的图标，最后单击"确定"即可。

图 3-3　桌面图标设置

3.2　全新的桌面主题

微软为了统一 Windows 、Windows Mobile 等产品的界面主题风格，所以 Windows 10 操作系统传统桌面采用了新的主题方案。

Windows 10 操作系统中的 Windows 窗口采用无边框设计，界面扁平化，边框直角化，标题栏中的按钮也采用扁平化设计，如图 3-5 所示。此外，微软还重新设计了 Windows 10 操作系统中的图标，新的图标采用扁平化设计，更加符合操作系统的整体设计风格。

新的主题配色方案使 Windows 10 操作系统整体风格更加趋于专业化和更具现代感，微软着力通过扁平化与现代化的界面设计风格，在同类产品中做到与众不同，进行差异化竞争，为用户提供不同的选择方案。

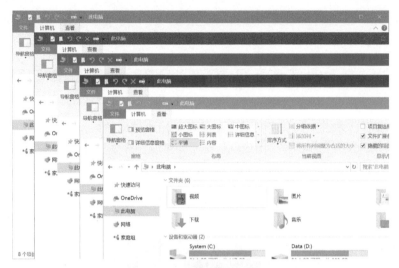

图 3-4 不同的配色方案

图 3-5 Windows 窗口

Windows 10 操作系统中还可以根据壁纸的主题颜色，自动更改配色方案。在 Modern 设置中依次打开"个性化"-"颜色"，然后可在其中设置操作系统主题色，Windows 10 操作系统提供 40 多种主题色以供选择。此外，还可以启用随壁纸自动更换主题色功能，如图 3-7 所示。默认任务栏配色方案和开始菜单配色方案一致，都为暗黑色且不随用户设置的主题色变化，如图 3-6 所示，用户可在颜色设置界面中选择启用"显示"开始"菜单、任务栏和操作中心的颜色"选项,即可使任务栏、开始菜单、通知中心的配色随用户设置的颜色变化。

图 3-6　Windows 10 任务栏

Windows 10 操作系统支持任务栏和开始菜单使用半透明效果,在图 3-7 中启用"使"开始"菜单、任务栏和操作中心透明"选项即可使任务栏、"开始"菜单、操作中心显示半透明效果。

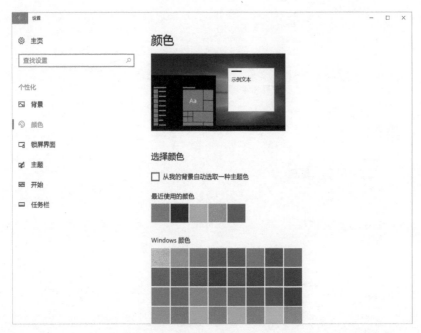

图 3-7　颜色

3.3　任务栏与虚拟桌面

多任务处理一直是现代操作系统的重要特征之一,除了在内核方面对多任务处理进行改进外,微软还在提升用户层级的多任务处理体验。

Windows 10 操作系统中可使用超级任务栏和虚拟桌面(Task View)提升多任务工作效率。

超级任务栏

Windows 10 操作系统中的超级任务栏功能依旧强大,再配合跳转列表(Jump List),

可帮助用户快速使用常用的文档、图片、音乐、网站和功能。只需在任务栏图标上单击右键，即可打开跳转列表。例如在 Outlook 图标上单击右键，即可显示跳转列表，如图 3-8 所示。通过使用跳转列表可充分发挥任务栏的可用空间，因此固定到任务栏的不仅仅是个图标而已。

跳转列表中可显示文件或文件夹使用记录，因此可以把常用的文件或文件夹固定至跳转列表。此外，跳转列表中还会提供应用程序的常用功能快捷选项，如图 3-9 所示。

 此功能需要应用程序本身支持，目前大部分应用程序都支持任务栏的跳转列表功能。

图 3-8 OneNote 跳转列表

图 3-9 Outlook 跳转列表

虚拟桌面

虚拟桌面（Task View）是 Windows 10 操作系统中新增的虚拟桌面功能，所谓虚拟桌面就是指操作系统可以有多个传统桌面环境，使用虚拟桌面功能可以突破传统桌面的使用限制，给用户更多的桌面使用空间，尤其是在打开窗口较多的情况下，可以把不同的窗口放置于不同的桌面环境中使用。

按下 Win+Tab 组合键或单击图 3-6 左起第三个图标即可打开虚拟桌面，如图 3-10 所示。虚拟桌面默认显示当前桌面环境中的窗口，屏幕底部为虚拟桌面列表，单击右下角 "新建桌面" 选项可创建多个虚拟桌面。同时，还可在虚拟桌面中将打开的窗口拖动至其他虚拟桌面中，也可拖动窗口至 "新建桌面" 选项，虚拟桌面自动创建新虚拟桌面并将该窗口移动至此虚拟桌面中。此外，按下 Win+Ctrl+D 组合键也能创建新虚拟桌面。删除多余的虚拟桌面只需单击虚拟桌面列表右上角的关闭按钮即可，也可在需要删除的虚拟桌面环境中按下 Win+Ctrl+F4 组合键即可删除，如果虚拟桌面中有打开的窗口，则虚拟桌面自动将窗口移动至前一个虚拟桌面。

虚拟桌面的切换除了在虚拟桌面界面中选择虚拟桌面外，还可以使用 Win+Ctrl+ 左箭头 / 右箭头组合键进行快速切换，虚拟桌面将自右向左滑动切换。

创建虚拟桌面没有数量限制。

图 3-10　虚拟桌面

在 Windows 10 操作系统中，在任务栏对应图标下面会根据操作系统主题色显示不同颜色的横线，以表示在当前桌面环境下该窗口或应用程序已被打开，如图 3-11 所示。如果使用虚拟桌面功能，则每个虚拟桌面中的任务栏只显示在该虚拟桌面环境下打开的窗口或应用程序图标。

图 3-11　任务栏图标

3.4　分屏功能（Snap）

Windows 7/8/8.1 操作系统的分屏功能一直是被经常使用的功能之一。使用分屏功能可让多个窗口在同一屏幕显示，提升工作效率。同样，Windows 10 操作系统中也具备分屏功能且更加易用。

启用分屏功能非常简单，只需拖动窗口至屏幕左侧或右侧即可进入分屏窗口选择界面，如图 3-12 所示，右侧会以缩略图的形式显示当前打开的所有窗口，单击缩略图右上角的关闭按钮可关闭该窗口，选择另外一个要分屏显示的窗口缩略图即可在屏幕上并排显示两个窗口。

图 3-12　左右分屏模式

Windows 10 操作系统的分屏功能不仅支持左右贴靠分屏，而且还支持屏幕四角贴靠分屏。拖动窗口至屏幕四角即可使该窗口使用四分之一的屏幕空间显示，如图 3-13 所示。

图 3-13　四角分屏模式

注意　在桌面环境下可使用 Win+ 方向键调整窗口显示位置。

在桌面环境下使用分屏功能时，窗口所占屏幕的比例只能是二分之一或四分之一。如果在平板模式下使用分屏功能，则可以拖动图 3-14 中间的竖条自定义窗口显示比例。

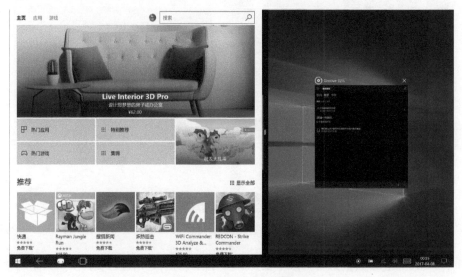

图 3-14　平板模式下分屏

3.5　全新的 Ribbon 界面

Windows 10 操作系统中的文件资源管理器最大改进莫过于使用 Ribbon 界面。Ribbon 界面最早被使用于 Microsoft Office 2007 办公软件，当时由于大部分用户对此界面不了解且界面改进幅度过大，所以被众多的用户所诟病。但是随着 Microsoft Office 2010 以及 Windows 7 操作系统中的部分系统组件采用 Ribbon 界面，Ribbon 界面的易用性和实用性也逐步被广大用户接受与认可。

3.5.1　什么是 Ribbon 界面

Ribbon 是一种以皮肤及标签页为结构的用户界面，最初使用于 Microsoft Office 2007 办公软件，后来 Ribbon 界面也被用 Windows 8 和 Windows 10 操作系统的文件资源管理器。

图 3-15　Ribbon 界面功能区

Ribbon 界面把所有的命令都放在了"功能区"中，功能区类似于仪表板设计。Ribbon 界面把命令组织成一种"标签"，每一种标签页包含了同类型的命令。部分格式的文件都有一个不同的选项标签页，其中显示对这些文件的操作选项。在每个标签页里，各种的相关的命令又被组合在一起，如图 3-15 所示。

而在传统的级联菜单中，相当一部分操作选项被隐藏的很深，导致用户无法轻松使用这些操作选项，设计 Ribbon 界面的目的就是为了使用户能快速找到使用应用程序的相关操作选项。

3.5.2　Ribbon 界面优点

当第一次使用 Ribbon 界面时，感觉 Ribbon 界面是对传统级联菜单的颠覆。除了感觉到新鲜之外，最大的困惑是如此重大的改变是否会破坏用户体验的一致性，几乎所有的用户开始学习计算机时，都是先开始学习使用菜单去选择应用程序操作选项，因此，用户可能会花费大量的时间去熟悉并使用 Ribbon 界面。不过随着 Ribbon 界面被广泛使用，其简洁性和易用性也逐渐凸显，并得到用户的认可。微软在其大部分的软件产品中都使用 Ribbon 界面，而且一些非微软出品的应用程序也使用 Ribbon 界面，例如 WinZip、WPS Office 2013 的应用程序等，这也从侧面说明 Ribbon 界面得到了业界和用户的认可。

综合来说，Ribbon 界面具备以下优点。

■ 所有功能及命令集中分组存放，不需查找级联菜单。

■ 功能以图标的形式显示。

■ 使用文件资源管理器的功能更加简便，减少单击鼠标次数。

■ 部分文件格式和应用程序有独立的选项标签页。

■ 更加适合触摸操作。

■ 显示以往被隐藏很深的命令。

■ 将最常用的命令放置在最显眼、最合理的位置，以便快速使用。

■ 保留了传统资源管理器中的一些优秀级联菜单选项。

在文件资源管理器中，默认隐藏功能区，这也为小屏幕的用户节省了屏幕空间，如图 3-16 所示，单击图中右边的向下箭头按钮即可显示 Ribbon 界面功能区，同样单击向上箭头按钮即可隐藏 Ribbon 界面功能区，使用 Ctrl+F1 组合键也能完成展开或隐藏功能区操作。

图 3-16　隐藏的 Ribbon 功能区

默认情况下功能区只会显示四种标签页，分别是计算机、主页、共享、查看等。在这些标签页中都包含有用户常用的一些操作选项。当选中相应格式的文件或驱动器时，才会触发显示其他标签页。

计算机标签页

用户只有在桌面双击此电脑图标，才会在打开的文件资源管理器中显示计算机标签页，此标签页中主要包含一些用户对计算机常用的操作选项，例如查看系统属性、打开 Modern 设置、卸载程序等。

主页标签页

在此标签页中主要包含对类型文件的常用操作选项，例如复制、剪切、粘贴、新建、选择、删除、编辑等操作选项。此外，此标签页中还有复制文件路径的功能选项，选中文件或文件夹之后，单击此选项即可复制选中对象的路径到任何位置，此选项非常实用。主页标签页也是所有标签页中操作选项最多的一种，如图 3-17 所示。

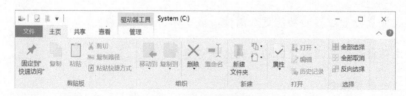

图 3-17　主页选项页

共享标签页

此标签页主要包含涉及共享和发送方面的操作选项。在此标签页中，可以对文件或文件夹进行压缩、刻录到光盘、打印、传真、共享等操作。共享命令只针对文件夹有效。还可以单击图 3-18 所示的"高级安全"选项，对文件或文件夹的权限进行设置。

在这里最好用的选项莫过于"发送电子邮件"，只需选中要发送的文件，然后单击此选项，操作系统自动启动默认的邮件客户端程序，填写收件人邮箱地址即可发送文件。

图 3-18　共享标签页

查看标签页

此标签页中主要包含查看类型的操作选项。可以对文件和文件夹的显示布局进行调整，还可对左侧的导航栏进行设置。有时候文件的显示视图方式也能帮助用户快速找到需要的文件，图 3-19 所示的"当前视图"分类下，包括分组依据、排序方式、添加列等操作选项，可通过使用这些选项快速找到需要的文件。

图 3-19　查看标签页

普通用户常用的文件夹选项，也被集成至 Ribbon 功能区。在该标签页右侧单击"选项"，即可快速打开文件夹选项设置界面。

3.5.3　Ribbon 界面常用操作

在文件资源管理器中操作对象的不同，会使 Ribbon 界面显示不同的功能标签页，本节即介绍 Ribbon 界面的常用操作方式。

1. 硬盘分区的快捷操作

当选中硬盘分区，Ribbon 界面中就会显示驱动器工具标签页，其包含 BitLocker、优化（磁盘整理）、清理、格式化等操作选项，这些操作选项都是对硬盘分区常用的操作功能。

图 3-20　驱动器工具

2. 挂载或卸载镜像文件和虚拟硬盘文件

Windows 10 操作系统默认支持浏览 ISO 文件和虚拟硬盘文件（VHD 文件）中的数据。微软也为这两种文件类型设计了单独的 Ribbon 标签页，即光盘映像工具标签页。当选中 ISO 或 VHD 文件时，Ribbon 界面中就会显示此标签页，如图 3-21 所示。

图 3-21　光盘映像工具

Windows 10 操作系统读取 ISO 文件的方式，是由操作系统虚拟一个 CD-ROM 或 DVD 驱动器，然后将 ISO 文件中的数据加载到虚拟光驱进行读取，读取虚拟光驱的速度和读取硬盘中数据的速度相同，而读写 VHD 文件中的数据，则是采用挂载硬盘分区的方式进行。

选中 ISO 或 VHD 文件，然后在出现的光盘映像工具标签页中选择"装载"选项。即可在文件资源管理器中查看这些文件中的数据。对于 ISO 文件，还可单击"刻录"选项，操作系统自动调用自带的 Windows 光盘映像刻录机，将 ISO 文件中的数据刻录至 DVD 或 CD 光盘中。

当不使用 ISO 或 VHD 中的文件时，选中虚拟光驱或虚拟硬盘分区，然后在驱动器工具标签页中，单击"弹出"选项即可停止使用 ISO 或 VHD 文件。

注意 如果 ISO 文件已关联了其他应用程序，则选中 ISO 文件之后不会显示光盘映像工具标签页。

3. 音乐文件的快捷操作

当选中 Windows 10 操作系统支持的音乐格式文件时，在 Ribbon 界面功能区中会显示音乐工具标签页，其中包括一些播放音乐常用操作选项，如图 3-22 所示，单击"播放"选项，操作系统自动调用 Modern 音乐应用或 Modern 视频应用进行播放。如果安装了第三方的音乐播放器并关联了此类型音乐文件，则会调用第三方的音乐播放器进行播放。

图 3-22　音乐工具标签页

注意 Modern 音乐应用或 Modern 视频应用支持的音频和视频格式，主要包括：3GP、AAC、AVCHD、MPEG-4、MPEG-1、MPEG-2、WMV、WMA、AVI、DivX、MOV、WAV、Xvid、MP3、MKV 等。

4. 图片文件的快捷操作

在图片工具标签页中，不仅可以以幻灯片的形式放映文件夹中的所有图片，还可以单击"向左旋转"或"向右旋转"对图片进行简单的编辑。遇到喜欢的图片，可以单击"设置为背景"，把图片作为桌面壁纸。此外，"播放到设备"功能同样支持图片文件。

图 3-23　图片工具标签页

5. 视频文件的快捷操作

视频工具标签页,采用和音乐工具标签页同样的功能选项和布局,使用方法和音乐工具标签页相同,这里就不再赘述。

6. 可执行文件的快捷操作

在 Windows 10 操作系统中,微软也为可执行文件设计了相关的应用程序工具标签页,其支持 .exe、.msi、.bat、.cmd 等类型的可执行文件。

当选中可执行文件时,可在标签页中使用固定到任务栏或检查应用程序兼容性等功能,如图 3-24 所示。

图 3-24　应用程序工具标签页

此外,单击"以管理员身份运行"选项下的小箭头,可在出现的菜单中选择以其他用户身份运行可执行文件,该功能适合于使用受限帐户的用户。

7. 压缩文件的快捷操作

Windows 10 操作系统默认只支持 .zip 格式的压缩文件,因此,选中此类型文件才会显示压缩的文件夹工具标签页。

双击打开压缩文件之后,在此标签页中会显示操作系统默认的解压缩位置,如图 3-25所示,单击其中一个解压位置,操作系统就会自动解压缩所有文件至该位置。

图 3-25　压缩的文件夹工具标签页

注意 如果 .zip 格式的文件被关联至其他第三方压缩软件，则选中此类文件不会出现该标签页。

3.5.4 快速访问工具栏

快速访问工具栏位于文件资源管理器标题栏中，其包括有一些用户常用的操作选项，以便用户能快速使用这些选项。默认只显示属性、新建文件夹、撤销、恢复等操作选项，如图 3-26 所示。单击右边下拉箭头，可在出现的菜单中选择显示其他操作选项。

图 3-26　快速访问工具栏

3.5.5 文件菜单

在 Windows 10 操作系统中并没有完全剔除传统的级联菜单。打开文件资源管理器，单击左上角的"文件"即可打开保留的级联文件菜单，如图 3-27 所示。菜单左侧为选项列表，右侧为用户经常使用的文件位置列表，单击最右边的图钉按钮，即可固定此文件位置至任务栏中的文件资源管理器的跳转列表。

图 3-27　文件菜单

在文件菜单中保留了两种实用的选项，分别是打开新窗口、打开 Windows PowerShell，其中最实用的就是打开 Windows PowerShell 选项，单击此选项并在出现的子菜单中选择"以管理员身份打开 Windows PowerShell"或"打开 Windows PowerShell"，如图 3-28 所示，则打开的 Windows PowerShell 会自动定位至当前目录。

图 3-28 打开 PowerShell 选项

3.6 文件复制方式

在 Windows 10 之前的操作系统中，微软一直在努力提升文件复制的速度，而在其他方面没有大的变革。但在 Windows 10 操作系统中，除了文件复制速度得到了提升，而且文件的复制、粘贴的显示方式和相同选项的处理方式也得到了重大革新。当对多个文件进行移动或复制操作，文件复制界面会显示当前文件操作的相关信息，而在相同选项的处理方式中，增加了查看功能，为文件的操作提供了便捷。所有的这些改进，为用户提供了统一、简洁、清晰的复制体验。

3.6.1 改进的复制与粘贴

在 Windows 10 操作系统中，微软对文件的复制和移动方式进行改进，不仅速度得到了提升，而且文件的复制和移动显示方式也更加清晰明了。新的文件复制界面清晰、简洁并易于观察，可以在同一个界面中管理所有文件的复制和移动操作，如图 3-29 所示。

当复制或移动文件时，文件复制界面默认显示简略信息，单击图 3-30 中的 "详细信息"，即可显示图 3-29 中的详细模式。在详细模式中，操作系统会显示文件移动或复制的实时操作速度动态图表，每项复制或移动操作都显示有数据传输速度、传输速度趋势、要传输的剩余数据量以及剩余时间。

在之前的 Windows 操作系统中，用户不能暂停文件的复制和移动操作。有的时候同时复制和移动多个文件，会导致文件的复制和移动异常缓慢。而在 Windows 10 操作系统中，支持暂停对文件的复制和移动，只需单击图 3-29 所示的 " ▮▮ " 按钮，即可暂停文件的复制或移动操作，如图 3-31 所示。

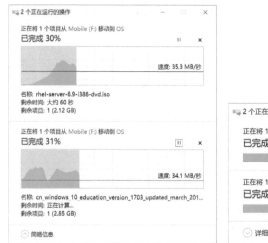

图 3-29 多文件的移动界面

图 3-30 文件的移动（简略信息）

图 3-31 暂停文件复制

3.6.2 复制冲突处理方式

当复制或移动文件到另一个文件夹时，可能会遇到同名的文件。此时操作系统会提醒用户如何处理同名文件。在 Windows 7 等操作系统中，复制遇到同名文件时，很难区分哪个文件是自己需要的，这就降低了用户的使用体验。

在 Windows 10 操作系统中，使用了新版文件冲突处理界面，其更清晰、简洁、高效。复制文件时，如果有同名文件操作系统会弹出对话框，如图 3-32 所示，提示如何对同名文件进行处理，默认有三项处理选项，分别是"替换目标中的文件""跳过这些文件""让我决定每个文件"。选择"让我决定每个文件"选项就会出现文件冲突处理界面，如图 3-33 所示。

在文件冲突界面中，来自源文件夹中的文件位于界面左侧，目标文件夹中存在文件名冲突的文件都位于界面右侧。整个界面会集中显示所有冲突文件的关键信息，例如文件名、文件大小。如果是图片，操作系统还会提供图片的预览。

如果想了解文件的更多信息，只需移动鼠标箭头到相应的文件缩略图上，即可显示文件的完整路径，也可以双击缩略图在当前位置打开该文件。

图 3-32　复制目标包含同名文件提示　　　图 3-33　文件冲突复制界面

第 4 章

Microsoft Edge 浏览器

2015 年微软正式宣布 Microsoft Edge 浏览器，用于替代使用了 20 多年的 IE 浏览器。Microsoft Edge 是一款全新、轻量级的浏览器，采用新引擎、新界面且性能优秀。在 Windows 10 操作系统中 Microsoft Edge 为默认浏览器，但同时保留 IE 11 浏览器以便兼容旧版网页使用。

Microsoft Edge 是一款轻量级的浏览器，其移除了包括 ActiveX 在内的一些旧技术，同时又加入了一些其他的拓展功能，例如 Cortana、Web 笔记和阅读视图功能。本节主要介绍 Microsoft Edge 浏览器的常规操作方式以及新功能特性。

4.1　Microsoft Edge 性能

Microsoft Edge 浏览器性能相较于 IE 11 浏览器可以说是有了质的提升。在 Octane 2.0、Jet Stream 基准测试中，Microsoft Edge 浏览器测试成绩不仅大幅超越 IE 11 浏览器，而且还一举超越最新版的 Chrome 和 Firefox 浏览器。

Microsoft Edge 浏览器实质上是 Modern 应用程序，内存管理方式采用挂起（墓碑）模式，所以其相比于其他浏览器更加节省内存资源。

有关 Modern 应用程序内存管理方式，请看 12.2 节内容。

媒体功能

Microsoft Edge 浏览器支持 Dolby Digital Plus（杜比数字＋）音效，希望能为网站提供更高质量的视听服务。此外，Microsoft Edge 浏览器还支持音视频播放提醒标记功能，当在受支持的网站播放音视频时，浏览器选项卡会有相应的播放提示。

兼容性

Microsoft Edge 浏览器将适配几乎所有的国内网站，以便能为中国用户提供更好的网页浏览体验。同时，Microsoft Edge 浏览器使用 UA（用户代理）将其伪装为 Chrome 和 Safari 浏览器，使网站将 Microsoft Edge 识别为这两款浏览器以便提高网页兼容性。

在 Windows 10 创意者更新中，Microsoft Edge 浏览器默认阻止显示 Flash 内容，如果网站仍有 Flash，可自行选择是否加载并运行。

扩展性

Microsoft Edge 浏览器不再支持 VML、VB Script、Toolbars、BHOs 以及 ActiveX 等技术，但是支持将 Chrome 和 Firefox 浏览器的扩展程序做少量修改移植至 Microsoft Edge 浏览器使用，目前在 Windows 10 创意者更新中，微软已经为 Microsoft Edge 浏览器提供了一些常用的浏览器扩展程序，方便用户的使用。此外，Microsoft Edge 浏览器也可以作为阅读器使用，支持直接打开 PDF 文件与 epub 格式电子书文件。

安全性

Microsoft Edge 浏览器不仅继承 IE 11 原有的安全特性，受益于自身属于 Modern 应用程序，Microsoft Edge 浏览器运行于应用容器中，相比桌面应用程序更加安全可靠。

图 4-1　Microsoft Edge 图标

4.2　Microsoft Edge 常规操作

在任务栏或"开始"菜单中单击图 4-1 所示的图标即可启动 Microsoft Edge 浏览器，如图 4-2 所示，其由标签栏、功能栏、网页浏览区域三部分组成。Microsoft Edge 浏览器整体采用浅灰色（还可设置为黑色）的 Modern 设计风格，视觉上更加整洁、现代。

图 4-2　Microsoft Edge 浏览器

功能栏从左至右依次为前进、后退、刷新、主页（如果启用）、地址栏、阅读、收藏、综合中心、Web 笔记、分享、其他选项菜单（三个点图标）等按钮。

单击综合中心按钮可显示收藏的网页、阅读列表、历史记录、下载列表，如图 4-3 所示。默认情况下如果使用 Microsoft 帐户登录，则操作系统自动将 IE 浏览器收藏夹列表同步至 Microsoft Edge 浏览器。

图 4-3　Microsoft Edge 阅读列表

单击右上角的 3 个点图标可打开其他功能选项菜单，如图 4-4 所示。单击"设置"即可打开 Microsoft Edge 浏览器设置菜单，如图 4-5 所示，在设置菜单中可设置浏览器主题色、显示收藏夹栏、默认首页、默认搜索引擎、阅读视图风格以及其他隐私与服务类型的高级选项。

图 4-4　Microsoft Edge 功能选项菜单

图 4-5 Microsoft Edge 设置菜单

4.3 扩展管理

Microsoft Edge 浏览器支持安装扩展程序，可以方便的为浏览器增加额外的功能。在图 4-4 的浏览器功能选项菜单中，单击其中的"扩展"，即可打开浏览器扩展管理界面，如图 4-6 所示。在扩展管理界面中会显示已经安装的扩展程序列表，单击列表中的扩展程序，则会打开该扩展程序设置界面，如图 4-7 所示，其中会显示扩展程序介绍、版本、启用关闭、选项以及卸载等，单击选项，则会打开扩展程序内容设置界面。

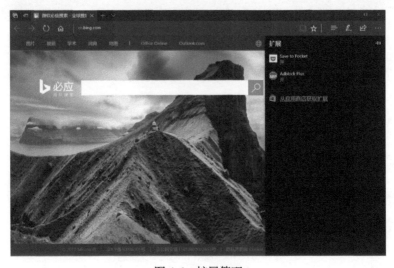

图 4-6 扩展管理

图 4-7　扩展程序设置

微软将 Microsoft Edge 扩展全部放置于 Windows 应用商店，安装扩展程序与安装普通的 Modern 应用步骤相同。在图 4-6 中单击"从应用商店获取扩展"，即可打开 Windows 应用商店中的浏览器扩展商店，如图 4-8 所示，在其中可以选择要安装的扩展，然后在打开安装界面中选择安装即可。

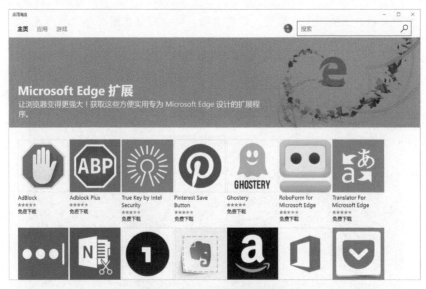

图 4-8　Microsoft Edge 扩展商店

扩展安装完成之后，操作中心会有提示信息，然后打开 Microsoft Edge 浏览器，会显示已经安装了新扩展程序，提示用户是否启用，按需选择即可。

扩展程序的卸载只需在图 4-7 的扩展程序设置界面中，选择"卸载"即可。

图 4-9　启用或禁用扩展

默认情况下安装的扩展程序图标会在图 4-4 的菜单中显示，如果需要在地址栏中显示扩展程序图标，则只需在图标上单击右键并在出现的菜单中选择"显示在地址栏旁边"即可。

4.4　网页固定与稍后查看

在 Windows 10 创意者更新中，微软为 Microsoft Edge 浏览器新加入了网页固定与稍后查看功能。

网页固定是值将经常浏览的网页固定至浏览器左上角，使该网页一直处于打开状态，即便重新打开浏览器，功能上有点类似与浏览器主页。使用网页固定很简单，只需在要固定的网页标签上单击右键并在出现的菜单中选择"固定"，如图 4-10 所示，然后该网页图标就会被固定至标签栏开头；取消固定，只需在标签页上单击右键并在出现的菜单中选择"解锁"即可，如图 4-11 所示。

稍后查看及搁置标签页功能，使用该功能可以将当前已经打开的所有网页全部暂时保存起来，以便稍后查看。

图 4-10　固定网页

图 4-11　取消固定

在图 4-12 中，单击红色箭头指引的图标，即可将打开的所有网页全部搁置。单击浏览器顶部第一个图标即可显示所有已搁置的网页，如图 4-13 所示，在其中可以选择还原网页、删除搁置的网页以及将搁置的网页保存至收藏夹等。

图 4-12　搁置网页

图 4-13　已搁置的网页

4.5　阅读利器——阅读视图

阅读视图是一种浏览文章的方式，当开启阅读视图后，浏览器会自动识别并屏蔽与网页本身内容无关的文字和图片，例如广告等，可以像阅读报刊和书籍一样，完全沉浸在内容当中，提升阅读体验。

工作原理

Microsoft Edge 浏览器通过自身算法来识别某个网页是否符合阅读视图启用条件。如果符合条件并启用，阅读视图将使用大量启发式方法来识别相关内容，并将这些内容从网页中提取至一个新的网页中。使用算法的目的是，最大限度的为符合阅读视图条件的网站检索出最相关的内容。启用阅读视图后浏览器会查看网页的 HTML 标记、节点深度、图像大小和字数等信息，以确定网页上的哪些内容是"主要"内容并提供给用户阅读。

阅读视图只会在文字内容相对较多的网页上才能被启用，而不是所有网页都能启用阅读视图。

适合阅读的模式

启用阅读视图之后，浏览器将自动调整网页内容的字间距、行间距和字体大小，以期达到最佳平衡为用户提供最佳的阅读排版视图。此外，部分网页内容采用多页显示方式，浏览器会自动将多页内容合并至同一页。

启用阅读视图非常简单，如果 Microsoft Edge 浏览器检测到打开的网页符合阅读模式启用条件，则地址栏右侧的书本形状按钮会变成可选状态，单击该按钮即可启用阅读视图，如图 4-14 所示，此时按钮将变成蓝色，再次单击该按钮可退出阅读模式。此外，按下 Shift+Ctrl+R 组合键可快速启用或关闭阅读视图。

此外，也还可以在图 4-14 阅读模式的工具栏中调整页面主题与字体大小。

图 4-14　阅读视图

4.6　便捷工具——Web 笔记

Web 笔记是 Microsoft Edge 浏览器新增功能，功能上类似于 OneNote。单击浏览器右上角的 Web 笔记按钮即可启动进入笔记模式且网页上方将变成紫色，如图 4-15 所示。Web 笔记会提供几种画笔，第一个为圆珠笔，可笔尖类型及颜色；第二个为荧光笔，可将文字高亮显示，同样可以选择颜色；第三个为橡皮擦，可擦出涂写的痕迹，同时还可一键清理全部痕迹；第四个按钮为文本注释，可针对某些内容进行评论；第五个为截图按钮；第六个按钮，可启用或关闭触摸写入；第七个为保存按钮；第八个为分享按钮。

当用户使用 Microsoft Edge 浏览器浏览网页时，可以使用 Web 笔记功能对任何网页进行涂鸦式的标注。标注后的网页可单击图 4-15 的保存按钮，保存至收藏夹或阅读列表。同时，还可以单击右上角的分享按钮，可通过邮件或 OneNote 分享给其他用户查看。

图 4-15　Web 笔记

4.7　智能好帮手——Cortana

微软不仅将 Cortana 个人助理集成于 Windows 10 操作系统，在 Microsoft Edge 浏览器中也集成有 Cortana 个人助理，可以直接通过它来进行各种各样的搜索，例如天气搜索、文字搜索、路线选择等。

当浏览网页时，选择一段文字或者是选择一个词组，然后单击右键并在打开的菜单中选择"询问 Cortana",然后 Cortana 会给出与所选中内容相关的搜索结果。例如在打开网页中选中"肯德基",然后使用 Cortana 对其搜索,则 Cortana 会显示附近所有的肯德基餐厅地址、联系信息以及路线,如图 4-16 所示。

图 4-16　使用 Cortana 搜索

4.8　火眼金睛——SmartScreen 筛选器

Windows Defender SmartScreen 筛选器,其前身为 IE 7 浏览器中的仿冒网站筛选器,在 IE 8 浏览器中,此功能得到了加强并改名为 SmartScreen 筛选器。在随后发布的 IE 9、IE 10、IE 11 浏览器都包含 SmartScreen 筛选器,Microsoft Edge 浏览器体验具备 SmartScreen 筛选器功能。使用 SmartScreen 筛选器可帮助用户识别钓鱼网站和恶意软件,以提高 Windows 10 操作系统安全性。

1.　SmartScreen 筛选器简介

SmartScreen 筛选器是 Microsoft Edge 浏览器中的一种检测钓鱼和恶意网站的功能。同时,SmartScreen 筛选器还可阻止下载或安装恶意应用程序,并且在 Windows 10 操作系统中,SmartScreen 筛选器已被深度集成于操作系统。因此,即便使用第三方浏览器,SmartScreen 筛选器也会对其浏览和下载的内容进行检测。

SmartScreen 筛选器主要是通过以下几种措施来保护操作系统安全:

当浏览网页时，SmartScreen 筛选器在后台运行分析网页并确定这些网页是否包含危险特征。如果检测到有危险，SmartScreen 筛选器会提示用户，此网页可能不安全。

当浏览某网站时，SmartScreen 筛选器会发送该网站的相关信息至微软服务器与微软创建的网络钓鱼站点和恶意软件站点列表进行对比。如果列表中有该网站的信息，则 SmartScreen 筛选器将阻止访问该网站，并显示一个红色警告界面，如图4-17 所示。

图 4-17　SmartScreen 筛选器阻止恶意网站

当从某网站下载文件时，SmartScreen 筛选器会使用该文件的信息和微软恶意软件列表进行比对，以检测下载文件的安全性。如果 SmartScreen 筛选器比对此文件为恶意软件，则 SmartScreen 筛选器会阻止用户下载该文件，并提示用户此文件不安全。

2. 关闭 / 开启 SmartScreen 筛选器

Microsoft Edge 默认启用 SmartScreen 筛选器。如果不想使用此功能，可在图 4-5 的 Microsoft Edge 浏览器设置菜单中，打开浏览器高级设置菜单，然后在高级选项列表中关闭 SmartScreen 筛选器。如果要重新启用 SmartScreen 筛选器，只需按照上述步骤反之操作即可。

修改或关闭 SmartScreen 筛选器设置，按照如下步骤操作即可。

① 在 Cortana 中搜索 SmartScreen 打开"应用和浏览器控制"。

② 在打开的应用和浏览器控制设置界面中，显示 SmartScreen 的适用类型有三种，分别是应用文件、Microsoft Edge 浏览器以及 Windows 应用商店，如图 4-18 所示。选择"阻止"即可完全启用 SmartScreen 而不需要提醒用户；选择"警告"即提醒用户并由用户决定后续操作；选择"关闭"则完全关闭 SmartScreen。

图 4-18 SmartScreen 设置

 注意 关闭 SmartScreen 筛选器会严重影响操作系统安全，所以请慎重选择。

4.9 隐私保护小帮手——InPrivate 浏览

当在公共电脑上使用 Microsoft Edge 浏览器浏览网页时，可能最怕浏览器中保存的浏览或搜索记录信息被它人获取。通过使用 InPrivate 浏览功能，可以使浏览器不保留任何浏览历史记录、临时文件、表单数据、Cookie 以及用户名和密码等信息。

在图 4-4 所示的 Microsoft Edge 浏览器功能选项菜单中，选择"新 InPrivate 窗口"或按下 Ctrl+Shift+P 组合键，Microsoft Edge 浏览器会自动启用 InPrivate 浏览功能并打开一个新的浏览窗口，如图 4-19 所示。在该窗口中浏览网页不会保留任何浏览记录和搜索信息，关闭该浏览器窗口就会结束 InPrivate 浏览。

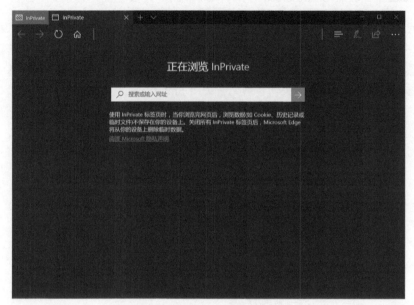

图 4-19　InPrivate 浏览窗口

第 5 章

安装操作系统

使用 Windows 10 操作系统之前，当然要先安装 Windows 10 操作系统到计算机，本章介绍 3 种操作系统的常规安装方式。相信通过阅读本章内容，大部分读者都能学会安装操作系统。

5.1　Windows 10 版本介绍及硬件要求

安装操作系统首先要了解自己的需求，其次要了解操作系统对计算机的要求。

5.1.1　Windows 10 各版本介绍

通过表 5-1 所示，可以详细了解适用于普通计算机的 Windows 10 操作系统各个版本之间的功能差异，以便选择合适版本进行安装。

表 5-1　　　　　　　　　　　　Windows 10 各版本功能区别

功能	Windows 10家庭版	Windows 10专业版	Windows 10企业版
购买渠道	大部分渠道	大部分渠道	批量授权用户
硬件架构	X86（32位）或x64（64位）	X86（32位）或x64（64位）	X86（32位）或x64（64位）
最大物理内存（RAM）	128GB（64位）4GB（32位）	512GB（64位）4GB（32位）	512GB（64位）4GB（32位）
安全启动（Secure boot）	支持	支持	支持
Windows Hello	支持	支持	支持
小娜（Cortana）	支持	支持	支持
"开始"菜单	支持	支持	支持
虚拟桌面（Task Views）	支持	支持	支持
触摸键盘	支持	支持	支持
多语言支持	支持	支持	支持
文件历史记录	支持	支持	支持
重置电脑	支持	支持	支持
Windows Update	支持	支持	支持
Windows Defender	支持	支持	支持
Microsoft帐户	支持	支持	支持
Microsoft Edge浏览器	支持	支持	支持

续表

功能	Windows 10家庭版	Windows 10专业版	Windows 10企业版
Windows应用商店	支持	支持	支持
Xbox Live	支持	支持	支持
Exchange ActiveSync	支持	支持	支持
分屏	支持	支持	支持
VPN支持	支持	支持	支持
设备加密（Device encryption）	支持	支持	支持
远程桌面	仅作客户端	客户端和服务端	客户端和服务端
Windows Media Player	支持	支持	支持
BitLocker和EFS	不支持	支持	支持
加入域	不支持	支持	支持
组策略	不支持	支持	支持
Hyper-V虚拟机	不支持	仅64位版本支持	仅64位版本支持
Windows To Go	不支持	不支持	支持
Direct Access	不支持	不支持	支持
Branch Cache	不支持	不支持	支持
AppLocker	不支持	不支持	支持
设备保护（Device Guard）	不支持	不支持	支持

5.1.2　计算机安装要求

微软基于硬件兼容性及适用性的考虑，在开发 Windows 10 操作系统时就决定要使大部分计算机能运行 Windows 10 操作系统，避免重蹈当年 Windows Vista 操作系统覆辙。Windows 10 操作系统对计算机的硬件要求，基本和 Windows 7/8 操作系统要求一样，只要能安装 Windows 7/8 操作系统的计算机都能安装 Windows 10 操作系统，具体硬件要求如下。

■ 处理器：1GHz 或更快（支持 PAE、NX 和 SSE2）或 SoC。

■ 内存：1GB（32 位操作系统）或 2GB（64 位操作系统）。

■ 硬盘空间：16GB（32 位操作系统）或 20GB（64 位操作系统）。

■ 显卡：带有 WDDM 驱动程序的 Microsoft DirectX 9 图形设备。

■ 显示器：1024×600。

若要使用某些特定功能，还需要满足以下附加要求。

■ Cortana（小娜）目前仅在部分国家版本的 Windows 10 操作系统上可用。

■ 为实现更好的语音识别体验，计算机需要具备以下要求：

  · 高保真麦克风阵列。

  · 公开麦克风阵列几何的硬件驱动程序。

■ Windows Hello 需要专门的红外照明相机用于人脸识别或虹膜检测，或支持 Window Biometric Framework 的指纹读取器。

■ 平板模式在所有 Windows 10 版本的操作系统上均可使用。普通计算机需要手动启用平板模式，而具有 GPIO 指示器的平板电脑和二合一设备或那些有笔记本电脑和平板电脑指示器的设备可以配置为自动进入平板电脑模式。

■ 在某些地区可通过 Groove Music 获得音乐服务。

■ 双重身份验证需要使用 PIN、生物识别（指纹读取器或红外照明相机），或具有 WiFi 或蓝牙功能的手机。

■ 设备保护需要：

  · UEFI 安全启动（第三方 UEFI CA 已从 UEFI 数据库中删除）。

  · TPM 2.0（受信任的平台模块）。

  · 在 BIOS 中已配置默认打开有关虚拟化的如下选项：

    → 虚拟化扩展（例如 Intel VT-x、AMD RVI）。

    → 第二级地址转换（例如 Intel EPT、AMD RVI）。

    → IOMMU（例如 Intel VT-d、AMD-Vi）。

  · UEFI 已配置为阻止未经授权的用户禁用"设备保护"硬件安全功能。

- 内核模式驱动程序必须具备 Microsoft 签名，而且与虚拟机监控程序执行的代码完整性兼容。

- 仅在 Windows10 企业版操作系统上可用。

■ 可以贴靠的应用程序的数量将取决于应用程序的最小分辨率。

■ 若要使用触控功能，需要支持多点触控的平板电脑或显示器。

■ 部分功能需要使用 Microsoft 帐户

■ Internet 接入（可能产生 ISP 费用）

■ 安全启动要求固件支持 UEFI v2.3.1 Errata B，并且在 UEFI 签名数据库中有 Microsoft Windows 证书颁发机构。

■ 如果启用进入登录屏幕之前的安全登录（Ctrl+Alt+Del），在没有键盘的平板电脑上，需要使用平板电脑上的 Windows 按钮＋电源按钮组合键代替 Ctrl+Alt+Del 组合键。

■ 一些游戏和程序可能需要显卡兼容 DirectX 10 或更高版本，以获得最佳性能。

■ BitLocker To Go 需要 USB 闪存驱动器（仅限于 Windows 10 专业版操作系统）。

■ BitLocker 需要 TPM 1.2、TPM 2.0 或 USB 闪存驱动器（仅限于 Windows 10 专业版和 Windows 10 企业版操作系统）。

■ 客户端 Hyper-V 需要有 SLAT（二级地址转换）功能的 64 位操作系统以及额外的 2GB 内存（仅限于 Windows 10 专业版和 Windows 10 企业版操作系统）。

■ Miracast 需要有支持 WDDM 1.3 的显示适配器和支持 Wi-Fi 直连的 Wi-Fi 适配器。

■ Wi-Fi 直连打印需要有支持 Wi-Fi 直连的 Wi-Fi 适配器和支持 Wi-Fi 直连打印的设备。

■ 要在 64 位计算机上安装 64 位操作系统，需要处理器支持 CMPXCHG16b、PrefetchW 和 LAHF/SAHF。

■ InstantGo 仅能与专为连接待机设计的计算机配合使用。

■ 使用设备加密，需要计算机具备 InstantGo 和 TPM 2.0。

Windows 10 操作系统移除的部分功能如下。

- Windows Media Center 已从 Windows 10 操作系统中删除。从任何带有 Windows Media Center 的操作系统升级至 Windows 10 操作系统，将不保留 Windows Media Center。

- 观看 DVD 需要单独的播放软件。

- 移除 Windows 日记本，将无法再打开或编辑日记本文件（扩展名为 .JNT 或 .JTP）。建议安装 OneNote，以替代 Windows 日记本。

- Windows 7 桌面小工具将会在安装 Windows 10 操作系统的过程中删除。

- 安装 Windows 10 周年更新（Windows 10 版本 1607）后，系统将不再支持 Windows Media 数字权限管理（WMDRM）。安装此更新后，将无法再播放受该权限管理技术保护的音乐或视频文件。

- Windows 7 上预装的"纸牌""扫雷"和"红心大战"游戏将在安装 Windows 10 操作系统升级的过程中删除。微软已经发布了 Modern 版本"纸牌"和"扫雷"游戏，分别叫做 Microsoft Solitaire Collection 和 Microsoft Minesweeper。

- 如果计算机具有 USB 软盘驱动器，则需要 Windows 更新或制造商的网站下载最新的驱动程序。

- 如果操作系统上已安装 Windows Live Essentials，则 OneDrive 应用程序将被删除并由内置版本的 OneDrive 取代。

- 在平板模式下只能分屏贴靠两个应用。

5.2　操作系统安装必备知识

目前操作系统安装方式接近于全自动化，用户无需做过多操作就能完成操作系统安装。但是操作系统安装也有其复杂的一面，例如固件及分区表的不同就会导致操作系统安装失败。本节主要介绍系统安装的一些必备知识。

5.2.1　BIOS 概述

BIOS（Basic Input/Output System）中文名称为基本输入输出系统，它是计算机组成中非常重要的一部分。BIOS 的基本功能是负责初始化并测试计算机硬件是否正常，然后从硬盘中加载引导程序或从内存中加载操作系统。同时 BIOS 也负责对计算机硬件的参数管理，例如修改硬盘运行模式、设备启动顺序等。

首先明确一点，BIOS 是一段存储在主板 NORFlash 芯片中的应用程序。早期计算机主板 BIOS 程序存储于 ROM（只读存储器）、EPROM（Erasable Programmable ROM，可擦除可编程 ROM）、EEPROM（Electrically Erasable Programmable ROM，电可擦除可编程 ROM），由于 ROM、EPROM、EEPROM 存储芯片对 BIOS 程序升级要求过高，所以现在计算机主板 BIOS 程序都存储于 NORFlash 芯片中。存储在 NORFlash 芯片中的 BIOS 程序，可以在操作系统中运行 BIOS 升级程序即可完成 BIOS 升级而无需额外的硬件支持。

上面已经讲到 BIOS 负责对计算机硬件进行管理，但是 BIOS 程序不直接存储硬件配置信息。计算机的硬件配置信息和用户设定的参数信息存储于主板上一块可读写的 CMOS（互补金属氧化物半导体）芯片中，如果看过主板就会发现主板上有一块大大的纽扣电池，它为 CMOS 提供电源，所以即使计算机完全断电 CMOS 中存储的信息也是不会丢失。有时人们会把 CMOS 和 BIOS 混称，其实两者是相互关联但不同的东西。

如何进入 BIOS 程序设置界面呢？方法很简单，只要在按下计算机电源键并出现计算机或者主板 logo，然后按下键盘上特定的功能键或者组合键即可进入 BIOS 程序设置界面。由于计算机或主板生产商不同，进入 BIOS 的功能键也不同，通常情况下在台式计算机上按下 Del 键即可中断计算机启动并进入 BIOS 程序设置界面，笔记本计算机上按下 F1 或 F2 即可进入 BIOS 程序设置界面，表 5-2 罗列部分计算机进入 BIOS 设置界面的快捷键。如果以上功能键都无法中断计算机启动，则请参考计算机或主板说明书。

表 5-2 　　　　　　　　　进入 BIOS 快捷键

品牌	目标	快捷键	
戴尔	BIOS设置界面	F2	
	Boot菜单	F12	
惠普	BIOS设置界面	F10	
	Boot菜单	F9	
联想	BIOS设置界面	F2	
	Boot菜单	F12	
东芝	BIOS设置界面	F2	
	Boot菜单	F12	
宏碁	BIOS设置界面	笔记本：F2	台式电脑：DEL
	Boot菜单	F12	

续表

品牌	目标	快捷键
索尼	BIOS设置界面	按下F2，选择第二项
	Boot菜单	Esc
三星	BIOS设置界面	F2
	Boot菜单	F10（普通系列快捷键可能不同）
华硕	BIOS设置界面	DEL
	Boot菜单	F2

5.2.2　MBR 分区表概述

MBR（Master Boot Record）中文名称为主引导记录，又可称为主引导扇区，它是BIOS 自检及初始化完成之后，访问硬盘时所必须要读取加载的内容。MBR 存储于每个硬盘的第一个扇区中。

MBR 记录着硬盘本身的相关信息以及硬盘分区表，是数据信息的重要入口。如果它受到破坏，硬盘上的基本数据结构信息将会丢失，需要用繁琐的方式试探性的重建数据结构信息后，才可能重新访问原先的数据。

在对全新硬盘安装 Windows 10 操作系统时，MBR 内的信息可以通过 Windows 10 操作系统的分区软件写入。MBR 和操作系统没有特定的关系，也就说使用 Windows 10 操作系统中的分区软件写入的 MBR 信息，照样可以安装其他版本的 Windows 操作系统或者Linux 操作系统。理论上来说只要建立了有效的 MBR 信息就可以引导任何一种操作系统。

整个 MBR 占用一个扇区即 512Byte（字节）空间，其由 3 部分组成，如图 5-1 所示。

图 5-1　主引导记录结构图

MBR 这项技术自 1983 年就被发明，直到今天依然被广泛的使用。MBR 优点很明显就是兼容性高，但是在现今其缺点也很突出。当初设计主引导记录时，其最大寻址空间为 2TB(2^{32}×512Byte)，这在当时属于天文数字，但是现在对于超过 2TB 的硬盘来说，MBR 只能管理 2TB 以内的空间，超出部分无法使用，因此 GPT 分区表就应运而生，关于 GPT 分区表会在 5.2.5 节作详细介绍。

在使用 MBR 的硬盘上，Windows 10 操作系统必须安装于主分区且用于启动的硬盘分区必须标注为"活动（active）"。也就是说在使用 MBR 分区表的硬盘中，只要有硬盘分区被标注为"活动（active）"，MBR 即尝试从此硬盘分区启动 Windows 10 操作系统。

Windows 10 操作系统完全兼容 MBR 分区表，所以任何符合硬件要求的计算机都能安装 Windows 10 操作系统。

 默认情况下使用 BIOS 启动并安装 Windows 10 操作系统会自动使用 MBR 分区表。

5.2.3 配置 BIOS/MBR 分区结构

在使用 BIOS 与 MBR 方式的计算机中，有如下两种硬盘分区结构，本节分别进行介绍。

默认分区结构

包括系统分区和 Windows 分区，如图 5-2 所示。

BIOS/MBR默认分区结构
磁盘 0

| 系统分区 | Windows分区 |

图 5-2　BIOS/MBR 默认分区结构

系统分区是指用以存储启动文件并被标记为"活动（active）"的硬盘分区，此硬盘分区一般称为保留分区。使用 Windows 安装程序创建硬盘分区时，会自动创建大小为 350MB 的系统分区。系统分区类似于 Linux 操作系统中的 boot 分区，专门用来启动操作系统。此分区属于默认选项，安装程序自动创建，但是不是必须选项。如果需要使用 BitLocker 加密 Windows 分区，则必须使用该分区。

Windows 分区是指用于存储已安装的 Windows 系统文件和应用程序的硬盘分区。通俗来说 Windows 分区就是我们常说的 C 盘。默认情况下 MBR 会从系统分区读取启动文件，然后从 Windows 分区启动操作系统，在不创建系统分区的情况下，MBR 从 Windows 分区读取启动文件并启动操作系统。

创建默认分区结构可以使用 DiskPart 命令行工具完成。使用 Windows 10 操作系统安装光盘或 U 盘启动至安装界面，然后按下 Shift+F10 组合键打开命令提示符或使用 WinPE 启动至命令提示符，输入 diskpart 进入其命令操作界面并执行如下命令完成创建过程。

```
select disk 0
```

选择要创建分区结构的硬盘为硬盘 0。如果有多块硬盘可以使用 list disk 命令查看。

```
clean
```

清除硬盘所以数据及分区结构，请谨慎操作。

```
create partition primary size=350
```

创建大小为 350MB 的主分区，此分区即为系统分区。

```
format quick fs=ntfs label="System"
```

格式化系统分区并使用 NTFS 文件系统，设置卷标为 System。

```
active
```

设置系统分区为“活动（active）”。

```
create partition primary size=30000
```

创建大小为 30GB 的主分区，此分区即为 Windows 分区。

```
format quick fs=ntfs label="Windows"
```

格式化 Windows 分区并使用 NTFS 文件系统，设置卷标为 Windows。

```
assign letter="C"
```

设置 Windows 分区盘符为 C:。

```
exit
```

退出 DiskPart 命令操作界面。

创建上述两个硬盘分区最简单的方法是使用 Windows 安装程序进行至选择 Windows

安装位置步骤时，选中要安装 Windows 10 操作系统的硬盘，单击"新建"在出现
的分区大小输入框中输入合适的 Windows 分区容量，然后单击"应用"。此时安装
程序提示用户会创建一些额外分区，单击确定之后安装程序会自动创建系统分区和
Windows 分区，如图 5-3 所示。

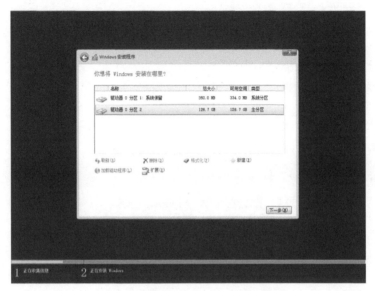

图 5-3　选择 Windows 安装位置

推荐分区结构

包括系统分区、Windows 分区和恢复映像分区，如图 5-4 所示。

图 5-4　BIOS/MBR 推荐分区结构

微软推荐分区结构只是在默认分区结构上增加了一个用于存储系统恢复映像的恢复分
区，此分区为非必备分区。创建推荐分区结构，只需在 DiskPart 中执行如下命令即可
完成：

```
select disk 0
```

选择要创建分区结构的硬盘为硬盘 0。如果有多块硬盘可以使用 list disk 命令查看。

```
clean
```

清除硬盘所以数据及分区结构，请谨慎操作。

```
create partition primary size=350
```

创建大小为 350MB 的主分区，此分区即为系统分区。

```
format quick fs=ntfs label=" System"
```

格式化系统分区并使用 NTFS 文件系统，设置卷标为 System。

```
active
```

设置系统分区为"活动（active）"。

```
create partition primary size=30000
```

创建大小为 30GB 的主分区，此分区即为 Windows 分区。

```
format quick fs=ntfs label=" Windows"
```

格式化 Windows 分区并使用 NTFS 文件系统，设置卷标为 Windows。

```
assign letter=C
```

设置 Windows 分区盘符为 C:。

```
create partition primary size=10000
```

创建大小为 10GB 的主分区，此分区即为恢复分区。

```
format quick fs=ntfs label=" Recovery"
```

格式化 Windows 分区并使用 NTFS 文件系统，设置卷标为 Recovery。

```
set id=27
```

设置恢复分区为隐藏分区。

```
exit
```

退出 DiskPart 命令操作界面。

同时，可以把上述命令保存至 txt 文本文件（createvol.txt），例如保存至 d 盘，然后使用 WinPE 或操作系统安装盘启动至命令提示符输入 diskpart/s d:\createvol.txt 命令等待其执行完成即可，如图 5-5 所示。

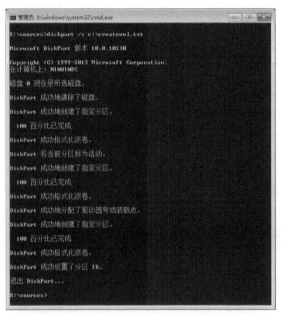

图 5-5 创建 MBR 推荐分区结构

 注 意 有关部署恢复映像文件至恢复分区内容，请看 12.1.4.2 节内容。使用 Windows 安装程序可自动创建系统分区和 Windows 分区，但不会创建映像恢复分区。

5.2.4 UEFI 概述

UEFI 被越来越多的计算机使用，其功能特性相比 BIOS 固件有了质的飞跃，Windows 10 操作系统对 UEFI 支持也愈加完善，本节即介绍有关 UEFI 固件的相关内容。

1. UEFI 功能概述

UEFI（Unified Extensible Firmware Interface）中文名称为统一可扩展固件接口，是适用于计算机的标准固件接口。UEFI 是 BIOS 的一种升级替代方案，旨在提升应用程序交互性和解决 BIOS 的限制。2013 年之后的生产的计算机基本都集成 UEFI 固件。

UEFI 最初由 Intel 于 2000 年开发，当时名称为 EFI（Extensible Firmware Interface）。Intel 于 2005 年将 EFI 交由 140 多家公司组成的统一可扩展固件接口论坛（Unified EFI

Forum）来推广与发展，其中包括微软。因此，EFI 也更名为 UEFI（Unified EFI）。

图 5-6　UEFI 在计算机中的位置

如果说 BIOS 是一款软件程序，那么 UEFI 就相当于一款微型操作操作系统。从最直观的使用感受上来说，UEFI 操作界面人性化、网络功能丰富，甚至可以在没有安装任何操作系统的计算机上使用 UEFI 浏览网页。

 注意 目前集成 UEFI 的笔记本计算机基本都只具备 UEFI 基本功能，其设置界面和 BIOS 设置界面集成。现在只有部分中高端型号的主板才有完整的 UEFI 设置界面。

UEFI 主要包括以下功能特点。

■ 支持从容量超过 2TB 的硬盘引导操作系统。

■ UEFI 支持直接从文件系统中读取文件。UEFI 支持的文件系统有 FAT16 与 FAT32。

■ UEFI 不用像 BIOS 一样读取硬盘第一个扇区中的引导代码来启动操作系统，而是通过运行 efi 文件来引导启动操作系统。efi 文件是一种可以在 UEFI 环境执行的应用程序文件或驱动程序文件，在 Windows 10 操作系统安装文件的 efi\microsoft\boot 文件夹下微软提供了一些常用的 efi 程序，例如内存测试工具 memtest.efi 以及分区工具 diskpart.efi。

■ 使用 UEFI 固件的计算机缩短了操作系统启动和从休眠状态恢复的时间。

■ UEFI 分为 32 位与 64 位版本，目前绝大部分计算机都是用 64 位版本的 UEFI，32 位版本只有在少数低端平板计算机上被使用。

■ UEFI 可与 BIOS 结合使用。

■ 通过保护预启动或预引导过程，防止 Bootkit 攻击，从而提高计算机安全性。

■ UEFI 必须在使用 GPT 分区表的硬盘才能成功安装 Windows 10 操作系统。

一般情况下在启用了 UEFI 的计算机上只能安装特定版本的 Windows 操作系统，如表 5-3 所示。另外，能否在使用 UEFI 的计算机上成功安装 Windows 10 操作系统还取决于安装镜像文件（ISO 文件）是否具备 UEFI 启动参数，只要是从微软官方渠道（MSDN、TechNet 等）获取的镜像文件或安装介质都具备 UEFI 启动参数。

表 5-3   Windows 支持 UEFI 及 GPT 情况表

操作系统	硬件平台	支持UEFI启动	支持GPT读写
Windows XP	x86	否	否
Windows XP	x64	否	是
Windows Server 2003	x86	否	否
Windows Server 2003	x64	否	是
Windows Server 2003 R2	x86	否	是
Windows Server 2003 R2	x64	否	是
Windows Vista	x86	否	是
Windows Vista	x64	是	是
Windows Server 2008	x86	否	是
Windows Server 2008	x64	是	是
Windows 7	x86	否	是
Windows 7	x64	是	是
Windows Server 2008 R2	x64	是	是
Windows 8/8.1	x86	是	是
Windows 8/8.1	x64	是	是
Windows Server 2012	x64	是	是
Windows Server 2012 R2	x64	是	是
Windows 10	x86	是	是
Windows 10	x64	是	是
Windows Server 2016	x64	是	是

UEFI 既然可以直接读取 FAT 分区中的文件，也可以直接在其中运行的程序。因此可

以将 Windows 10 操作系统的安装程序或引导程序做成 efi 程序，然后放在任意 FAT 分区中直接运行即可。这样一来启动或安装操作系统就变得很简单，就像启动应用程序一样，选择哪个程序就启动那个程序。

一般情况下 UEFI 必须从使用 GPT 分区表的硬盘启动 Windows 10 操作系统，但是自 Windows 8 操作系统开始，微软为 bcdboot 命令行工具新增了 /f uefi 参数，可以为使用 BIOS 与 MBR 分区表的 Windows 分区创建 UEFI 启动文件，然后修改固件类型为 UEFI 并进入 Shell 环境，手动执行 bootmgfw.efi 文件即可启动安装于使用 MBR 分区表硬盘中的 Windows 10 操作系统。

2.　UEFI 启用与关闭

默认情况下预装 Windows 8/ 8.1 和 Windows 10 操作系统的计算机都会默认使用 UEFI 固件。开机时按下特定功能键（如 F1 或 F2）可以进入固件设置界面，本节以联想笔记本为例，如图 5-7 所示，首页显示 UEFI 版本以及是否开启安全启动功能（UEFI Secure Boot）。

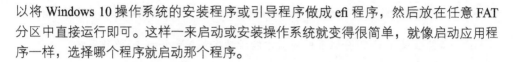

图 5-7　笔记本固件设置界面

关闭 UEFI 需要先关闭安全启动。在固件设置界面中，切换至 Security 选项卡，如图 5-8 所示，选中 Secure Boot 然后回车进入安全启动设置界面，如图 5-9 所示，修改 Secure Boot 项后面的值为 Disabled，然后按下 Esc 退出安全启动设置界面，最后切换至 Startup 选项卡进入启动设置界面，如图 5-10 所示。

在启动设置界面中，"UEFI/Legacy Boot"即为控制计算机使用何种固件选项，其有三种选项以下分别进行介绍。

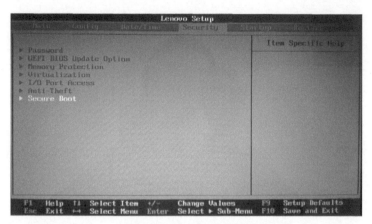

图 5-8　Security 选项卡

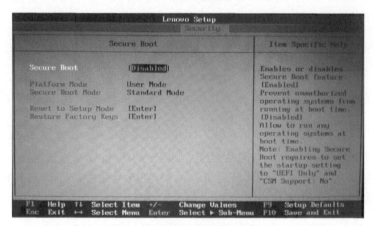

图 5-9　安全启动设置界面

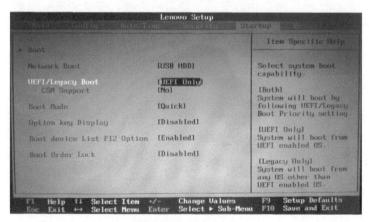

图 5-10　Startup 选项卡

Both

BIOS 与 UEFI 都可以使用，由计算机自行选择。使用该选项后，可以通过删除文件方式控制使用何种固件。使用 UEFI 启动，删除安装文件根目录中的 bootmgr 文件。使用 BIOS 启动，删除安装文件根目录下的 efi 文件夹。

UEFI Only

只能使用 UEFI 启动。

Legacy Only

只能使用 BIOS 启动。

本节以关闭 UEFI 为例，所以选择 Legacy Only 选项，然后按下 F10 键保存并退出即可关闭 UEFI。如要启用 UEFI，按照上述步骤反向操作即可。

注意　启用 UEFI 可不同时启用安全启动功能。

5.2.5　GPT 分区表概述

GPT（GUID Partition Table）中文名称为全局唯一标识分区表，是硬盘的一种分区表结构布局标准，用来替代 MBR 分区表并配合 UEFI 启动使用。有关 Windows 支持 GPT 情况请看表 5-2 所示。

在 MBR 硬盘中，分区信息直接存储于主引导记录。但在 GPT 硬盘中，分区表的位置信息储存于 GPT 分区表头中。但出于兼容性考虑，硬盘的第一个扇区仍然用作 MBR，其次才是 GPT 分区表头。

GPT 分区表由以下 3 部分组成，如图 5-11 所示。

Protective MBR

GPT 分区表第一段是 Protective MBR。其作用是当使用不支持 GPT 分区表的分区工具对硬盘进行操作时，整个硬盘将显示为一个受保护的分区无法做任何操作，以防止分区表及硬盘数据遭到破坏。

GPT 分区表

当使用 UEFI 启动计算机时，UEFI 并不从 Protective MBR 中获取 GPT 硬盘的分区信息，它有自己的分区表，即 GPT 分区表。与 MBR 最大 4 个分区表项的限制相比，GPT 对分区数量没有限制。但 Windows 10 操作系统最大仅支持 128 个 GPT 分区，GPT 最大可管理 18EB 的磁盘。

图 5-11　GPT 分区表结构图

备份 GPT 分区表

用来备份 GPT 分布表，防止主 GPT 分区表信息丢失无法启动操作系统。

UEFI 可同时识别 MBR 分区和 GPT 分区，BIOS 只能识别 MBR 分区。因此，在使用 BIOS 固件的计算机中，使用 GPT 分区表的硬盘不能用于引导启动操作系统，只能用于存储数据。

理论上来说使用 UEFI 后，MBR 分区和 GPT 分区都可用于引导启动和数据存储。不过微软规定 Windows 8 之前的操作系统在 UEFI 下使用 Windows 安装程序安装操作系统时，只能将操作系统安装在 GPT 分区中。但是 Windows 10 操作系统支持 UEFI 与 MBR 方式启动，由于其没有实际使用意义，所以本节不做介绍。

5.2.6　配置 UEFI/GPT 分区结构

和使用 BIOS/MBR 方式一样，在使用 UEFI/GPT 方式安装 Windows 10 操作系统时，微软也提供了两种分区结构供用户选择，下面分别做一介绍。

默认分区结构

包括 WinRE 恢复分区、ESP 分区、MSR 分区以及 Windows 分区，如图 5-12 所示。

UEFI/GPT默认分区结构

磁盘 0

WinRE恢复分区	ESP分区	MSR分区	Windows分区

图 5-12　UEFI/GPT 默认分区结构

Windows RE（WinRE）恢复分区此分区主要用于存储 Windows RE 恢复工具（winre. wim，250MB 左右）以及 BitLocker 加密 Windows 分区信息，因此该空间大小最少为 300MB。Windows 10 操作系统下此分区默认空间大小为 300MB。此分区不是必备分区。

EFI System Partition（ESP）分区

ESP 分区用于启动操作系统。分区内存储引导程序、驱动程序、系统维护工具等。该 分区最小为 100MB 且文件系统必须为 FAT32。

Microsoft Reserved Partition（MSR）分区

Windows 10 操作系统会在每个物理硬盘上保留一定的空间以供其使用，所以此部分空 间称为 Microsoft 保留分区即 MSR 分区。MSR 分区逻辑位置一定要在 Windows 分区之前。

因为 GPT 分区表不支持隐藏扇区，所以使用隐藏扇区的应用程序会使用 MSR 分区模 拟出隐藏扇区以供使用。例如将基本磁盘转换为动态磁盘会导致该硬盘的 MSR 分区 空间减少，并由新创建的分区保留动态磁盘数据库。此分区只供操作系统使用不能存 储用户数据，默认情况下 MSR 分区大小为 128MB。

创建默认分区结构，同样需要在 Windows 安装程序界面或 WinPE 环境下使用 DiakPart 命令行工具。在 DiskPart 中执行如下命令。

```
select disk 0
```

选择要创建分区结构的硬盘为硬盘 1，如果有多块硬盘可以使用 list disk 命令查看

```
clean
```

清除硬盘所有数据及分区结构，请谨慎操作。

```
convert gpt
```

转换分区表为 GPT 格式。

```
create partition primary size=300
```

创建大小为 300MB 的主分区，此分区即为 WinRE 恢复分区。

```
format quick fs=ntfs label="WinRE"
```

格式化 WinRE 恢复分区并使用 NTFS 文件系统，设置卷标为 WinRE。

```
set id=de94bba4-06d1-4d40-a16a-bfd50179d6ac
```

设置 WinRE 恢复分区为隐藏分区。

```
gpt attributes=0x8000000000000001
```

设置 WinRE 恢复分区不能在磁盘管理器中被删除。

```
create partition efi size=100
```

创建大小为 100MB 的主分区，此分区即为 ESP 分区。

```
format quick fs=fat32 label="System"
```

格式化 ESP 分区并使用 FAT32 文件系统，设置卷标为 System。

```
create partition msr size=128
```

创建大小为 128MB 的 MSR 分区。

```
create partition primary size=30000
```

创建大小为 30GB 的主分区，此分区即为 Windows 分区。

```
format quick fs=ntfs label="Windows"
```

格式化 Windows 分区并使用 NTFS 文件系统，设置卷标为 Windows。

```
assign letter="C"
```

设置 Windows 分区盘符为 C:。

```
exit
```

退出 DiskPart 命令操作界面。

创建上述 3 个分区最简单的方法是，使用 Windows 安装程序进行至选择 Windows 安装位置步骤时，选中要安装 Windows 10 操作系统的硬盘，单击"新建"并在出现的分区大小输入框中输入合适的 Windows 分区容量，然后单击"应用"，此时安装程序提示用户会创建一些额外分区，单击确定之后安装程序会自动创建恢复分区、ESP 分区、MSR 分区以及 Windows 分区，如图 5-13 所示。

推荐分区结构

包括 WinRE 恢复分区、ESP 分区、MSR 分区、Windows 分区以及映像恢复分区，如图 5-14 所示。

推荐分区结构也是在默认分区结构的基础上新增一个用于存储恢复映像的恢复分区。同样在 DiskPart 下执行如下命令完成创建过程。

```
select disk 0
```

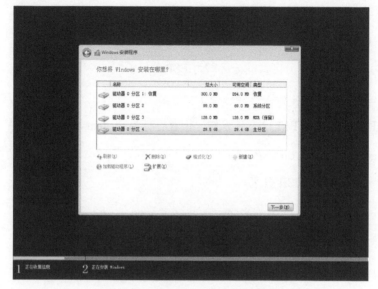

图 5-13　选择 Windows 安装位置

UEFI/GPT推荐分区结构
磁盘 0

图 5-14　UEFI/GPT 推荐分区结构

选择要创建分区结构的硬盘为硬盘 1，如果有多块硬盘可以使用 **list disk** 命令查看。

```
clean
```

清除硬盘所以数据及分区结构，请谨慎操作。

```
convert gpt
```

转换分区表为 **GPT** 格式。

```
create partition primary size=300
```

创建大小为 **300MB** 的主分区，此分区即为 **WinRE** 恢复分区。

```
format quick fs=ntfs label="WinRE"
```

格式化 WinRE 恢复分区并使用 NTFS 文件系统，设置卷标为 WinRE。

```
set id=de94bba4-06d1-4d40-a16a-bfd50179d6ac
```

设置 WinRE 恢复分区为隐藏分区。

```
gpt attributes=0x8000000000000001
```

设置 WinRE 恢复分区不能在磁盘管理器中被删除。

```
create partition efi size=100
```

创建大小为 100MB 的主分区，此分区即为 ESP 分区。

```
format quick fs=fat32 label="System"
```

格式化 ESP 分区并使用 FAT32 文件系统，设置卷标为 System。

```
create partition msr size=128
```

创建大小为 128MB 的 MSR 分区。

```
create partition primary size=30000
```

创建大小为 30GB 的主分区，此分区即为 Windows 分区。

```
format quick fs=ntfs label="Windows"
```

格式化 Windows 分区并使用 NTFS 文件系统，设置卷标为 Windows。

```
assign letter=C
```

设置 Windows 分区盘符为 C:。

```
create partition primary size=10000
```

创建大小为 10GB 的主分区，此分区即为恢复分区。

```
format quick fs=ntfs label="Recovery"
```

格式化 Windows 分区并使用 NTFS 文件系统，设置卷标为 Recovery。

```
set id=de94bba4-06d1-4d40-a16a-bfd50179d6ac
```

设置恢复分区为隐藏分区。

```
gpt attributes=0x8000000000000001
```

设置恢复分区不能在磁盘管理器中被删除。

```
exit
```

退出 DiskPart 命令操作界面。

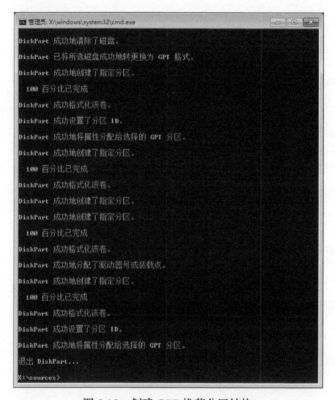

图 5-15 创建 GPT 推荐分区结构

5.2.7 检测计算机使用固件类型

检测计算机使用何种固件最简单直接的方法是使用磁盘管理器或 DiskPart 命令行工具查看硬盘的分区结构是否具备 ESP 分区以及 MSR 分区，如图 5-13 所示。此外，还可以按下 Win+R 组合键，打开"运行"对话框输入 msinfo32 并按 Enter 键，打开"系统信息"，如图 5-16 所示，查看右侧列表中的"BIOS 模式"项目值，如果值为传统即为使用 BIOS 固件，如果值为 UEFI 即为使用 UEFI 固件。

 注意　有关 WinRE 环境，请看 12.1.2 节内容。

图 5-16　系统信息

5.2.8　Windows 10 启动过程分析

计算机启动是一种复杂而有序的过程，而使用 UEFI 和 BIOS 启动 Windows 10 操作系统又是两种不同的过程。

使用 BIOS 启动 Windows 10 操作系统过程

使用 BIOS 启动 Windows 10 操作系统启动过程如下。

① 按下计算机开机键，此时 BIOS 进行加电自检（POST），自检通过之后，选择从 BIOS 中已设置的第一启动设备启动（一般为安装 Windows 10 操作系统的硬盘），然后读取存储于硬盘第一个扇区中的 MBR 并把计算机控制权交于 MBR。

② MBR 会搜索存储于自身中的硬盘分区表，并找到其中唯一已标注为活动的主分区（活动分区），然后在该分区根目录下搜索并读取 bootmgr（启动管理器）至内存并将计算机控制权交于 bootmgr。

③ bootmgr 搜索位于活动分区 Boot 目录下的 BCD（启动配置数据），BCD 中存储有启动配置选项，如果有多个操作系统启动选项，则 bootmgr 会显示所有启动选项，并由用户选择。如果只有一个启动选项，bootmgr 会默认启动。

④ 默认启动 Windows 10 操作系统之后，bootmgr 搜索并读取 Windows 分区 Windows\System32 目录下的 winload.exe 程序，然后将计算机控制器交给 winload.exe，并由其完成内核读取与初始化以及后续启动过程。

注意 活动分区不一定是 Windows 分区，默认情况下 Windows 安装程序会自动创建一个大小为 350MB 并标注为"活动（active）"的主分区（保留分区）用于 Windows 10 操作系统启动。BCD 文件可使用 bcdedit.exe 命令行工具进行修改，另外，BCD 文件本身也是注册表文件，可以通过注册表编辑器挂载进行修改。

使用 UEFI 启动 Windows 10 操作系统过程

① 按下计算机开机键，UEFI 读取位于 ESP 分区 EFI/Microsoft/Boot/ 目录下的 bootmgfw.efi 文件并将计算机控制权交于 bootmgfw 程序。

② 由 bootmgfw 搜索并读取存储于 EFI/Microsoft/Boot/ 目录下的 BCD 文件。如果有多个操作系统启动选项，则 bootmgfw 会显示所有启动选项，并由用户选择。如果只有一个启动选项，bootmgfw 会默认启动。

③ 默认启动 Windows 10 操作系统之后，bootmgrfw 搜索并读取 Windows 分区 Windows\System32 目录下的 winload.efi 程序，然后将计算机控制器交给 winload.efi，并由其完成内核读取与初始化以及后续启动过程。

 注意 bootmgr 与 bootmgfw 属于功能相同适用于不同固件的程序。

BIOS 与 UEFI 启动计算机最大的不同在于，UEFI 没有加电自检过程，所以加快了 Windows 10 操作系统的启动速度，如图 5-17 所示。

图 5-17 UEFI 与 BIOS 启动流程

5.2.9 Windows 10 安全启动原理

安全启动是一项由微软等其他厂商开发的安全标准，用于确保计算机只能被信任的程序启动。Windows 10 操作系统中的安全启动基于 UEFI 固件来实现其功能。

在没有使用 UEFI 固件的计算机中，操作系统在启动被加载前有漏洞，可通过比较 BIOS 和 UEFI 的启动过程可以看得出来。

如上图 5-18 所示，传统的 BIOS 计算机启动的过程中由于没有保护机制，可以通过将启动加载程序重定向到恶意加载程序。而加载程序无法通过操作系统安全措施和反恶意软件进行检测。

图 5-18　BIOS 启动过程

图 5-19　UEFI 启动过程

由于 UEFI 支持固件实施安全策略，所以 Windows 10 操作系统借助 UEFI 安全启动解决了操作系统启动时任意程序都能被加载的漏洞。

计算机在被制造时，厂商将安全启动策略签名数据库存储到 NVRAM（非易失性随机访问存储器）中，策略签名数据库主要包括签名数据库（DB）、吊销的签名数据库（DBX）和密钥加密密码数据库（KEK）。

当计算机使用安全启动功能启动时，UEFI 将按照存储在 NVRAM 中的策略签名数据库检查每个所要加载的程序，包括 UEFI 驱动程序以及 Windows 10 操作系统。如果程序有效，UEFI 允许程序加载运行，同时将计算机控制权交给操作系统完成启动。如果 UEFI 驱动程序不受信任，UEFI 将启动由设备厂商提供的恢复程序恢复受信任的 UEFI。如果操作系统启动程序无效，则 UEFI 尝试使用备份的启动程序启动，如果还原备份过程失败，UEFI 将启动 WinRE 工具进行修复。

注意　开启安全启动功能必须确保 UEFI 固件必须是 2.3.1 以上的版本。

5.3　常规安装

大部分的用户安装操作系统都是用常规安装方法即使用 DVD 安装盘安装。本节主要介绍常规方法安装操作系统的步骤及硬盘分区步骤。

5.3.1　设置计算机从光驱启动

计算机默认是从本地硬盘启动，要使用 DVD 操作系统安装盘安装操作系统，必须要在 BIOS 中将计算机第一启动项设置为从光驱启动计算机。修改计算机启动顺序，要进入 BIOS 修改（修改 BIOS 有风险，请谨慎操作），具体修改办法，请参考 5.2.1 节内容。目前大部分的台式计算机和笔记本计算机都有快捷启动设置菜单，如表 5-1 所示，只要在计算机启动时按下特定功能键就能进入启动设置菜单选择从光驱或者其他驱动器（U 盘、移动硬盘等）启动计算机，如图 5-20 所示。

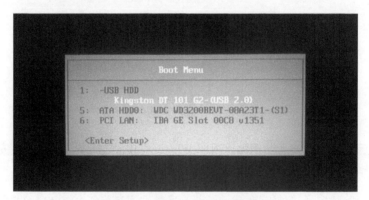

图 5-20　BIOS 快速启动选项菜单

5.3.2　开始安装

设置好计算机启动顺序之后，将 DVD 操作系统安装盘放入光驱，然后重新启动计算机，计算机会提示按下任意键从 DVD 操作系统安装盘启动计算机，具体安装步骤如下。

① 进入 Windows 安装界面之后，首先进入安装环境设置阶段，如图 5-21 所示。选择相应安装语言、时间和货币格式、键盘和默认输入方法之后，单击"下一步"并在出现的界面中单击"现在安装"按钮，Windows 安装程序正式启动。

② Windows 安装程序启动之后，会要求用户输入 Windows 10 产品密钥来进行验证激活。如果安装 Windows 10 企业版或批量授权的 Windows 10 专业版则无此步骤。如果

安装的操作系统为零售版 Windows 10 家庭版或专业版，此处输入购买到的 25 位产品密钥并单击"下一步"，如图 5-22 所示，然后接受微软许可条款继续单击"下一步"。如果没有密钥，可以选择"我没有产品密钥"跳过。

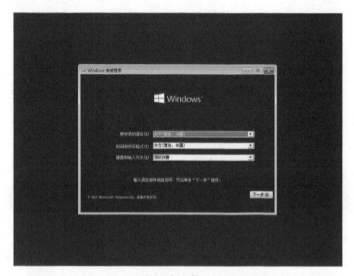

图 5-21　安装语言及输入法设置界面

图 5-22　输入产品密钥界面

③ Windows 安装程序要求用户选择采用何种方式进行安装，这里选择"自定义：仅安装 Windows（高级）"选项。升级安装只适合在能正常启动到操作系统的计算机中进行。

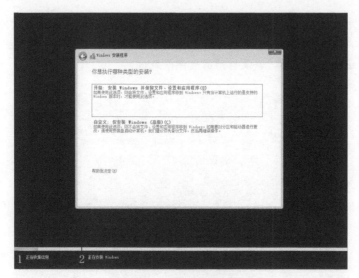

图 5-23　选择安装类型

④ 选择 Windows 10 操作系统安装分区。对于全新的硬盘，必须要先分区才能安装操作系统。单击图 5-24 中的"新建"选项，输入分区的大小，单击"应用"即可快速对硬盘分区。如果是已分区的硬盘，则 Windows 安装程序会自动识别那个分区适合安装操作系统，这里按需选择即可，但是请注意备份安装操作系统的分区中的数据，然后单击"下一步"。

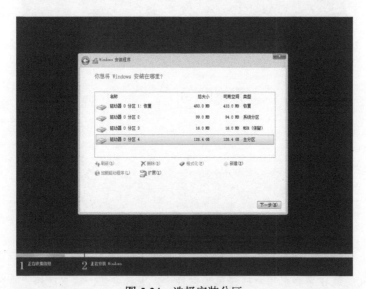

图 5-24　选择安装分区

注意 有关硬盘分区内容，请看 5.2 节内容。

⑤ 选择 Windows 10 操作系统安装分区之后，Windows 安装程序开始展开文件到 Windows 分区并安装功能，如图 5-25 所示，全过程自动进行无须人工干预。文件展开及功能安装完成之后，Windows 安装程序会自动重新启动计算机。

图 5-25　Windows 10 安装状态

⑥ 计算机重新启动之后，操作系统开始安装设备驱动程序并对其进行初始化，最后进入操作系统初始化设置阶段（OOBE），如图 5-26 所示。首先需要选择区域，这里选择中国，然后单击"是"继续。

图 5-26　区域选择

⑦ 选择键盘布局，其实也就是选择输入法，按需选择即可，如图 5-27 所示，然后单击"是"继续。然后会提示是否选择第二键盘布局，还是按需选择即可，如图 5-28 所示，如无需求，选择跳过即可。

图 5-27　选择键盘布局

图 5-28　选择第二键盘布局

⑧ 接下来会要求选择以何种方式来进行操作系统配置，如图 5-29 所示。针对组织进行设置是指企业内部使用域网络，可以使用域帐户进行登录与设置；针对个人使用进行设置是指使用 Microsoft 帐户进行登录与设置。这里选择针对个人进行设置，然后单击"下一步"，此时需要使用 Internet 来设置使用 Microsoft 帐户登录，如果无法使用 Internet 网络，则会要求设置本地帐户以及密码来登录操作系统，如图 5-30 所示。

图 5-29　设置方式选择

图 5-30　本地帐户设置

这里选择使用 Microsoft 帐户登录，如图 5-31 所示，可以选择使用现有的 Microsoft 帐户，也可以根据提示注册新帐户并登录。在图 5-31 中输入 Microsoft 帐户，然后单击"下一步"并在随后出现的界面中输入帐户密码。

⑨ 使用 Microsoft 帐户登录之后，会提示是否设置 PIN，为了安全考虑这里推荐进行设置，如图 5-32 所示。

图 5-31 使用 Microsoft 帐户

图 5-32 设置 PIN

注意 有关 PIN 设置的相关内容，请参考 12.4.5.2 节内容。

⑩ 接下来会提示是否启用 Cortana 个人助理，这里选择启用，如图 5-33 所示。然后会提示进行隐私设置，如图 5-34 所示，保持默认设置，然后单击"接受"。此时，安装程序会根据之前的设置内容进行设置初始化，如图 5-35 所示，等待初始化完成，则表示操作系统安装完成。

图 5-33 Cortana 设置

图 5-34 隐私设置

图 5-35　Windows 10 设置初始化

5.4　U 盘安装

U 盘相对于光盘来说可重复利用、读写速度快，很适合用来安装操作系统。其次，如果计算机没有光驱（例如超极本），或者不巧光驱损坏，那还能为计算机安装操作系统吗？答案当然是肯定。本节介绍制作安装 U 盘的方法以及从 U 盘启动计算机并安装操作系统。

5.4.1　制作安装 U 盘

制作安装 U 盘，除了使用第三方的工具外，还可以使用命令行工具制作，适合有一定知识积累的用户使用。

使用命令行工具制作启动 U 盘，操作过程如下。

以管理员身份运行命令提示符或 PowerShell 并输入 diskpart 进入其工作环境，然后执行如下命令。

```
list disk
```

显示连接到计算机的硬盘列表。

```
select disk 2
```

本节示例插入的是一个 8G 的 U 盘，所以选择磁盘 1。

```
clean
```

清除选中磁盘中的数据。

```
create partition primary
```
在 U 盘上创建主分区。

active

设置刚才创建的分区为活动分区。

format quick fs=ntfs

使用快速格式化方式格式化 U 盘并使用 NTFS 文件系统。

assign

为 U 盘分配盘符。

exit

退出 DiskPart 命令行工具。

解压 Windows 10 操作系统安装 ISO 文件至任意目录或使用文件资源管理器挂载镜像文件至虚拟光驱。本节示例挂载镜像文件到 F 盘，U 盘盘符为 G，然后继续在命令提示符中执行如下命令复制操作系统安装文件至 U 盘：

xcopy F:*.* /e g:

等待文件复制完毕，启动 U 盘即制作成功。

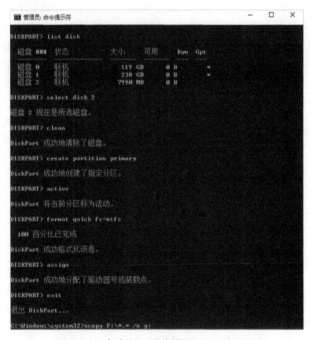

图 5-36　命令行工具制作启动 U 盘过程

5.4.2　从 U 盘启动计算机并安装操作系统

如果从 U 盘启动计算机，计算机主板须支持此项功能。目前大部分的计算机主板都支持从 U 盘启动计算机。设置从 U 盘启动，同样需要在 BIOS 中修改 U 盘为计算机的第一启动设备。不同于光驱选项，在 BIOS 中 U 盘有 6 种启动模式，分别是 USB-HDD、USB-HDD+、USB-ZIP、USB-ZIP+、USB-CDROM、USB-FDD，每种默认都有不同的特点。其中 USB-HDD 与 USB-HDD+ 为硬盘仿真模式，启动后 U 盘的盘符是 C。此模式兼容性很高，对于大部分的用户来说，选择 USB-HDD 或 USB-HDD 模式即可。

然后插入 U 盘，重新启动计算机。此时计算机就会从 U 盘启动，剩下的安装步骤和常规安装一样，这里就不再赘述，请参考上节内容。

5.5　升级安装

许多用户不愿意安装使用新的操作系统，其中一个很大的原因是安装新操作系统之后大部分的应用程序都需要重新安装，而且之前的操作系统设置也丢失，需要重新设置操作系统的方方面面，这是一件非常辛苦的事情。因此通过升级安装可以很好的解决此类问题。

5.5.1　升级安装概述

微软为早期的 Windows 操作系统制定了详细的升级策略，不同的 Windows 版本升级到 Windows 10 操作系统所保留的操作系统设置及数据不尽相同，请看表 5-4 所示。

表 5-4　　旧版 Windows 升级配置

当前操作系统	保留Windows设置、个人文件及应用程序	保留Windows设置、个人文件（操作系统设置及数据）	仅保留个人文件（仅数据）	全新安装，不保留任何设置及文件
Windows XP with SP3及之后版本	否	否	是	是
Windows Vista	否	否	是	是
Windows Vista with SP1及之后版本	否	是	是	是
跨架构版本（32位到64位）Windows Vista with SP1及之后版本	否	否	否	否
跨语言版本Windows Vista with SP1及之后版本	否	否	是	是

续表

当前操作系统	保留Windows设置、个人文件及应用程序	保留Windows设置、个人文件（操作系统设置及数据）	仅保留个人文件（仅数据）	全新安装，不保留任何设置及文件
Windows 7及之后版本	否	否	是	是
跨架构版本（32位到64位）Windows 7及之后版本	否	否	否	否
跨语言版本Windows 7及之后版本	否	否	是	是
Windows 8/8.1及之后版本	是	否	是	是
跨架构版本（32位到64位）Windows 8.1及之后版本	否	否	否	否
跨语言版本Windows 8/8.1及之后版本	否	否	是	是

对于目前主流的 Windows 7 和 Windows 8/8.1 操作系统升级至 Windows 10 操作系统，升级策略请参考表 5-5 和表 5-6 所示内容。

表 5-5　　　　　　　　　**Windows 7 升级策略**

Windows 7版本（SP1）	能否升级至Windows 10家庭版	能否升级至Windows 10专业版	能否升级至Windows 10企业版
企业版（Enterprise）	否	否	可以
旗舰版（Ultimate）	否	可以	否
专业版（Professional）	否	可以	可以（仅批量授权版本）
家庭高级版（Home Premium）	可以	否	否
家庭基础版（Home Basic）	可以	否	否
入门版（Starter）	可以	否	否

表 5-6　　　　　　　　　**Windows 8/8.1 升级策略**

Windows 8/8.1版本（SP1）	能否升级至Windows 10家庭版	能否升级至Windows 10专业版	能否升级至Windows 10企业版
企业版（Enterprise）	否	否	可以
专业版（Professional）	否	可以	可以（仅批量授权版本）
标准版（Core）	可以	否	否

如果是由最早的 Windows 10 Version 1507 升级至最新的 Windows 10 版本，则只需使用 Windows Update 自动进行更新升级即可。

注意 表中数据只对应相同操作系统架构版本的升级安装，例如 32 位操作系统不支持升级安装 64 位的 Windows 10 操作系统版本。如果用户需要保留个人数据，可以借助 Windows 轻松传送可以提前备份需要迁移的数据，等操作系统安装完毕之后，再重新导入。

5.5.2　开始升级安装

微软为 Windows 10 提供了多种升级方式，本节即介绍有关 Windows 10 升级安装方面的内容。

1. 使用安装介质升级

微软为 Windows 10 提供了方便快捷的升级安装工具。在浏览器中访问 https://www.microsoft.com/zh-cn/software-download/windows10 并在该页面中下载 MediaCreationTool 工具，使用该程序直接升级操作系统，或是下载 Windows 10 安装文件并保存为 ISO 文件，也可以制作 Windows 10 安装 U 盘。

① 下载完成之后，直接双击运行该程序，首先程序会检测当前计算机是否满足使用条件，如果满足则会要求接受许可条款，如图 5-37 所示。

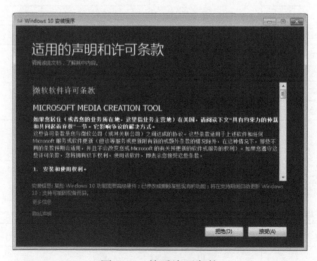

图 5-37　接受许可条款

② 接受许可条款之后，程序会要求选择后续的操作类型，有两种选择，一是直接升级操作系统，二是创建 Windows 10 安装介质，包括安装 U 盘、DVD 以及 ISO 文件等，如图 5-38 所示。

图 5-38　选择操作类型

选择立即升级操作系统，程序会自动下载与当前操作系统版本相匹配的 Windows 10 升级文件，然后会要求选择是否保留旧操作系统的个人文件和设置或是直接全新 Windows 10 安装操作系统。

为了方便以后安装 Windows 10 操作系统，建议选择创建安装介质，然后单击"下一步"继续。

③ 选择要下载的 Windows 10 操作系统版本。默认情况下程序会根据当前计算机的硬件体系结构以及操作系统版本给出推荐的下载版本，如图 5-39 所示。如果是要选择其他版本、语言或是硬件体系结构的版本，去除图 5-39 中的"对这台电脑使用推荐的选项"的选择即可。操作系统版本只能选择与当前旧操作系统相对应或以下的 Windows 10 版本。例如旧操作系统版本为 Windows 7 旗舰版，则可选择的版本有 Windows 10、Windows 10 家庭版单语言版、Windows 10 家庭中文版，体系结构可以两者都选。选择的版本如果与当前操作系统版本不对应，会要求输入安装密钥进行验证之后才能进行下载。

图 5-39　选择操作系统版本

 注意　关于旧版操作系统版本与 Windows 10 版本的对应关系，请查看表 5-5 与表 5-6 所示内容。

④ 选择要下载的版本之后，程序会要求选择使用的介质，可以选择 U 盘或是 ISO 文件。如果选择 U 盘，则 U 盘最少得有 8G 大小且制作安装 U 盘时会格式化 U 盘。

为了方便以后在其他电脑安装 Windows 10，这里选择制作 ISO 文件，选择之后安装程序开始下载 Windows 10 安装文件，下载完成会验证安装文件是否完整，然后开始制作 ISO 文件，如图 5-40 所示。

图 5-40　制作 ISO 文件

⑤ ISO 文件制作完成之后会出现如图 5-41 所示的界面，此时程序会显示制作的 Windows 10 安装 ISO 文件保存位置，也可以使用该 ISO 文件刻录 DVD 安装盘。

图 5-41 处理 ISO 文件

注意 使用 ISO 文件制作安装 U 盘，可以参考 5.4.1 节内容。

使用制作的安装 U 盘、DVD 光盘以及 ISO 文件可以在线进行 Windows 10 升级安装。本节只介绍 Windows 7 这款经典的 Windows 操作系统在线升级安装步骤，其他 Windows 版本升级安装请参考 Windows 7 的升级安装步骤。

正式开始升级安装之前，请先解压 ISO 文件至非 Windows 分区，例如 D 盘根目录，或者插入安装 U 盘、DVD 光盘。

Windows 7 升级安装步骤

① 双击运行安装文件根目录中的 setup.exe，Windows 安装程序经过短暂准备之后，会自动进入安装设置界面，如图 5-42 所示。此时 Windows 安装程序会提示是否安装最新的更新补丁，如果网速足够快，可以选择更新，这里选择不更新，然后单击"下一步"。此时，Windows 安装程序开始检测计算机是否符合 Windows 10 操作系统要求。

注意 Windows 10 操作系统不支持安装至使用某些较旧 CPU 的计算机，因此如果此项检测不通过，则请升级计算机硬件。

② 安装检测通过之后，Windows 安装程序要求输入 Windows 10 操作系统产品密钥。如果安装的是 Windows 10 操作系统零售专业版，则此过程不可被跳过。此外，Windows 安装程序会根据输入的产品密钥的类型，选择安装 Windows 10 专业版还是 Windows 10 家庭版。如果安装版本为 Windows 10 操作系统企业版，则无此步骤。输入产品密钥并单击"下一步"。阅读许可条款，如图 5-43 所示，然后单击"接受"。

图 5-42　获取更新选项

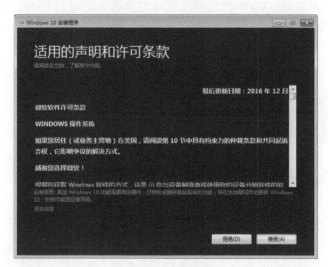

图 5-43　许可条款

③ 此时 Windows 安装程序要求选择要保留的内容，如图 5-44 所示。这里有 3 种可选

方案，按需选择即可，然后单击"下一步"。

图 5-44　选择要保留的内容

④ 安装确认阶段，Windows 安装程序会列出将要执行的操作，确认无误之后单击"安装"，如图 5-45 所示，Windows 安装程序就开始正式升级安装操作。整个升级安装过程自动化，无需人工干预，期间会自动重启几次。安装完成之后会进入 OOBE 阶段，设置帐户等信息之后即可使用 Windows 10 操作系统。

图 5-45　确认安装界面

注意 升级安装完毕之后，旧版操作系统的系统和个人文件会保存于 Windows 分区的 Windows.old 目录中。

2. 使用升级工具升级

除了使用安装介质升级操作系统之外，微软还提供了更加方便的升级工具 -Windows 10 易升。同样使用浏览器访问 https://www.microsoft.com/zh-cn/software-download/ windows10 页面，在该页面中单击"立即更新"下载 Windows 10 易升。

① 下载完成之后，直接双击执行即可。Windows 10 易升启动之后，首先会要求接受许可条款，如图 5-46 所示，单击"接受"继续。

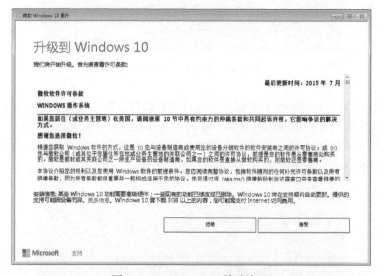

图 5-46　Windows 10 易升许可

② 接受许可之后，Windows 10 易升会检测当前计算机是否满足升级要求，如果不满足则会给出详细提示，若满足要求会出现图 5-47 所示的界面，然后单击"下一步"继续。

③ 随后 Windows 10 易升开始下载安装文件，下载完成之后会校验安装文件是否完整，如无错误，则立即进行安装，如图 5-48 所示。

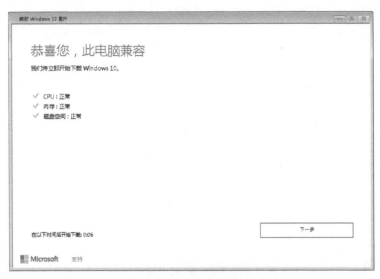

图 5-47　兼容性检测

图 5-48　开始升级安装

安装完成之后，Windows 10 易升会提示需要重启完成安装，并给出自动重启的时间，如图 5-49 所示，此时也可以选择立即重启完成安装。重启之后根据提示进行操作系统配置，步骤与 5.3.2 节内容相似，请参考配置。

图 5-49　Windows 易升重启提示

5.5.3　删除 Windows.old 文件夹

使用升级安装方式安装 Windows 10 操作系统之后，就会发现在 Windows 分区下有一个名为 Windows.old 的文件夹，而且占用硬盘空间很大。Windows.old 文件夹由 Windows 10 安装程序在安装过程中自动在 Windows 分区中创建，主要用来保存旧版 Windows 操作系统 Windows 分区数据。

Windows.old 文件夹占用空间极大（一般来说 15GB 以上），对于 Windows 分区不是很大的用户来说，清理 Windows.old 文件夹，可以释放很大一部分硬盘空间。

因为 Windows.old 文件夹中存在具备系统权限的文件，所以直接使用管理员权限的帐户无法全部删除此文件夹中的文件。这时可以借助 Windows 10 操作系统自带的磁盘清理工具完全清除 Windows.old 文件夹，操作步骤如下。

① 在 Windows 分区（这里以 C 盘为例）单击右键，在打开的菜中选择"属性"。

② 在打开的 C 盘属性页面中，单击"磁盘清理"，如图 5-50 所示。

图 5-50　Windows 分区属性界面

③ 磁盘清理工具进过短暂的扫描之后，进入磁盘清理界面，如图 5-51 所示。因为 Windows.old 文件夹具备系统权限属于系统文件，因此在图 5-51 中单击"清理系统文件"，启动系统文件清理工具。

④ 经过扫描计算之后，重新进入支持清理系统文件功能的磁盘清理工具界面，如图 5-52 所示。在"要删除的文件"列表中选择"Windows 旧版文件"，然后单击"确定"，磁盘清理工具开始清除 Windows.old 文件夹。

⑤ 因为 Windows.old 文件夹大小不同，所以磁盘清理工具运行时间也不同，所以耐心等待磁盘清理工具运行完毕。磁盘清理工具运行完毕之后，打开 Windows 分区即可发现 Windows.old 文件夹已经删除。

图 5-51 磁盘清理工具

图 5-52 清理系统文件

第 6 章

存储管理

存储是指把数据存放到相关介质的一种方式。通俗说就是指将文档、音乐、视频等类型数据保存至硬盘、U盘、光盘的过程。在任何计算机环境下，存储管理都是必不可少的重要环节。启动应用程序需要存储，操作系统核心组件运行需要存储，保存应用程序数据与用户数据也需要存储。面对各种各样的存储资源及需求，该如何管理呢？本章介绍有关 Windows 10 存储管理方面的内容。

6.1　磁盘驱动器

磁盘驱动器也称为硬盘或磁盘，是目前绝大部分计算机必备的存储组件。硬盘最初由 IBM 发明，属于机械构造形式。随着技术的发展，硬盘不再只有机械构造形式（机械硬盘），全集成电路形式硬盘（固态硬盘）正在逐渐取代机械硬盘的地位。本节介绍有关机械硬盘、固态硬盘和格式化方面的内容。

6.1.1　机械硬盘（HDD）

机械硬盘是目前最为常见的硬盘类型，其为长方形形状，外部由保护壳及接口电路组成，图 6-1 所示为 2.5 英寸机械硬盘正反面。

图 6-1　2.5 英寸机械硬盘

 注意　在 Windows 10 操作系统中，磁盘容量级别为 YB>ZB>EB>PB>TB>GB>MB>KB，其中 1KB=1024Byte=8192Bit=8Kb，注意 Byte 与 bit 的区别。YB 到 KB 之间的换算单位为 1024，例如 1MB=1024KB。但是硬盘厂商在给硬盘进行标注容量时使用的 YB 到 KB 之间的换算单位为 1000，也就是说购买一快标注为 500GB 的硬盘，在 Windows 10 操作系统下面显示容量为 465GB 左右，两者之间有 7% 的误差。

6.1.2　固态硬盘（SSD）

固态硬盘（Solid State Drives），简称固盘或 SSD。有别于机械硬盘的机械结构，固态硬盘是固态电子存储芯片阵列而制成的硬盘，由控制单元和存储单元（FLASH 芯片、DRAM 芯片）组成。简单点说可以理解为多个闪存组成的磁盘阵列（RAID）。固态硬盘在接口规范、定义、功能及使用方法上与机械硬盘的完全相同，其产品外形也和机械硬盘一样，但固态硬盘目前主流的为 2.5 英寸产品。

影响固态硬盘性能的几个因素主要是：主控芯片、NAND 闪存芯片以及固件（算法）。在上述条件相同的情况下，采用何种接口也会影响固态硬盘的性能。目前主流的接口是 SATA（包括 SATA 2 和 SATA 3 两种标准）接口。理论上来说 SATA 3 接口的固态硬盘要比 SATA 2 接口的固态硬盘读写速度快一倍，所以选购固态硬盘时应尽量选择 SATA 3 接口的产品。目前亦有 PCIe 接口的固态硬盘问世，其读写速度比 SATA 3 接口的固态硬盘更快。此外，由于固态硬盘工作方式原因，相同接口的情况下，容量越大的固态硬盘读写速度越快。

选购固态硬盘时，基于性能及稳定性因素，应尽量选择 Intel、英睿达、三星、浦科特、金士顿、海盗旗等厂商出品的产品。

6.1.3　格式化

格式化是指对硬盘或硬盘中的分区（Partition）进行初始化的一种操作。格式化操作会导致现有硬盘或分区中所有数据被删除。格式化通常分为低级格式化和高级格式化。如果没有特别指明，对硬盘的格式化操作通常是指高级格式化。

1.　低级格式化

低级格式化（Low-Level Formatting）又称低层格式化或物理格式化（Physical Format）。低级格式化是指将空白盘片划分出柱面、磁道、扇区的操作。

硬盘低级格式化是对硬盘最彻底的初始化方式，经过低级格式化操作后的硬盘，原来保存的数据将会全部丢失且无法恢复。所以一般情况下不对硬盘进行低级格式化操作，只有非常必要情况下才能对硬盘进行低级格式化操作。而这个所谓的必要情况有两种，一是硬盘出厂前硬盘生产商会对硬盘进行一次低级格式化操作，另一个是当硬盘出现逻辑或物理坏道时，使用低级格式化对硬盘进行操作能起到一定的缓解或者屏蔽作用。

低级格式化只针对一块硬盘进行操作而支持单独的某一个硬盘分区。

一般情况下，普通用户极少需要对硬盘进行低级格式化操作，所以本节不做详细介绍。

2. 高级格式化

高级格式化又称逻辑格式化，它是指根据用户选定的文件系统（例如 FAT12、FAT16、FAT32、exFAT、NTFS、EXT2、EXT3 等），在硬盘的特定区域写入特定数据，以达到初始化硬盘或硬盘分区、清除原硬盘或硬盘分区中所有数据的操作。高级格式化操作包括：对主引导记录中分区表相应区域的重写；根据用户选定的文件系统，在硬盘分区中划出一块用于存放文件分配表、目录表等用于文件管理的硬盘空间，以便用户管理硬盘分区中的文件。

图 6-2 格式化操作界面

在 Windows 10 操作系统中，对硬盘分区、U 盘等进行高级格式化操作，只需在文件资源管理器中选中要格式化的对象，然后单击右键在出现的菜单中选择"格式化"，即可打开格式化操作界面，如图 6-2 所示，选择相应的文件系统、填写卷标，然后单击"确定"，操作系统开始进行格式化操作，等待操作系统提示完毕，即完成对选定对象的高级格式化操作。

 关于文件系统内容会在第 7 章中做详细介绍。

6.2 磁盘管理

如果说格式化操作是为硬盘划分结构，那么分区操作就是在已经划分好结构的硬盘上规划如何去使用硬盘空间。合理规划使用各种分区类型可以有效的解决工作中安全、备份等问题。本节为大家介绍有关分区、卷、磁盘配额、分区操作等方面的内容。

6.2.1 分区和卷概念概述

Windows 下的硬盘划分，经常会遇到分区及卷的概念。这两个概念既相似又有所不同容易被混淆，所以本节主要介绍有关分区和卷的内容。

1. 分区

所谓分区就是按照操作系统及用户需求划分出不同类型及容量的硬盘逻辑空间单位。在 Windows 10 操作系统中打开文件资源管理器就可以看到已经划分好的分区，如图 6-3 所示。

图 6-3　硬盘分区

在 Windows 操作系统中，硬盘分区都有一个由一个字母及冒号组成的唯一编号，叫做驱动器号或盘符，编号字母在 C-Z 之间。对于分区可以称作 C 分区、磁盘驱动器 C: 或 C 盘。

为什么没有 A 和 B 呢？因为 A 和 B 这两个编号留给了 3.5 英寸和 5.25 英寸软盘驱动器，虽然软盘启动器早已不再被主流用户使用，但是为了保证部分用户及应用程序的兼容性需求，还是需要保留 A 和 B 盘符给软盘驱动器使用。

硬盘分区一般有主分区、扩展分区和逻辑分区 3 种，以下分别做一介绍。

- **主分区（Primary Partition）**：是硬盘上建立的逻辑磁盘的一种，主要用来安装操作系统。使用 MBR 分区表的硬盘最多可以划分出 4 个主分区，GPT 分区表在 Windows 10 操作系统中至多划分 128 个主分区。

- **扩展分区（Extended Partition）**：扩展分区是特殊的主分区。如果分区个数超过 4

个就必须划分扩展分区，然后继续在扩展分区中划分出更多的逻辑分区。扩展分区是不能直接用，属于逻辑概念，而且每个硬盘至多有一个扩展分区。

- **逻辑分区（Logic Partition）：** 扩展分区和逻辑分区属于包含关系，逻辑分区是扩展分区的组成部分。在 Windows 10 操作系统中逻辑分区至多 128 个。

主分区、扩展分区、逻辑分区在第一次安装操作系统的时候就已划分完毕，重新安装操作系统不需要重新对硬盘进行划分。

 关于 MBR 分区表及 GPT 分区表内容，请参看第 5 章内容。

2. 卷

硬盘在 Windows 10 操作系统中有两种配置类型，分别是基本磁盘与动态磁盘。一般用户的计算机都使用基本磁盘配置。

在使用基本磁盘配置的硬盘中，卷与分区没有根本的区别，可以认为卷就是分区，分区就是卷。但是在使用动态磁盘配置的硬盘中，卷和分区是不同的概念。

卷是 Windows 10 操作系统下的一种磁盘管理方式，其目的是为用户提供更加灵活、高效的磁盘管理方式。例如有两块容量分别为 250GB 和 320GB 的硬盘，想要划分为 470GB 和 100GB 大小的分区，如果使用基本磁盘配置下的分区方式是无法做到的，但是使用动态磁盘配置中的卷来划分就能做到。

综上所述，卷只有在使用动态磁盘配置的硬盘中才有其特殊意义。

 关于基本磁盘和动态磁盘内容会在 6.2.2 节中做详细介绍。

6.2.2 基本磁盘和动态磁盘

基本磁盘和动态磁盘是 Windows 中的两种硬盘配置类型。大多数计算机硬盘都使用基本磁盘配置类型，该类型最易于管理。在 Windows 10 操作系统的磁盘管理工具中，可以查看硬盘工作在何种配置类型下，操作步骤如下。

① 按下 Win+X 组合键，在出现的菜单中选择"磁盘管理"打开磁盘管理工具。

② 在图 6-4 中的磁盘管理界面中，显示有磁盘 0 和磁盘 1 两块硬盘，其中磁盘 0 标

注信息为"基本"即使用基本磁盘配置，磁盘 1 标注信息为"动态"即使用动态磁盘配置。

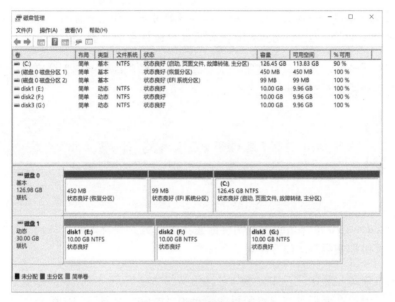

图 6-4　磁盘管理界面

使用基本磁盘配置的硬盘，使用主分区、扩展分区和逻辑分区方式来划分硬盘空间。格式化的分区也称为分区或卷（卷和分区通常互换使用）。基本磁盘中的分区不能与其他分区共享或拆分数据，且每个分区都是该硬盘中的一个独立的实体。基本磁盘中的分区使用 26 个英文字母作为盘符，因为 A、B 已经被软驱占用，所以操作系统可使用的盘符只有 24 个。

动态磁盘是由基本磁盘升级而来。动态磁盘与基本磁盘相比，最大的不同就是不再采用以前的分区方式，而是叫做卷（Volume），其功能类似于基本磁盘中使用的主分区。卷分为简单卷、跨区卷、带区卷、镜像卷、RAID-5 卷。动态磁盘盘符命名不受 26 个英文字母的限制，不管使用 MBR 分区表还是 GPT 分区表，其最多可以包含大约 2000 个卷。

基本磁盘和动态磁盘相比，有以下区别。

- **卷或分区数量**：在使用动态磁盘的 Windows 10 操作系统的中，可创建的卷或分区个数至多为 2000 个，而基本磁盘至多 128 个分区。

- **磁盘空间管理**：动态磁盘可以把不同硬盘的分区组合成一个卷，并且这些分区可以是非相邻的，这样一个卷就是几个磁盘分区的总大小，如图 6-5 所示。基本磁盘不能跨硬盘分区并且分区必须是连续的空间，每个分区的容量最大只能是单个硬盘的最大容量，读写速度和单个硬盘相比没有提升。

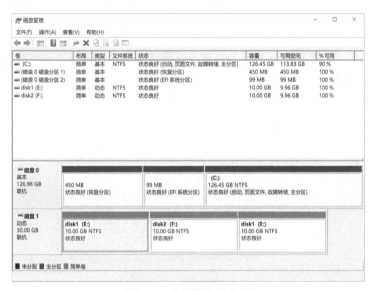

图 6-5　非相邻分区合并

- **磁盘配置信息管理和容错**：动态磁盘将磁盘配置信息放在磁盘中，如果是 RAID（磁盘整列）会被复制到其他动态磁盘，如果某个硬盘损坏，操作系统将自动调用另一个硬盘的数据，保持数据的完整性。而基本磁盘将配置信息存放在引导区，没有容错功能。

1. 基本磁盘转换为动态磁盘

Windows 10 操作系统创建分区时默认使用基本磁盘配置，如果用户有需求，可以通过图形界面或命令行工具这两种方式将基本磁盘转换为动态磁盘，本节将分别做一介绍。

关于将基本磁盘转换为动态磁盘，请务必注意以下两点。

- 将基本磁盘转换为动态磁盘后，基本磁盘上全部现有主分区、扩展分区、逻辑分区都将变为动态磁盘上的简单卷。

- 在转换硬盘之前，请关闭运行在该硬盘上的所有程序。

使用图形界面

Windows 10 操作系统中,使用磁盘管理工具即可完成硬盘配置转换,操作步骤如下。

① 按下 Win+X 组合键,在出现的菜单中选择"磁盘管理",或者在"运行"对话框中输入 diskmgmt.msc 并回车,打开磁盘管理操作界面。

② 在图 6-6 中,选择要转换为动态磁盘的硬盘,然后单击右键在出现的菜单中选择"转换到动态磁盘"。

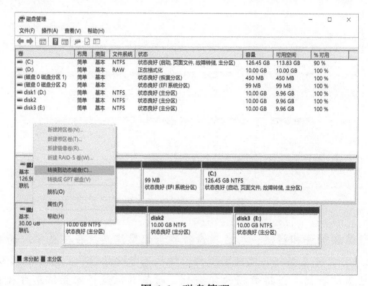

图 6-6　磁盘管理

③ 在出现的"转换为动态磁盘"界面中选择需要转换的硬盘,如图 6-7 所示。Windows 10 操作系统支持同时转换多个硬盘为动态磁盘。这里只选择转换"磁盘 1",然后单击"确定"。

④ 在图 6-8 的磁盘转换确认界面中,核对要转换的硬盘是否正确,同时也可以单击"详细信息"查看该硬盘的分区信息,然后单击"转换",此时磁盘管理工具会提示,如果转换该硬盘为动态磁盘将不能启动安装在该硬盘分区中的操作系统,由于转换的硬盘中无 Windows 分区,所以单击"是"继续进行转换。

⑤ 转换完成之后,操作系统不做任何提示,在磁盘管理界面中可查看之前使用基本磁盘配置的磁盘 1 已经被标注为动态,而且所属三个分区由之前蓝色主分区变成棕黄色的简单卷,标志硬盘配置转换成功。

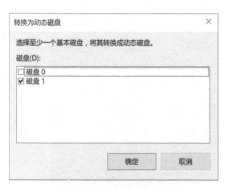

图 6-7　转换为动态磁盘界面

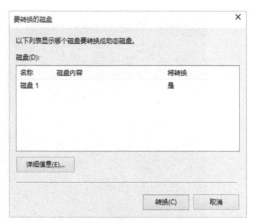

图 6-8　磁盘转换确认界面

使用 PowerShell 或命令提示符

使用 Windows 10 操作系统自带的命令行工具 DiskPart 同样可以完成转换任务。按下 Win+X 组合键，然后在出现的菜单中选择 "Windows PowerShell（管理员）" 或 "命令提示符（管理员）"，在打开的 PowerShell 界面中执行如下命令。

```
diskpart
```

运行 DiskPart 工具

```
list disk
```

显示所有联机的硬盘，并记下要转为动态磁盘的硬盘磁盘号，这里以转换磁盘 1 为例。

```
select disk 1
```

选择磁盘 1 为操作对象。

```
convert dynamic
```

对磁盘 1 进行转换操作，此步骤无任何提示，执行之前请认真核对磁盘信息是否正确。执行命令之后，等待程序执行完成提示，然后退出 DiskPart 命令环境即可。

注意 不能将安装有 Windows 10 操作系统的硬盘转换为动态磁盘，否则操作系统将无法启动。

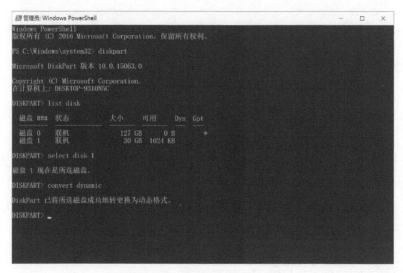

图 6-9 转换动态磁盘命令过程

2. 动态磁盘转换为基本磁盘

基本磁盘可以直接转换为动态磁盘，存储的数据完成无损，但是该过程单向不可逆。要想转回基本磁盘，只有把存储在该硬盘中的数据全部拷出，然后删除该硬盘上的卷才能转回基本磁盘。

 注意 目前可以使用第三方磁盘管理工具，对动态磁盘转换为基本磁盘进行无损操作，完整保留数据。

使用图形界面

打开磁盘管理器界面，在需要进行转换的硬盘上依次选中其中的卷，然后单击右键并在出现的菜单中选择"删除卷"，如图 6-10 所示，待最后一个卷删除之后，该硬盘配置即可变成基本磁盘。

 注意 删除卷之前请确保数据已转移或备份，此过程会清空硬盘所有数据。

使用 PowerShell 或命令提示符

使用 Windows 10 操作系统自带的命令行工具 DiskPart 同样可以完成转换任务。按下 Win+X 组合键，然后在出现的菜单中选择"Windows PowerShell（管理员）"或"命令提示符（管理员）"，在打开的 PowerShell 界面中执行如下命令。

```
diskpart
```

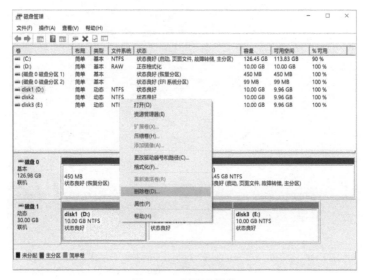

图 6-10　删除卷操作

运行 DiskPart 工具。

```
list disk
```

显示所有联机的硬盘，并记下要转为基本磁盘的硬盘磁盘号，这里以转换磁盘 1 为例。

```
select disk 1
```

选择磁盘 1 为操作对象。

```
detail disk
```

显示该硬盘下所有卷的信息。

```
select volume 0
```

选中要删除的卷。

```
delete volume
```

删除选中的卷，如果硬盘有多个卷，分别选中删除即可。

```
convert basic
```

所有卷删除完毕之后，输入如上命令，等待程序提示完成，即可完成转换操作。

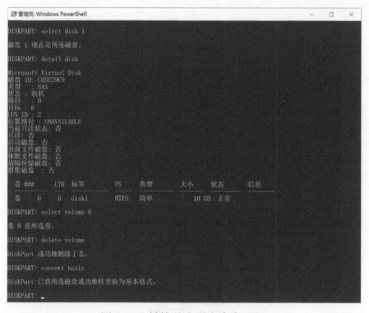

图 6-11　转换基本磁盘命令过程

6.2.3　各种不同类型的卷

在动态磁盘下包含五种不同类型的卷，分别是简单卷、跨区卷、带区卷、镜像卷、RAID-5 卷，每种都有其特殊功能。本节将详细介绍这五种类型卷。

1.　简单卷（Simple Volume）

简单卷是硬盘的逻辑单位，类似于基本磁盘中的分区。如果是从单个动态磁盘中对现有的简单卷进行扩展后（扩展的部分和被扩展的简单卷在同一个磁盘中），也称之为简单卷。简单卷是动态磁盘默认的卷类型且不具备容错能力。

创建简单卷可以通过磁盘管理工具和 DiskPart 命令行工具完成，下面分别做一介绍。

使用图形界面

简单卷可以通过磁盘管理工具创建，操作步骤如下。

① 打开磁盘管理工具，找到使用动态磁盘配置的硬盘，选中标注为"未分配"的空间（黑色区域）并单击右键。

② 在出现的菜单中选择"新建简单卷",如图 6-12 所示。

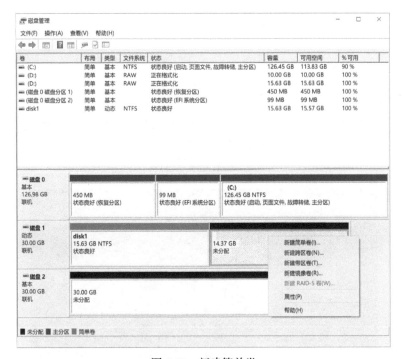

图 6-12　新建简单卷

③ 然后在出现的新建简单卷向导界面中,按照向导提示完成操作并等待程序格式化完成,即成功创建简单卷。

使用 PowerShell 或命令提示符

以管理员身份运行 PowerShell 或命令提示符,输入如下命令。

```
diskpart
```

运行 DiskPart 工具。

```
list disk
```

显示连接到计算机的所有硬盘,然后记下要创建简单卷的硬盘的磁盘号。

```
create volume simple size=15000 disk=2
```

创建简单卷。这里以在第三块硬盘上创建一个 15GB 大小的简单卷为例。如果不指定 size 参数即代表使用硬盘上所有未分配空间。

```
assign letter=F
```

指定盘符为 F。也可以使用 assign 命令自动分配盘符。

```
exit
```

退出 DiskPart 命令行工具

```
format f: /fs:ntfs
```

对刚创建的简单卷进行格式化操作，按照提示完成格式化操作之后即可使用该简单卷。DiskPart 工具创建简单卷过程如图 6-13 所示。

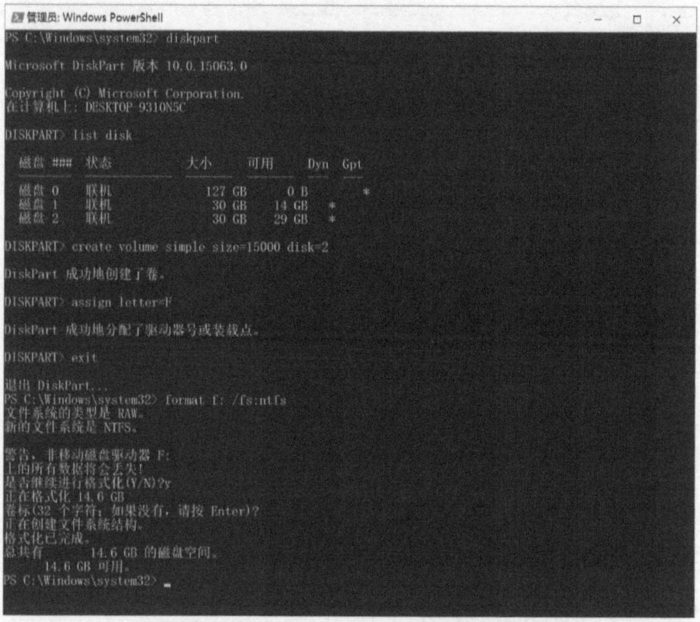

图 6-13　使用 DiskPart 创建简单卷

2.　跨区卷（Spanned Volume）

跨区卷是将多个硬盘的未使用空间合并到一个逻辑卷中，这样可以更有效地使用多个硬盘上的空间。如果包含一个跨区卷的硬盘出现故障，则整个卷将无法工作，且其上的数据都将全部丢失，跨区卷不具备容错能力。跨区卷只能使用 NTFS 文件系统，不能扩展使用 FAT 文件系统格式化的跨区卷。

跨区卷最多能使用 32 个采用动态磁盘配置的硬盘空间。创建跨区卷最少需要两块硬盘，本节以两块 30GB 大小硬盘为例。创建过程同样可以使用磁盘管理工具以及

DiskPart命令行工具完成，以下分别做介绍。

使用图形界面

① 按下Win+X组合键，在出现的菜单中选择"磁盘管理"。

② 在磁盘管理界面中，选中要创建跨区卷的硬盘未分配空间，然后单击右键并在出现的菜单中选择"新建跨区卷"，如图6-14所示。

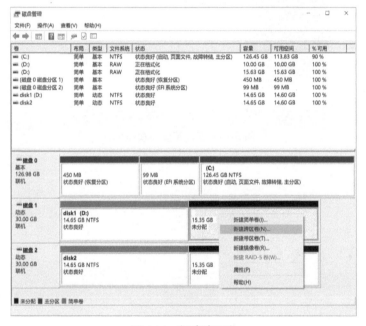

图6-14　新建跨区卷

③ 进入新建跨区卷向导程序欢迎界面，其简单介绍了跨区卷的作用，如图6-15所示，然后单击"下一步"。

④ 在图6-16的"选择磁盘"界面中，"已选的"列表下面显示要扩展空间的硬盘及其大小，本例中为磁盘1可用空间为15589MB。"可用"列表下面显示可被扩展使用的其他硬盘，本例中只有磁盘2可被使用，如果还有其他硬盘可使用，也会在"可用"列表下显示。在"可用"列表下选中要使用的硬盘，然后单击"添加"按钮使磁盘2移动到"已选的"列表中。

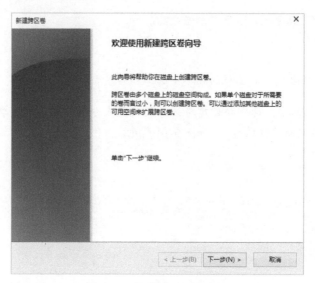

图 6-15 新建跨区卷欢迎页

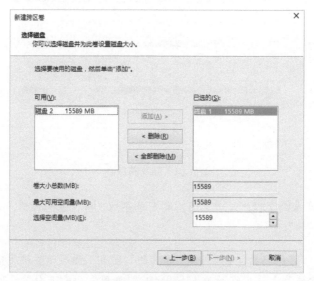

图 6-16 跨区卷磁盘选择

对于需要扩展空间的硬盘和被扩展使用的硬盘，可以通过"选择空间量"手动输入需要使用的空间容量，本节以两块硬盘都使用 5000MB 空间为例，如图 6-17 所示，然后单击"下一步"。

⑤ 在图 6-18 的"分配驱动器号和路径"界面中，选择要使用的卷盘符，这里使用默认配置即可，然后单击"下一步"。

图 6-17 跨区卷硬盘容量调整　　　　图 6-18 分配驱动器号和路径

⑥ 由于跨区卷只能使用 NTFS 文件系统，所以在图 6-19 的"卷区格式化"界面中，保持默认配置，然后单击"下一步"。

⑦ 在"正在完成新建跨区卷向导"界面中，会详细列出之前配置的跨区卷信息，如果配置无误，单击"完成"，如图 6-20 所示。等待程序创建并格式化完成，跨区卷就创建成功，如图 6-21 所示，图中标注为紫色的即为跨区卷。

图 6-19 卷区格式化　　　　　　　　图 6-20 新建跨区卷确认界面

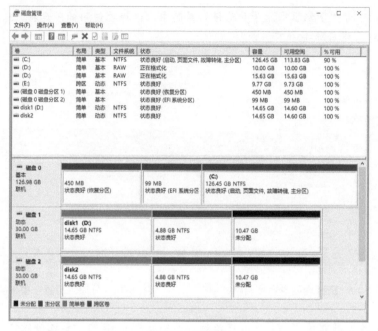

图 6-21 跨区卷

使用 PowerShell 或命令提示符

按下 Win+X 组合键，然后在出现的菜单中选择"Windows PowerShell（管理员）"，在打开的 PowerShell 界面中输入如下命令。

```
diskpart
```

运行 DiskPart 工具。

```
list disk
```

显示所有联机的硬盘，并记录要创建跨区卷的硬盘磁盘号，这里以把磁盘 1 的空间扩展到磁盘 2 上为例。

```
create volume simple size=5000 disk=1
```

首先在磁盘 1 上创建大小为 5000MB 的简单卷。

```
list volume
```

显示要扩展到其他硬盘上的简单卷的卷号，这里卷号为 5。

```
select volume 5
```

选择要扩展到其他硬盘上的简单卷。

```
extend size=5000 disk=2
```

将选择的卷扩展到磁盘 2，并设定扩展大小为 5000MB。

```
format quick fs=ntfs
```

对扩展后的跨区卷进行格式化，格式化方式为快速格式化，使用 NTFS 文件系统。

```
assign
```

自动分配盘符，同时也可以使用 assign latter=X 命令指定盘符。盘符创建完成之后跨区卷也创建成功，命令行创建过程如图 6-22 所示。

图 6-22　命令行创建跨区卷

3. 带区卷（Striped Volume）

带区卷是将两个或更多硬盘上的可用空间区域合并到一个逻辑卷的组合方式。带区卷和跨区卷类似，但是带区卷使用 RAID-0 磁盘阵列配置模式，因此，在向带区卷中写入数据时，数据被分割成 64KB 的数据块，然后同时向阵列中的每一块硬盘写入不同的数据块，从而可以在多个硬盘上分布数据，此种数据存储方式显著提高了硬盘效率和读写性能。

带区卷不能被扩展或镜像，且不具备容错能力，因此，带区卷一旦创建成功就无法重新调整其大小。如果包含带区卷的其中一个硬盘出现故障，则整个带区卷将无法正常使用。当创建带区卷时，最好使用相同大小、型号和制造商的硬盘。

尽管不具备容错能力，但带区卷是所有 Windows 磁盘管理策略中性能最好的卷类型，同时它通过在多个硬盘上分配 I/O 请求从而提高了 I/O 性能。

创建带区卷同样可以使用磁盘管理工具及 DiskPart 命令行工具完成，以下分别做介绍。

使用图形界面

① 按下 Win+X 组合键，在出现的菜单中选择"磁盘管理"。

② 在磁盘管理界面中，选中要创建带区卷的硬盘未分配空间，然后单击右键并在出现的菜单中选择"新建带区卷"，如图 6-23 所示。

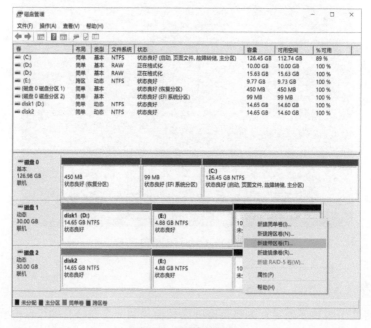

图 6-23　新建带区卷

③ 进入新建带区卷向导程序欢迎界面，其简单介绍了带区卷的作用，如图 6-24 所示，然后单击"下一步"。

④ 在"磁盘选择"界面的"可用"列表中，选择需要扩展为带区卷的硬盘。这里以磁盘 2 为例，选中磁盘 2，然后单击"添加"，使其移动到"已选的"列表中。通过"选

择空间量"可以手动设置带区卷大小，由于带区卷使用 RAID-0 磁盘阵列模式，因此磁盘 1 和磁盘 2 的大小必须相同，如果两块硬盘容量不同，则程序以空间最小的硬盘为最大可使用空间。

图 6-24　新建跨区卷欢迎页

如图 6-25 所示，本例中带区卷空间设置为 5000MB，然后单击"下一步"继续。

图 6-25　带区卷磁盘选择

⑤ 在图 6-26 所示的"分配驱动器号和路径"界面中，选择要使用的带区卷盘符，这里使用默认配置即可，然后单击"下一步"。

图 6-26　带区卷分配驱动器和路径

⑥ 由于带区卷只能使用 NTFS 文件系统，所以在图 6-27 的"卷区格式化"界面中，保持默认配置，然后单击"下一步"。

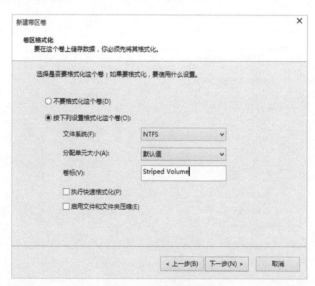

图 6-27　带区卷格式化

⑦ 在"正在完成新建带区卷向导"界面中，会详细列出之前配置的带区卷信息，如果配置无误，单击"完成"，如图 6-28 所示。等待程序创建并格式化完成，带区卷就创建成功，如图 6-29 所示，图中标注为青色的即为带区卷。

图 6-28　带区卷确认界面

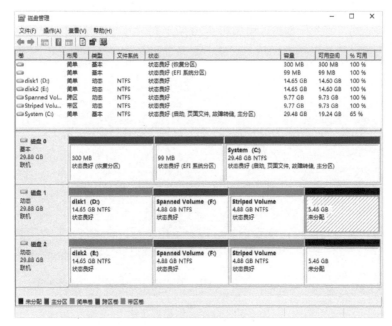

图 6-29　带区卷

使用 PowerShell 或命令提示符

使用 DiskPart 命令行工具创建带区卷过程简单，按下 Win+X 组合键，然后在出现的菜单中选择"Windows PowerShell（管理员）"或"命令提示符（管理员）"，在打开的 PowerShell 界面中执行如下命令。

```
diskpart
```

运行 DiskPart 工具。

```
list disk
```

显示所有联机的硬盘，并记录要创建带区卷的硬盘磁盘号，这里以使用磁盘 1 和磁盘 2 创建带区卷为例。

```
create volume stripe size=5000 disk=1,2
```

创建大小为 5000MB 的带区卷。

```
format quick fs=ntfs
```

对创建后的带区卷进行格式化，格式化方式为快速格式化，使用 NTFS 文件系统。

```
assign
```

自动分配盘符，同时也可以使用 assign latter=X 命令指定盘符。盘符创建完成之后带区卷也创建成功，命令行创建过程如图 6-30 所示。

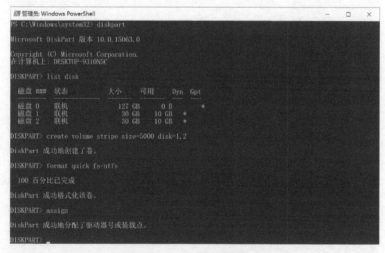

图 6-30　命令行创建带区卷

4. 镜像卷（Mirrored Volume）

镜像卷具备容错能力，其使用 RAID-1 磁盘阵列配置模式，通过创建两份相同的卷副本，来提供冗余性确保数据安全。操作系统写入到镜像卷上的所有数据，都被同时写入到位于独立的物理硬盘上的两个镜像卷中。也就是说有两块硬盘，写入数据时操作系统会同时向这两块硬盘写入相同的数据，如果其中一个物理硬盘出现故障，则该故障硬盘上的数据将不能正常使用，但是操作系统可以使用另外一块无故障的硬盘继续读写数据。

和带区卷一样，镜像卷一旦创建成功就无法重新调整其大小，如果要调整大小只能删除现有镜像卷然后重新创建镜像卷。

创建镜像卷同样可以使用磁盘管理工具及 DiskPart 命令行工具完成，以下分别做介绍。

使用图形界面

① 按下 Win+X 组合键，在出现的菜单中选择"磁盘管理"。

② 在磁盘管理界面中，选中要创建镜像卷的硬盘未分配空间，然后单击右键并在出现的菜单中选择"新建镜像卷"，如图 6-31 所示。

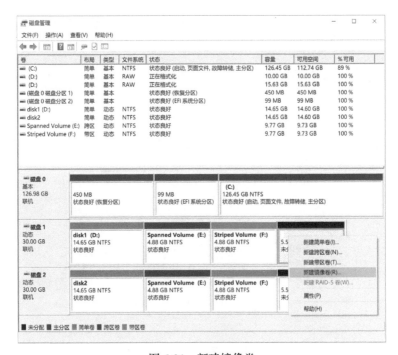

图 6-31　新建镜像卷

③ 进入新建镜像卷向导程序欢迎界面，其简单介绍了镜像卷的作用，如图 6-32 所示，然后单击"下一步"。

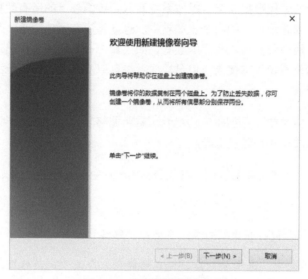

图 6-32 新建镜像卷欢迎页

④ 镜像卷磁盘选择要求和带区卷要求相同，这里不再赘述，本例配置如图 6-33 所示，单击"下一步"继续。

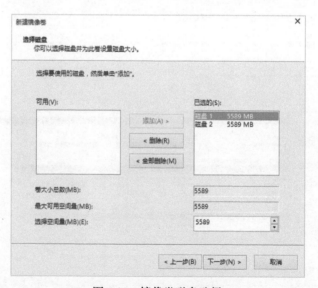

图 6-33 镜像卷磁盘选择

⑤ 在图 6-34 所示的"分配驱动器号和路径"界面中，选择要使用的镜像卷盘符，这里使用默认配置即可，然后单击"下一步"。

图 6-34 镜像卷盘符选择

⑥ 镜像卷和带区卷一样，只能使用 NTFS 文件系统，所以在图 6-35 的"卷区格式化"界面中，保持默认配置，然后单击"下一步"。

图 6-35 镜像卷格式化设置

⑦ 在"正在完成新建镜像卷向导"界面中，会详细列出之前配置的镜像卷信息，如果配置无误，单击"完成"按钮，如图 6-36 所示。等待程序创建并格式化完成，镜像卷就创建成功，如图 6-37 所示，图中标注为红色的即为镜像卷。

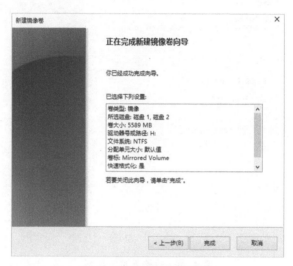

图 6-36　镜像卷确认界面

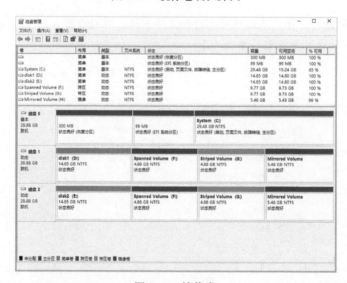

图 6-37　镜像卷

使用 PowerShell 或命令提示符

使用 DiskPart 命令行工具创建镜像卷过程简单，按下 Win+X 组合键，然后在出现的菜单中选择"Windows PowerShell（管理员）"或"命令提示符（管理员）"，在打开的 PowerShell 界面中输入如下命令。

```
diskpart
```

运行 DiskPart 工具。

```
list disk
```

显示所有联机的硬盘，并记录要创建镜像卷的硬盘磁盘号，这里以使用磁盘 1 和磁盘 2 创建镜像卷为例。

```
select disk 1
```

选择磁盘 1 为操作对象。

```
create volume simple size=5000 disk=1
```

在磁盘 1 上创建大小为 5000MB 的简单卷。

```
add disk 2
```

添加磁盘 2 到刚创建的简单卷，组成镜像卷。

```
format quick fs=ntfs
```

对创建后的带区卷进行格式化，格式化方式为快速格式化，使用 NTFS 文件系统。

```
assign
```

自动分配盘符，同时也可以使用 assign latter=X 命令指定盘符。盘符创建完成之后镜像卷也创建成功，命令行创建过程如图 6-38 所示。

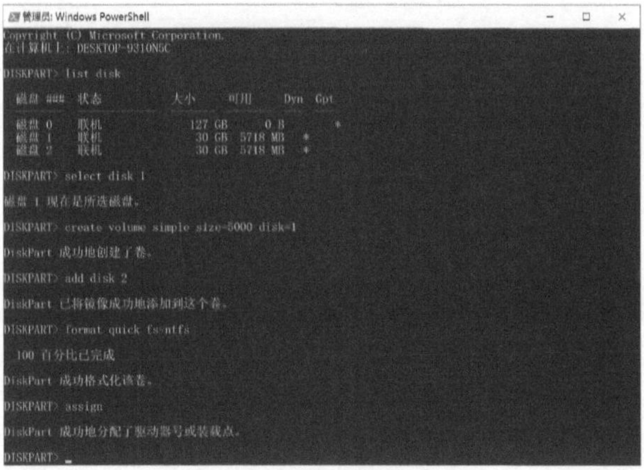

图 6-38　命令行创建镜像卷

5. RAID-5 卷（RAID-5 Volume）

RAID-5 卷是使用了 RAID-5 磁盘阵列配置模式的一种容错卷。在 RAID-5 卷中数据和奇偶校验值是以交替带状方式分布在三个或更多的硬盘中。如果硬盘的某一部分损坏，操作系统可以使用剩余数据以及奇偶校验重新创建硬盘上损坏的那一部分数据。例如，使用三个 30GB 硬盘创建一个 RAID-5 卷，则该卷将拥有 60GB 的容量，剩余的 30GB 用于储存奇偶校验值。

RAID-5 卷可以理解为是带区卷和镜像卷的折衷方案。RAID-5 卷可以保障操作系统数据安全，其保障程度要比镜像卷低，但是磁盘空间利用率要比镜像卷高。RAID-5 卷具有和带区卷相似的数据读写速度，由于多了一个奇偶校验值，写入数据的速度比对单个硬盘进行写入操作稍慢。同时由于多个数据对应一个奇偶校验值，因此，RAID-5 卷的磁盘空间利用率要比镜像卷高，存储成本相对较低。RAID-5 卷适合由读写数据操作构成的计算机环境，例如数据库服务器等。

由于 RAID-5 卷只能在 Windows Server 操作系统下创建使用，所以本节只做概念性介绍。

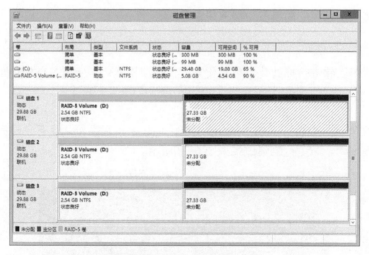

图 6-39　RAID-5 卷

6.2.4　磁盘配额（Disk Quotas）

想象一下，一台公用电脑如果任何用户都可以随意占用硬盘空间，那么硬盘的可用空间肯定不够用。所以，限制和管理用户使用的硬盘空间非常重要，无论是 NFS 服务、FTP 服务、用户帐户，都要求对用户使用的硬盘容量进行有限地控制，以避免对硬盘空间的滥用。Windows 10 操作系统中的磁盘配额（Disk Quotas）能够简单高效地实现这一功能。本节将详细介绍磁盘配额功能。

1. 磁盘配额概述

所谓磁盘配额就是指计算机管理员可以对使用此计算机的每个用户所能使用的硬盘空间进行配额限制，即每个用户只能使用最大配额范围内的硬盘空间。例如某台安装 Windows 10 操作系统的计算机注册有三个帐户以供使用，Windows 分区有50GB 可用空间，其中使用某个帐户的用户在桌面存放了 40GB 的数据，这就造成其他两个帐户可用硬盘空间只有 10GB，使用上会造成不便。因此，磁盘配额功能适合用于 FTP、NFS 等文件服务器，其可以限制每个帐户可写入的硬盘空间容量。

磁盘配额功能会监测帐户在分区或卷上的硬盘空间使用情况，因此，每个帐户对硬盘空间的利用都不会影响同一分区或卷上其他帐户的磁盘配额。磁盘配额具有如下特性。

■ 磁盘配额只支持 NTFS 文件系统，仅支持以分区或卷为单位向用户提供磁盘配额功能。

■ 可针对分区或卷以及特定帐户设置磁盘配额，例如 FTP 服务器中就需要对特定帐户设置磁盘配额值，防止某些帐户占用过多硬盘空间而影响其他帐户使用。

■ 磁盘配额针对每个帐户的硬盘空间使用情况进行监控。此种监控方式使用文件或文件夹的权限配置实现。当某帐户在 NTFS 分区上复制或存储一个新的文件时，它就拥有对这个文件的读写权限，这时磁盘配额就将此文件的大小计入该用户的磁盘配额空间。

■ 磁盘配额不支持 NTFS 文件系统的文件压缩功能，当磁盘配额统计磁盘使用情况时，都是统一按未压缩文件的大小来统计，而不管它实际占用了多少磁盘空间。这主要是因为使用文件压缩时，不同类型的文件类型有不同的压缩比，相同大小的两种文件压缩后大小可能截然不同。

■ 当启用磁盘配额后，分区在文件资源管理器中所显示的剩余空间，其实是指当前帐户的磁盘配额范围内的剩余空间。

■ 磁盘配额针对每个分区或卷的硬盘空间使用情况进行独立监控，不管它们是否位于同一物理硬盘中。

■ Windows 10 操作系统可以对磁盘配额进行检测，它可以扫描硬盘分区或卷，检测每个帐户对硬盘空间的使用情况，并用不同的颜色标识出硬盘使用空间超过警告值和配额限制的帐户，这样就便于对磁盘配额进行管理。

综上所述，磁盘配额是提供了一种基于帐户和分区或卷的文件存储管理功能，使得操作系统管理员可以方便的利用这个工具合理的分配存储资源，避免由于硬盘空间使用的失控可能造成的操作系统崩溃，从而提高了操作系统的安全性及可用性。

2. 磁盘配额管理

磁盘配额管理主要分为启动磁盘配额、禁用磁盘配额以及针对特定用户设置磁盘配额。

使用具有管理员身份的帐户登录 Windows 10 操作系统，打开文件资源管理器，选择要启用或禁用磁盘配额的分区，然后单击右键并在出现的菜单中选择"属性"。在"属性"对话框的"配额"选项卡中，单击"显示配额设置"按钮即可打开磁盘配额界面，如图 6-40 所示。

启用磁盘配额时需要设置图 6-40 中的如下选项。

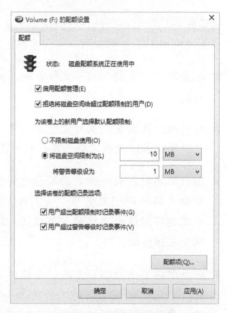

图 6-40　磁盘配额界面

- **启用配额管理**：勾选"启用配额管理"即可启用磁盘配额，反之则关闭磁盘配额。

- **拒绝将磁盘空间给超过配额限制的用户**：此选项只要针对新注册的帐户。勾选其复选框之后，只要新注册帐户使用硬盘空间量超过其磁盘配额值，Windows 10 操作系统将会提示用户"磁盘空间不足"，并且要求用户删除或移动一些现存数据之后，才能将额外的数据写入分区或卷中。此外，也可以选择新帐户不限制硬盘空间的使用。

- **将磁盘空间限制为与将警告等级设置为**：该设置允许用户或应用程序使用硬盘空间的配额值，以及硬盘空间使用量接近配额值时的警告值。输入硬盘空间配额值和警告值，并在下拉列表中选择相应容量单位（例如 KB、MB、GB、TB、PB、EB）。

- **用户超出配额限制时记录事件**：启用配额之后，只要用户使用硬盘空间超过其磁盘配额值，该操作会被当作事件写入到本地计算机的系统日志中。用户可以使用"事件查看器"，通过筛选磁盘事件类型来查看这些事件日志。

- **用户超过警告等级时记录事件**：启用配额之后，只要用户超过其警告等级值，该操作会被当作事件写入到本地计算机的系统日志中。可以使用"事件查看器",通过筛选磁盘事件类型来查看这些事件日志。默认情况下,Windows 10 操作系统每隔一小时会将配额事件写入本地计算机系统日志。

以上所述为磁盘配额全局配置选项,配置如上选项之后还不能使磁盘配额生效,还需要针对具体的帐户设置硬盘空间使用上限。

在图 6-40 中,单击"配额项"打开分区配额项设置界面。在配额项设置界面中会显示所有受磁盘配额限制与不限制的帐户,如图 6-41 所示。

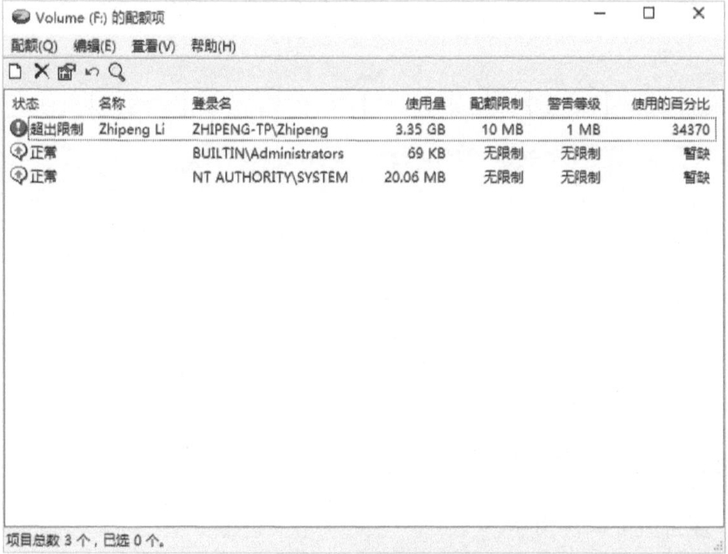

图 6-41 磁盘配额项

新建针对某帐户的配额项只需在配额项设置界面中,依次选择"配额"-"新建配额项",然后在出现的"选择用户"对话框中输入帐户,单击"确定"进入"添加新配额项"设置界面,如图 6-42 所示,设置磁盘配额值以及警告值,然后单击"确定"即可。

要管理配额项只需在磁盘配额项界面中,选中要对其操作的配额项,然后单击右键并在出现的菜单中选择相应选项即可对配额项进行删除、导入、导出、修改等操作。

注意 启用或配置磁盘配额时,必须使用具备管理员身份的帐户或被委派了相关权限的帐户。如果计算机已加入域网络,则只有 Domain Admins 组的成员才能进行磁盘配额配置操作。

按照以上要求设置相关选项之后，即可启用针对分区或卷的磁盘配额功能，此时分区的可用空间变成设置的磁盘配额值。当使用操作系统中的帐户（administrator 除外）向启用了磁盘配额的分区或卷写入数据时，写入的数据量只能是设置的磁盘配额范围值内。

当使用设置了磁盘配额项的帐户，向分区或卷写入数据时，操作系统会提示分区空间不足并显示该分区可用空间，如图 6-43 所示。

图 6-42　添加新配额项

图 6-43　复制文件空间不足

除了图形工具外，还可以使用 fsutil quota modify 命令设置配额项。fsutil quota modify 命令参数如下。

```
fsutil quota modify [Volume] [threshold] [limit] [username]
```

Volume：分区号（后跟冒号）。

Threshold：警告值（单位为字节）。

Limit：最大硬盘使用空间（单位为字节）。

Username：要限制的帐户名称，如果计算机加入域网络，请在帐户前指定帐户环境。

例如对 Guest 帐户在 E 盘设置最大使用空间为 5KB，警告值为 4KB，在以管理员身份运行的 PowerShell 或命令提示符中执行如下命令即可。

```
fsutil quota modify e: 5120 4096 guest
```

　注意　使用 fsutil quota modify 命令新建或修改配额项时，请先确保已启用磁盘配额功能。

第 7 章

文件系统

文件系统是一种存储和组织计算机数据的方式，使数据的存取和查找变得简单容易。文件系统使用操作系统中的逻辑概念"文件"和"树形目录"来替代硬盘等物理存储设备中的扇区等存储单位，用户使用文件系统来保存数据不用关心数据实际保存在硬盘的那个扇区，只需要记住该文件的所属目录和文件名即可查找到该文件。

如果说硬盘是一块空地，那么文件系统就是建造在空地上的房屋，文件像房屋中的房间，用户只需记住房间（文件）所属楼层（目录）及房间门牌号（文件名）即可找到相对应的房间（文件）。

7.1 Windows 10 支持文件系统

Windows 10 操作系统支持 NTFS、ReFS、FAT32、exFAT 等多种文件系统，本节将详细介绍各种文件系统优缺点。

7.1.1 NTFS 文件系统

NTFS（New Technology File System）文件系统，是自 Windows NT 操作系统之后所有基于 NT 内核的 Windows 操作系统所使用的标准文件系统。Windows 7 之后的操作系统都必须安装在使用 NTFS 文件系统的分区中。

在 Windows 10 操作系统中，文件链接、权限、磁盘配额、稀疏文件、卷影复制、文件压缩、文件加密系统等功能都是基于 NTFS 文件系统实现。查看硬盘分区使用何种文件系统只需查看分区属性界面即可，如图 7-1 所示。

NTFS 文件系统属于日志型文件系统，它使用 NTFS 日志（$Logfile）来记录更改的数据及数据结构信息。日志功能是 NTFS 文件系统非常重要的功能，可确保其内部的复杂数据结构（磁盘碎片整理产生的数据转移操作、MFT）记录的更改情况和索引即使在操作系统崩溃后仍然能保证一致性，而当在分区被重新加载后，可以轻松回滚这些关键数据。

图 7-1 分区属性图

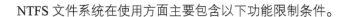

NTFS 文件系统在使用方面主要包含以下功能限制条件。

- **保留的文件名**：NTFS 文件系统支持最长 32767 个字符的路径地址，但每个路径的组成部分（目录或文件名）最多只允许包含 255 个字符。此外 NTFS 文件系统禁止在分区根目录中使用 $MFT、$MFTMirr、$LogFile、$Volume、$AttrDef、$Bitmap、$Boot、$BadClus、$Secure、$Upcase、$Extend 和 .（点）等名称用作普通文件或目录名称，其中 .（点）和 $Extend 是目录类型，其他项目均为文件类型。

- **最大分区容量**：理论上 NTFS 文件系统最大支持分区容量为 2^{64}-1 个簇大小。在 Windows 10 操作系统中，如果簇为 64KB，则 NTFS 分区的最大尺寸是 256TB-64KB，如果簇大小为默认 4KB，则 NTFS 分区的最大尺寸是 16TB-4KB。

- **单文件最大尺寸**：理论上 NTFS 文件系统最大支持 16EB-1KB 文件大小。在 Windows 10 操作系统中能实现最大文件大小是 256TB-64KB。

- **时间戳**：NTFS 文件系统允许的时间范围为 1601 年 1 月至 60056 年 5 月 28 日之间。

- **簇大小**：NTFS 文件系统支持簇大小为 512Byte、1024Byte、2048Byte、4096Byte、8192Byte、16KB、32KB、64KB。

创建使用 NTFS 文件系统的分区可以通过两种方式完成，一是在新建分区是选择文件系统为 NTFS 或者在格式化分区时选择文件系统为 NTFS，此处不再赘述操作步骤，如有需求请看第 6 章内容。二是使用 Windows 10 操作系统自带的 convert.exe 命令行工具对使用了其他文件系统的分区进行无损转换，如图 7-2 所示，该转换过程属于单向转换，如果需要重新使用其他文件系统，请使用格式化方式转换。

图 7-2　使用 convert 命令行工具

综合来说，NTFS 文件系统具备如下优点及缺点。

- **NTFS 文件系统优点**：使用 NTFS 文件系统的分区具备高稳定性和安全性，在使用中不易产生文件碎片。NTFS 文件系统能对用户的操作进行记录，通过对用户权限进行非常严格的限制，使每个用户只能按照操作系统赋予的权限进行操作，充分保护了操作系统与数据的安全。对于用户来说最直观的优点为单个文件的大小突破了 FAT32 的 4GB 的限制。

- **NTFS 文件系统缺点**：NTFS 文件系统虽然优点明显，但是其设计之初针对的是传统机械硬盘，但是对于采用闪存芯片的存储设备（U 盘、固态硬盘）来说有一点的性能损耗。NTFS 文件系统属于日志式文件系统，因为要记录分区的详细读写操作情况，对于采用闪存芯片的设备来说会造成较大的读写负担，比如同样读取一个文件或目录，在 NTFS 文件系统上的读写次数会比 FAT32 文件系统多，理论上来说 NTFS 文件系统比较容易缩短闪存设备使用寿命，但是 Windows 10 操作系统中使用的 NTFS 文件系统对闪存设备进行了优化，使其既保证了性能又提高了使用寿命。

7.1.2 ReFS 文件系统

截至 2017 年，NTFS 文件系统发布已有 25 年，也是目前使用最广泛的文件系统。虽然 NTFS 文件系统依旧是款性能优异的文件系统，但是随着计算机技术的不断发展，NTFS 文件系统也难免有点力不从心。经过几次失败的尝试之后，微软开发了新的 ReFS 文件系统。ReFS 是弹性文件系统（Resilient File System）的英文缩写，并且仅能在 Windows Server 2012 和 Windows Server 2016 操作系统中使用。由于 ReFS 是基于 NTFS 文件系统开发，所以两者有很好的兼容性。在 ReFS 文件系统上存储的数据可以由应用程序作为 NTFS 文件系统的数据来访问并使用。

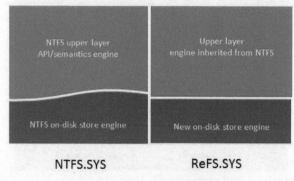

图 7-3　NTFS 与 ReFS 驱动模型图

归类整理后 ReFS 文件系统主要有以下几种特性。

- ReFS 虽然是基于 NTFS 文件系统开发，但是不支持 NTFS 的一些功能。例如命名流、对象 ID、短名称、文件压缩、文件加密（EFS）、用户数据事务、稀疏、硬链接、扩展属性和磁盘配额。

- NTFS 文件系统不能直接转换为 ReFS 文件系统，必须通过新建方式创建。

- ReFS 文件系统不能用于操作系统启动分区，只能作为数据存储分区文件系统使用。

- ReFS 文件系统不可用于移动存储设备。例如 U 盘、移动硬盘等。

- 支持超大规模的分区、文件和目录。

- 通过硬盘扫描防止未知硬盘错误，提高数据的安全性。

尽管 ReFS 文件系统有很强的存储能力，但其还是存在一定限制，例如在系统内存量、各种系统组件、以及数据处理和备份时间等方面有限制，以下分别介绍。

- 最大单文件容量：2^{64}-1Byte。

- 单分区最大容量：格式支持带有 16KB 群集规模的 2^{78}Byte（$2^{64} * 16 * 2^{10}$）。Windows 堆栈寻址允许 2^{64}Byte。

- 最大文件数量：2^{64} 个。

- 最大目录数量：2^{64} 个。

- 最大文件名长度：最多支持 32767 个 Unicode 字符。

- 最大路径长度：32KB。

- 任何存储池的最大容量：4PB（1PB=1024TB）。

- 系统中存储池的最大数量：无限制。

- 存储池中空间的最大数量：无限制。

- 簇大小：只支持大小为 64KB 的簇。

7.1.3 FAT16/32 文件系统

FAT（File Allocation Table），中文名为文件分配表，它被几乎所有操作系统支持。

2005 年之前一直是 Windows 操作系统使用的标准文件系统。

FAT 因簇集地址空间大小的不同，又分为 FAT12、FAT16、FAT32 三种。本节主要以介绍 FAT16 与 FAT32 文件系统为主。

FAT16/FAT32 文件系统在使用方面主要包含以下功能限制条件。

■ **单文件最大尺寸**：FAT32 文件系统最大支持 4GB 文件，FAT16 文件系统最大支持 2GB 文件。

■ **最大文件数量**：最多支持 268435437 个文件。

■ **最大分区容量**：理论上来说使用 FAT32 文件系统的分区最大容量为 8TB，但是由于 Windows 10 操作系统的限制，只能创建最大为 32GB 的 FAT32 分区。

■ **时间戳**：FAT16/FAT32 文件系统允许的时间范围为 1980 年 1 月 1 日至 2107 年 12 月 31 日之间。

■ **簇大小**：FAT16/FAT32 文件系统支持簇大小为 512Byte、1024Byte、2048Byte、4096Byte、8192Byte、16KB、32KB、64KB、128KB、256KB 九种，其中 128KB 和 256KB 只用于 512Byte 的扇区。

创建使用 FAT16/FAT32 文件系统的硬盘分区和创建 NTFS 分区一样，一是在创建新分区时选择文件系统为 FAT16 或 FAT32，二是使用 DiskPart 或 Format 命令行工具对分区进行格式化并指定文件系统为 FAT16 或 FAT32 文件系统，如图 7-4 所示。

图 7-4　Format 命令行工具

注意 在 Windows 10 操作系统中，对于联机的硬盘分区，使用图形界面格式化时只能选择使用 NTFS 文件系统，但是对于闪存设备则可以选择使用 FAT16、FAT32、exFAT、NTFS 文件系统。

综合来说，FAT32 文件系统具备如下优点及缺点。

■ **FAT32 文件系统优点**：兼容性高，可以被绝大部分的操作系统识别并使用，UEFI 固件能识别的文件系统为 FAT16/FAT32。

■ **FAT32 文件系统缺点**：不支持单个超过 4GB 的文件。不具备文件加密、文件压缩、磁盘配额等高级功能。

7.1.4 exFAT 文件系统

exFAT（Extended File Allocation Table），中文名为扩展文件分配表，又名 FAT64 文件系统，其主要被闪存设备使用。exFAT 文件系统最初被用于 Windows Embedded CE 6.0 嵌入式操作系统，后来又被扩展支持到 Windows Vista with Service Pack 1 之后的所有 Windows 操作系统。

exFAT 文件系统可以理解为 FAT 文件系统的加强版，其优势首先在于相较 FAT32 文件系统最大支持 8TB 的分区，exFAT 文件系统理论上最大支持 64ZB 空间，其次，最大单文件大小由 FAT32 文件系统的 4GB 扩展支持到理论上的 16EB，第三，exFAT 文件系统支持访问控制列表（ACL），也就是说可以对存储在 exFAT 文件系统中的文件进行精细权限配置。

因为 exFAT 文件系统主要用于闪存设备，所以只有闪存类存储设备才能使用 exFAT 文件系统，传统机械硬盘无法使用 exFAT 文件系统，因为 exFAT 文件系统的特性其实并不比 NTFS 文件系统强，但却比 NTFS 文件系统及 FAT32 文件系统更适合闪存设备使用。

创建使用 exFAT 文件系统的分区和创建 NTFS 以及 FAT32 分区一样，可以图形格式化界面以及 DiskPart 和 Format 命令行工具完成，此处不在赘述操作过程。

Windows 10 操作系统中的另一大变化就是启动相关文件和程序都加入了对 exFAT 文件系统的支持。Bootsect 命令行工具支持写入 exFAT 文件系统的启动扇区，bootmgr（启动管理器）支持从 exFAT 分区读取文件，format 命令格式化出来的 exFAT 分区也带有启动扇区，如图 7-5 所示。理论上来说可以安装系统到 exFAT 分区，但是这种非日志式的文件系统还是不适合用于操作系统分区。

图 7-5 在 exFAT 分区创建启动代码

7.2 Windows 10 权限管理

在 Windows 操作系统中，权限指的是不同用户帐户或用户组访问文件、文件夹等的能力。作为操作系统的安全措施之一，权限管理同样值得用户去了解。

对文件或文件夹等对象设置使用权限，可以很好的防止系统文件被删除或修改。当应用程序要合法使用操作系统文件时，可以通过 UAC 临时提升权限。可以说权限管理和 UAC（用户帐户控制）是相辅相成的。

7.2.1 NTFS 权限

所谓 Windows 10 操作系统的权限，其实就是 NTFS 文件系统的权限。对于存储在 NTFS 分区中的每一个文件或文件夹，都会有一个对应的访问控制列表（Access Control List，ACL），ACL 中包括可以访问该文件或文件夹的所有用户帐户、用户组以及访问类型。在 ACL 中，每一个用户帐户或用户组都对应一组访问控制项（Access Control Entry，ACE），ACE 用来存储特定用户帐户或用户组的访问类型。权限的适用主体只针对数据，由数据的权限设置来决定哪些用户帐户可以访问。

当用户访问一个文件或文件夹时，NTFS 文件系统首先会检查该用户所使用的帐户或帐户所属的组是否存在于此文件或文件夹的 ACL 中，如果存在则进一步检查 ACE，然后根据 ACE 中的访问类型来分配用户的最终权限。其次，如果 ACL 中不存在用户使用的帐户或帐户所属的组，则拒绝访问该文件或文件夹。

对于用户帐户和用户组，在 Windows 10 操作系统中是使用安全标识符（Security Identifier, SID）对其进行识别，每一个用户帐户或用户组都有其唯一的 SID，SID 绝对不会重复。即便是删除一个帐户，然后重新创建同名帐户，其 SID 也不同。查看 SID 可以使用 whoami 命令行工具查看，在命令提示符中输入 whoami/all 命令，即可常看计算机所有用户帐户或用户组的 SID 以及其他信息，如图 7-6 所示。

通过 ACL、ACE、SID 等安全功能，Windows 10 操作系统可以很好的管理权限设置，不至于造成权限混乱。

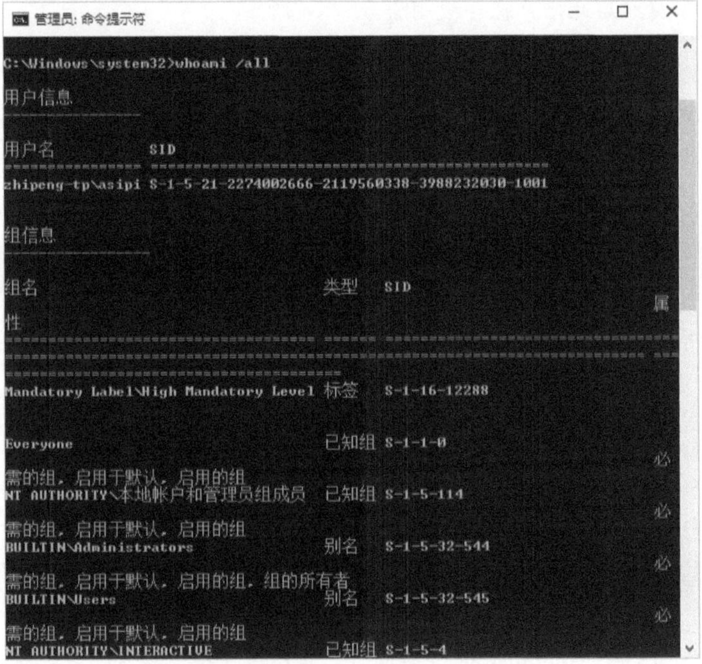

图 7-6　查看用户帐户或用户组 SID

7.2.2 Windows 帐户

Windows 10 操作系统中常见的主要包括如下几种用户帐户、用户组和特殊帐户。每种帐户都是其特定的使用环境，这里分别介绍。

■ **Administrator 帐户**：超级系统管理员帐户，默认禁用。默认情况下使用该帐户登录操作系统后，可以不受 UAC 管理，以管理员身份运行任何程序、完全控制计算机、访问任何数据、更改任何设置。鉴于此帐户的特殊性，除非有特殊要求，不建议启用此帐户。

■ **标准帐户**：此帐户为微软推荐使用帐户。用户可以使用操作系统大部分的应用程序，以及更改不影响其他用户或操作系统安全的系统设置选项。

■ **Guest 帐户**：来宾帐户，默认也是禁用。来宾帐户限制较多，属于受限帐户，适合在公用计算机上被使用。

■ **HomeGroupUser$ 帐户**：家庭组用户帐户。可以访问计算机的家庭组的内置帐户。用于实现家庭组简化、安全的共享功能。在创建家庭组后，此帐户将被创建及启用。关闭家庭组后此帐户就会被删除。

■ **TrustedInstaller 帐户**：TrustedInstaller 为虚拟帐户。默认情况下，所有系统文件的完全控制权限都属于该帐户。如果去删除操作系统文件，操作系统就会要求提供 TrustedInstaller 权限之后才能删除，如图 7-7 所示。

图 7-7　提示删除文件需要权限

■ **Administrators 组**：Administrators 组成员包含所有系统管理员帐户，如图 7-8 所示。通常使用 Administrators 组对所有系统管理员帐户的权限进行分配。

> **注意** 在启用 UAC 的情况下，如果不提升权限，只有 Administrators 组的拒绝权限会应用到普通管理员帐户，此内容会于 7.2.4 节中做详细介绍。

■ **Users 组**：Users 组的成员包括所有用户帐户。通常使用 Users 组对用户的权限设置进行分配。

■ **SYSTEM 帐户**：Windows 操作系统中的最高权限帐户，也是一个虚拟帐户，操作系统核心的程序和服务都以 SYSTEM 帐户身份运行。

■ **HomeUsers 组**：HomeUsers 组成员包括所有家庭组帐户。通常使用 HomeUsers 组对家庭组的权限设置进行分配。

图 7-8　Administrators 组属性

■ **Authenticated Users 组**：Authenticated Users 组包括在计算机上或域中所有通过身份验证的帐户。身份验证的用户不包括来宾帐户，即使来宾帐户有密码。

■ **Everyone 组**：所有用户的集合，无论其是否拥有合法帐户。

各种帐户的默认权限大小如下图 7-9 所示。

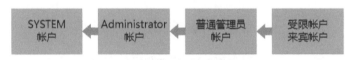

图 7-9　各种帐户的默认权限关系

7.2.3　基本权限和高级权限

Windows 权限大的方面主要有基本权限与高级权限两种，其下又会有其他几种特定的操作权限。

基本权限

■ **完全控制**：该权限允许用户对文件夹、子文件夹、文件进行全权控制，例如修改文件的权限、获取文件的所有者、删除文件的权限等，拥有完全控制权限就等于拥有了其他所有的权限。

- **修改**：该权限允许用户修改或删除文件，同时让用户拥有写入、读取、运行权限。

- **读取和执行**：该权限允许用户拥有读取和列出文件目录的权限，另外也允许用户在文件中进行移动和遍历，这使得用户能够直接访问子文件夹与文件，即使用户没有权限访问文件目录。

- **读取**：权限允许用户查看该文件夹中的文件以及子文件夹，也允许查看该文件夹的属性、所有者和拥有的权限等。

- **写入**：该权限允许用户在该文件夹中创建新的文件和子文件夹，也可以改变文件夹的属性、查看文件夹的所有者和权限等。

- **特殊权限**：其他不常用的权限，比如删除文件权限的权限。

- **列出文件夹内容**：该权限允许用户查看文件夹中的子文件夹与文件名称（作用对象仅为文件夹）。

基本权限:

- ☑ 完全控制
- ☑ 修改
- ☑ 读取和执行
- ☑ 列出文件夹内容
- ☑ 读取
- ☑ 写入
- ☐ 特殊权限

☐ 仅将这些权限应用到此容器中的对象和/或容器(T)

图 7-10　基本权限

高级权限

- **完全控制**：该权限允许用户对文件夹、子文件夹、文件进行全权控制。

- **遍历文件夹 / 执行文件**：遍历文件夹允许或拒绝通过文件夹来移动到达其他文件或文件夹，即使用户没有已遍历文件夹的权限。例如用户新建一个 A 文件夹，设置用户 Zhipeng 有遍历文件夹的权限，则 Zhipeng 不能访问这个文件夹，但可以把这个文件夹移动其他的目录下面。如果 A 文件夹设置 Zhipeng 没有使用权限，则 Zhipeng 无法移动 A 文件夹，访问会被拒绝。

- **列出文件夹 / 读取数据**：该权限允许用户查看文件夹中的文件名称、子文件夹名称和查看文件中的数据。

- **读取属性**：该权限允许用户查看文件或文件夹的属性（例如只读、隐藏等属性）。

- **读取扩展属性**：该权限允许查看文件或文件夹的扩展属性，这些扩展属性通常由应用程序所定义，并可以被应用程序修改。

- **创建文件 / 写入数据**：该权限允许用户在文件夹中创建新文件，也允许将数据写入现有文件并覆盖现有文件中的数据。

- **创建文件夹 / 附加数据**：该权限允许用户在文件夹中创建新文件夹或允许用户在现有文件的末尾添加数据，但不能对文件现有的数据进行覆盖、修改，也不能删除数据。

- **写入属性**：该权限允许用户改变文件或文件夹的属性。

- **写入扩展属性**：该权限允许用户对文件或文件夹的扩展属性进行修改。

- **删除**：该权限允许用户删除当前文件夹和文件，如果用户在该文件或文件夹上没有删除权限，但是在其父级的文件夹上有删除子文件及文件夹权限，则仍然可以将其删除。

- **读取权限**：该权限允许用户读取文件或文件夹的权限列表。

- **更改权限**：该权限允许用户改变文件或文件夹上的现有权限。

- **取得所有权**：该权限允许用户获取文件或文件夹的所有权，一旦获取了所有权，用户就可以对文件或文件夹进行完全控制。

- **删除子文件及文件**：该权限允许用户删除文件夹中的子文件夹或文件，即使在这些子文件夹和文件上没有设置删除权限（作用对象仅为文件夹）。

高级权限：

☑ 完全控制	☑ 写入属性
☑ 遍历文件夹/执行文件	☑ 写入扩展属性
☑ 列出文件夹/读取数据	☑ 删除子文件夹及文件
☑ 读取属性	☑ 删除
☑ 读取扩展属性	☑ 读取权限
☑ 创建文件/写入数据	☑ 更改权限
☑ 创建文件夹/附加数据	☑ 取得所有权

☐ 仅将这些权限应用到此容器中的对象和/或容器(T)

图 7-11　高级权限

7.2.4　权限配置规则

配置 Windows 的权限，需注意以下一些规则。

- **文件权限高于文件夹权限**：意思很简单，就是文件权限对于文件夹权限具有优先权。例如用户对某个文件具有使用权限，该文件在用户不具有访问权限的文件夹中，但是用户同样可以使用此文件，前提是该文件没有继承它所属的文件夹的权限。

假设用户对文件夹 TestA 没有访问权限，但是该文件夹下的文件 TEST.txt 并没有继承 TestA 的权限，所以用户可以正常使用 TEST.txt 这个文件。但是不可以使用文件资源管理器去打开 TestA 去使用 TEST.txt，只能通过输入 TEST.txt 的完整的路径，才能访问该文件。

- **权限的积累**：用户对文件的有效权限等于分配给该用户帐户和用户所属的组的所有权限的总和。如果用户帐户对文件具有读取权限，该用户所属的组又对该文件具有写入的权限，则该用户帐户就对此文件同时具有读取和写入的权限。

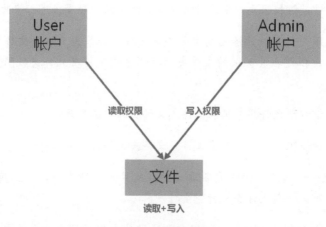

图 7-12　权限积累

- **拒绝权限高于其他权限**：拒绝权限可以覆盖所有其他的权限，甚至作为一个组的成员有权访问文件夹或文件，但是该组被拒绝访问，则该用户本来具有的所有权限都会被锁定，从而导致无法访问此文件夹或文件。此权限规则会导致权限累积规则失效。

- **指定权限优先于继承权限**：用户或用户组对文件的明确权限设置优先于继承而来的对该用户或用户组的权限设置。例如有一个文件夹 TestA，TestA 中有子文件夹 TestB，TestB 与 TestA 存在权限继承关系。对于用户 User，TestA 拒绝其拥有写入权限，而 TestB 在除了继承的权限设置外，还单独赋予用户 User 写入权限，此时用户 User 对 TestB 拥有写入权限。

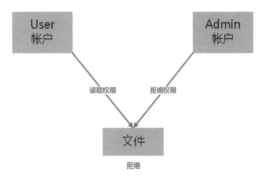

图 7-13 拒绝权限高于其他权限

7.2.5 获取文件权限

当用户对操作系统文件进行删除操作时，操作系统会要求用户提供 TrustedInstaller 帐户权限才能进行删除，如图 7-14 所示。

图 7-14 需要提供 TrustedInstaller 帐户权限

由 7.2.2 节可知，TrustedInstalle 为虚拟帐户，其只能由操作系统使用，所以要删除或修改具备 TrustedInstalle 权限的文件，只能去更改文件或文件夹的权限所有者为普通帐户，才能继续操作。操作步骤如下。

① 在选择要删除或修改的文件或文件夹上，单击右键选择"属性"。

② 在"属性"-"安全"选项卡右下角，单击"高级"按钮，如图 7-15 所示。

图 7-15　属性安全页

③ 在打开的文件高级安全设置界面中，可以看到此文件的权限所有者为 TrustedInstaller，以及该帐户所具有的访问权限，如图 7-16 所示。

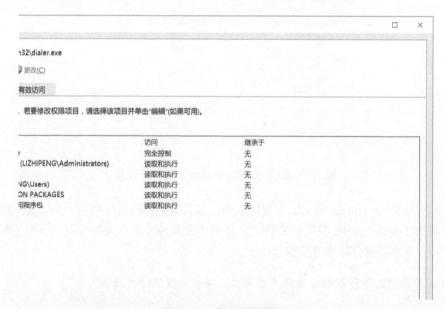

图 7-16　高级安全设置

④ 单击图 7-17 中的"更改"选项，在打开的"选择用户或组"中输入要更改所有权的帐户，选择"检查名称"可以自动识别帐户的完整信息，如图 7-17 所示。然后单击"确定"。如要改回 TrustedInstaller 帐户，输入 NT SERVICE\TrustedInstaller 即可。

图 7-17 选择用户或组

⑤ 在高级安全设置界面中，会发现此文件的权限所有者已变成当前使用的用户帐户。这时再去删除文件，但是还会提示需要提升权限，如图 7-18 所示，虽然已经修改了此文件的权限所有者帐户，但是此帐户依旧只有读取和执行的权限，如图 7-19 所示。

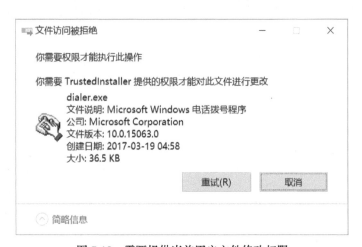

图 7-18 需要提供当前用户文件修改权限

图 7-19　当前用户基本权限

⑥ 修改权限所有者之后，要继续为该帐户委派访问权限，才能完全控制此文件。在图 7-15 中选择"编辑"按钮，在打开的界面中，选中要修改访问权限的帐户，然后在下面的权限列表中勾选"完全控制"并单击"确定"，如图 7-20 所示。这样即可取得该文件的所有控制权限，如图 7-21 所示。

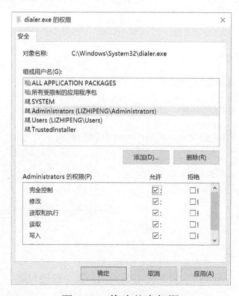

图 7-20　修改基本权限

图 7-21 修改后的当前用户基本权限

7.2.6 恢复原有权限配置

不建议用户随意修改操作系统文件或文件夹的权限，即使修改之后，也要修改回默认权限配置，这样才能确保操作系统文件安全。通过提升权限的操作方法，可以修改回默认权限。此外，通过使用 Windows 10 操作系统中的 icacls 命令行工具，可以快速恢复文件或文件夹的 ACL。

① 按下 Win+X 组合键，然后在出现的菜单中选择"命令提示符（管理员）"。

② 在命令提示符中输入如下命令并回车等待命令执行完毕，即可恢复文件或文件夹的 ACL，如图 7-22 所示。

```
icacls "C:\Windows\System32\dialer.exe" /reset
```

图 7-22 恢复原有权限配置

注意　*如果要恢复文件或文件夹原有权限配置，必须手动修改。*

7.3　文件加密系统（EFS）

加密文件系统（EFS）是 Windows 10 操作系统的一项功能，用于将信息以加密格式存储于硬盘。加密是 Windows 10 操作系统所提供的保护信息安全的最强保护措施。

7.3.1　EFS 概述

文件加密系统（Encrypting File System）是由 Windows 10 操作系统基于 NTFS 文件系统提供的针对文件或文件夹加密服务功能。EFS 只包含于 Windows 10 专业版及企业版操作系统中，其他版本没有 EFS 功能。

EFS 使用公钥与私钥配对方式对文件或文件夹进行加密和解密。当用户对文件或文件夹启用 EFS 加密时，Windows 10 操作系统会生成文件加密密钥（FEK）文件，然后操作系统使用快速对称加密算法和 FEK 文件对需要加密的文件或文件夹进行加密，随后操作系统利用公钥加密 FEK 文件，加密后的 FEK 文件与加密文件一起存储在数据加密字段（DDF）中，最后重新生成加密后的文件或文件夹，并删除原始文件或文件夹。

当用户读取被加密的文件或文件夹时，操作系统首先利用当前用户下与加密公钥相对应的私钥解密 FEK 文件，然后再利用 FEK 文件对加密的文件或文件夹进行解密，最后读取文件或文件夹。

EFS 对文件或文件夹的加密过程由文件系统层面完成，打开、读取、写入已加密文件与操作普通文件没有任何区别，因此对用户来说 EFS 属于透明操作。

综合来说 EFS 具备如下优点。

- 用户加密或解密文件或文件夹非常方便，只需勾选文件或文件夹属性界面中的加密复选框即可启用 EFS 加密。

- 访问加密的文件快且容易。如果当前用户已安装一个已加密文件的私钥，那么该用户就能像打开普通文件一样打开此文件，反之，操作系统会提示用户无权限访问此文件。

- 加密后的文件或文件夹只要在使用 NTFS 文件系统的硬盘分区上无论怎样移动或

复制都能保持加密状态。如果安装了解密私钥的用户在移动或复制已加密的文件或文件夹到非 NTFS 分区中时，会丢失加密信息变成普通文件或文件夹。如果未安装解密私钥的用户在复制或移动已加密的文件或文件到非 NTFS 分区中时，操作系统会提示需要相关权限才能复制或移动成功，如图 7-23 所示。

■ EFS 属于文件系统层级功能，加密文件安全可靠。EFS 驻留在操作系统内核中，并且使用不分页的池存储文件加密密钥对，保证密钥对不会出现在分页文件中，这也防止了一些应用程序在创建临时文件时泄露加密密钥对的情况。

图 7-23　EFS 加密文件复制错误

虽然 EFS 优点明显，但是也有缺点，总结来说有如下几点。

■ 如果重新安装操作系统前没有备份加密证书和私钥，重新安装操作系统后 EFS 加密的文件将无法打开。

■ 如果证书和私钥丢失或损坏，EFS 加密文件也将无法打不开。

■ 虽然用户无法读取加密的文件，但是可以删除加密文件。

7.3.2　EFS 加密与解密

EFS 加密和解密都可以通过图形界面工具以及 cipher 命令行工具完成，本节分别做介绍。

EFS 加密文件和文件夹图形界面操作步骤如下。

① 选中要加密的文件或文件夹，然后单击右键并在出现的菜单中选择"属性"，打开文件或文件夹属性界面，如图 7-24 所示，另外，也可以按住 Alt 键，然后双击文件或文件夹打开属性界面。

② 在文件或文件夹属性界面中，单击"高级"按钮，打开高级属性设置界面，如图 7-25 所示。

图 7-24　文件或文件夹属性界面

③ 在高级属性界面中勾选"加密内容以便保护数据"，然后单击确定退出高级属性界面，如果是对文件夹进行加密，此时操作系统会弹出"确认属性更改"对话框，如图 7-26 所示，提示是否把加密应用于该文件夹下的所有子文件夹和文件，按照需求选择即可。

图 7-25　高级属性

图 7-26　确认属性更改

在对文件进行加密时，如果该文件被应用程序读取时会创建临时文件（如 Word），则操作系统会弹出如图 7-27 所示的"加密"警告，提示用户应用程序读取该文件时，将会保存一份临时未加密的文件副本，因此操作系统会给予两种选择"加密文件及其父文件夹"和"只加密文件"，加密文件及父文件夹会确保临时文件也会被加密，推荐选择该选项。

④ 在文件或文件夹属性界面上单击"确定"按钮，此时操作系统开始加密文件或文件夹，加密所需时间由文件大小以及文件夹中文件数量决定。加密完成之后，被加密的文件或文件夹图标上会多出一把锁，如图 7-28 所示。

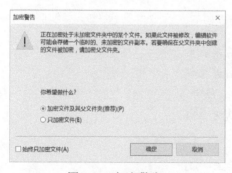

图 7-27　加密警告

lizhipeng.txt

图 7-28　EFS 加密后的文件

使用命令行工具 cipher 工具，同样可以加密文件和文件夹。以管理员身份运行命令提示符，输入 cipher /? 命令即可查看 cipher 所有参数，如图 7-29 所示，这里以加密名为 lizhipeng 文件夹为例做一介绍。

图 7-29　cipher 参数

在命令提示符中输入 cipher /E /S:H:\lizhipeng 并回车等待命令执行完成，即表明加密成功，如图 7-30 所示。cipher 命令行工具可使用参数多，可对要加密的文件或文件夹进行精细设置，如果需要对加密配置进行精细设置，推荐使用 cipher 命令行工具。

图 7-30　使用 cipher 加密文件夹

EFS 解密同样可以使用图形界面工具和 cipher 命令行工具完成。使用图形界面工具和加密一样，只需勾除高级属性界面中的"加密内容以便保护数据"复选框，然后单击"确定"，即可完成文件或文件夹解密。

使用 cipher 命令行工具只需输入 cipher /D /S:H:\lizhipeng 命令并回车，等待命令执行完成即可完成解密。

本节解密是指删除文件或文件夹的 EFS 加密属性。

7.3.3 EFS 证书新建、导入与导出

用户可以导出含有私钥的证书以供其他用户或在其他计算机上读取加密的数据之用。另外，如果重新安装操作系统或操作系统崩溃前没有备份证书就会导致使用 EFS 加密后的文件无法打开，因此强烈建议用户完成加密操作之后，第一时间备份文件加密证书和私钥。本节即介绍证书的导入、导出及新建内容。

1. EFS 证书导出

第一次使用 EFS 加密文件或文件夹之后，操作系统会要求用户备份文件加密证书和私钥，以防止原始文件加密证书和私钥丢失，导致文件或文件夹无法访问。

当第一次完成文件或文件夹加密工作之后，操作系统自动在状态栏弹窗提示需要备份证书和私钥，此时单击该弹窗可以运行证书导出向导。同时，在文件的高级属性界面中选择"详细信息"，打开 EFS 证书管理界面，如图 7-31 所示，选中需要备份的用户证书，然后单击"备份密钥"，也可以启动证书导出向导。

图 7-31　EFS 用户证书管理界面

证书和私钥是读取加密数据的唯一途径，强烈建议立即备份该数据，备份操作步骤
如下。

① 在图 7-32 的提示备份文件加密证书和私钥界面中，选择"现在备份"，进入"证
书导出向导"界面。

② 在证书导出向导欢迎界面中会简单对证书做一介绍，然后单击"下一步"，在出现
的导出格式选择界面中，选择要导出的证书格式，一般保持默认即可，如果需要保留
证书的扩展属性以及隐藏部分证书信息，勾选相应选项即可，如图 7-33 所示，然后
单击"下一步"。

图 7-32　提示备份文件加密证书和密钥　　　　图 7-33　导出证书格式选择

③ 在导出证书安全设置界面中，为导出的证书中的密钥设置密码，以防止私钥被随
意导入滥用，输入密码，然后单击"下一步"。

④ 在图 7-35 所示的界面中选择导出证书的保存路径，然后单击"下一步"，最后在
出现的导出证书确认界面中，如图 7-36 所示，确认导出的证书信息是否正确，然后
单击"完成"，提示完成则导出证书及私钥成功。

 注意　导出的 pfx（个人信息交换）格式文件包含证书及私钥，有别于普通
的 cer 证书文件。

图 7-34　导出证书安全设置

图 7-35　选择证书保存路径

图 7-36　导出证书确认信息

用 cipher 命令行工具不但可以导出保存文件加密证书和私钥的 pfx 文件,还可以导出 cer 格式的证书文件,只需以管理员身份运行命令提示符执行 cipher /R:H:\lizhipeng\ 命令,并设置私钥保护密码,即可导出文件到 lizhipeng 文件夹中,如图 7-37 所示。

图 7-37　cipher 导出证书和密钥

除了使用上述两种方式导出文件加密证书和私钥外，还可以使用证书管理器导出文件加密证书和私钥，操作步骤如下。

① 按下 Win+R 组合键，打开"运行"对话框输入 certmgr.msc 并按 Enter 键，打开证书管理器。

图 7-38　证书管理器

② 在证书管理器左侧列表中依次定位到"个人"-"证书"节点，然后在右侧列表中选择要导出的适用于加密文件系统的证书。然后单击右键，在出现的菜单中依次选择"所有任务"-"导出"，如图 7-38 所示。

③ 在随后出现的证书导出向导界面的操作步骤和前面提到的一样，按需操作即可，这里不再赘述。使用证书管理器导出证书时，导出向导会提示用户私钥和证书是否一起导出，如图 7-39 所示，如果证书用于其他用户读取加密文件，建议将私钥和证书一起导出为 pfx 文件。

2. EFS 证书导入

证书的导入步骤非常简单，只需双击需要导入的 pfx 文件，然后在出现的证书导入向导中按需操作并输入私钥保护密码即可。

证书导入过程中，操作系统会提示用户选择该证书只供当前用户使用还是该计算机所有用户都能使用，如图 7-40 所示，基于安全的考虑，建议证书只针对特定用户使用。

图 7-39　选择是否导出密钥

图 7-40　证书导入向导

3. EFS 证书新建

EFS 证书和私钥使用过久会存在安全隐患，尤其是多人使用的情况下更容易造成证书和密钥的泄露，及时更新证书和私钥有助于提高加密数据安全性。Windows 10 操作系统中，可以通过图形界面工具和命令行工具创建新的用于 EFS 加密的证书和私钥，本节分别做介绍。

使用图形界面工具创建新的证书和私钥，操作步骤如下。

① 按下 Win+R 组合键，打开"运行"对话框并输入 rekeywiz 并回车，打开"管理

文件加密证书"向导，如图 7-41 所示，界面中简要介绍了其功能，然后单击"下一步"。

② 在图 7-42 的界面中选择"创建新证书"，然后单击"下一步"。如果要使用存储在智能卡（IC 卡）中的证书，连接智能卡到计算机之后，选择证书即可。

图 7-41　管理文件加密证书向导　　　　图 7-42　创建文件加密证书

③ 在证书类型选择界面中，有 3 种证书类型可选择，如图 7-43 所示，一是存储在操作系统中的自签名证书，此类证书最为常用，二是存储在智能卡中的自签名证书，三是由域证书机构颁发的证书，此类证书适合对加入域的用户使用。这里选择"计算机上存储的自签名证书"，然后单击"下一步"。

④ 创建新证书和密钥时，向导程序会要求用户备份证书和密钥，以防证书和密钥丢失或损坏而无法读取加密文件。在备份证书和密钥界面中选择 pfx 文件保存位置并设置私钥保护密码，然后单击"下一步"，如图 7-44 所示。

⑤ 在随后出现的"更新以前加密的文件"界面中，选择要更新证书和密钥的硬盘分区或文件夹。此步骤用来添加新创建的证书和私钥到以前加密的文件或文件夹中，确保旧证书和私钥丢失或损坏之后使用新证书和私钥同样能读取加密数据。同时用户也可以删除旧证书和私钥，只使用新证书和私钥读取加密数据。在图 7-45 中，选择要更新的新证书和私钥的文件夹位置，然后单击"下一步"。

⑥ 此时向导程序开始更新所选择的文件夹的证书和私钥，更新时间视文件夹数量决

定。更新完成之后，进入图 7-46 所示界面，显示证书信息及证书和私钥备份位置，单击"查看日志"可以查看哪些文件或文件夹没有更新成功，最后单击"关闭"按钮，新证书和私钥创建完毕。

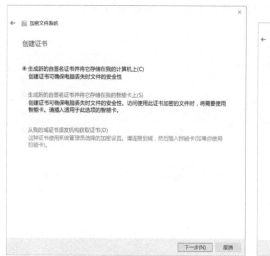

图 7-43　选择证书类型　　　　　　　　　图 7-44　备份原始证书和密钥

图 7-45　更新以前加密的文件　　　　　　图 7-46　加密文件已经更新

除使用图形界面工具新建证书和私钥外，使用 cipher 命令行工具也可以创建证书和私钥。以管理员身份运行 PowerShell 执行 cipher/K 命令生成自签名新证书和私钥，然后执行 cipher/U 命令，程序开始扫描所有位置的加密文件并更新证书和密钥，如图 7-47 所示。

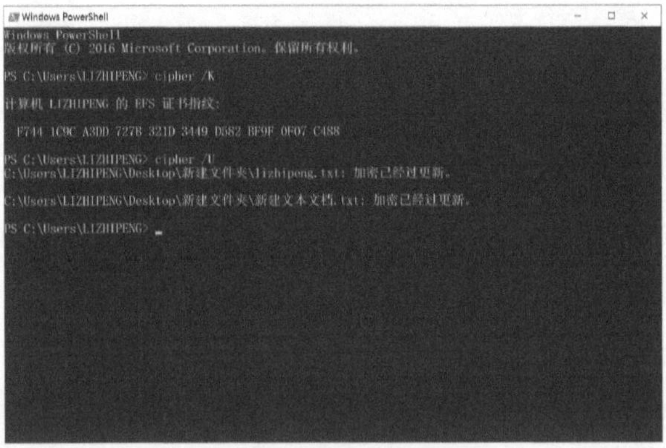

图 7-47　cipher 新建证书

cipher 命令行工具创建新证书和密钥过程简单，但是不能对证书种类及证书更新范围进行选择，所以命令行工具适合单机及加密文件不多的情况下使用。

7.3.4　EFS 配置与管理

EFS 虽然操作过程简单透明，但可以通过组策略编辑器和本地安全策略编辑器对 EFS 加密选项进行配置与管理。

1. 启用或关闭 EFS

在 Windows 10 专业版以及企业版操作系统中，默认启用 EFS 加密功能。如果为了防止 EFS 被滥用，可以关闭全部位置的 EFS 加密功能。EFS 关闭与启用操作步骤如下。

① 按下 Win+R 组合键，打开"运行"对话框输入 secpol.msc 并回车，打开本地安全策略管理器。

② 在本地安全策略管理器左侧列表中依次定位到"公钥策略"-"加密文件系统"节点，然后单击右键，并在出现的菜单中选择"属性"，如图 7-48 所示。

③ 在加密文件系统属性界面中，勾选"使用加密系统（EFS）的文件加密"下方的"不允许"，即可关闭 EFS，勾选"允许"和"没有定义"，表示启用 EFS，如图 7-49 所示，

按需选择，然后单击"确定"。禁用 EFS 之后，当对文件加密时，操作系统会提示这台计算机的文件夹加密功能已经停用。

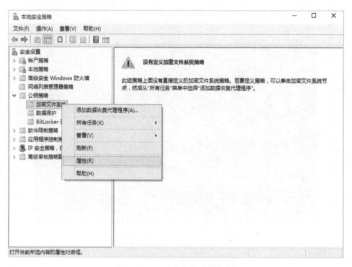

图 7-48 本地安全策略

图 7-49 加密文件系统属性

上面介绍的是关闭整个操作系统的 EFS 功能，如果只是针对某个文件夹禁用 EFS，只需在文件夹根目录下创建名为 desktop.ini 的配置文件并输入参数即可在该文件夹下禁用 EFS，配置文件中的参数为如下内容。

图 7-50　应用属性时出错

```
[Encryption]
Disable=1
```

当对文件夹进行加密时，操作系统会提示该文件夹已停用加密功能，如图 7-50 所示。删除 desktop.ini 即可对文件夹进行 EFS 加密。

　建议隐藏 desktop.ini 文件，如果需要更高的安全需求，建议使用 attrib 命令行工具为此文件添加系统属性，以防止被随意删除。

2. EFS 参数设置

EFS 参数配置可以通过本地安全策略编辑器中的 EFS 属性界面以及组策略编辑完成，本节主要介绍使用 EFS 属性界面配置 EFS 选项。

在 EFS 属性界面常规选项卡中，可以启用或禁用 EFS，可以选择是否启用椭圆曲线加密技术以及常规配置选项，如图 7-51 所示。

在证书选项卡中，可以选择证书模板以及 RAS 和椭圆曲线加密技术的密钥大小，如图 7-52 所示。

图 7-51　常规选项卡

图 7-52　证书选项卡

缓存选项卡中的选项，主要适用于使用智能卡存储私钥的情况。EFS 可以在非缓存或缓存模式下将私钥存储于智能卡中。非缓存模式与常规 EFS 工作方式类似，每次解密操作都需要读取智能卡上的私钥。缓存模式使用对称密钥（私钥派生）来完成解密工作，并将其缓存在内存中，操作系统使用对称密钥来进行数据的加密和解密。这样无需每次都使用智能卡，从而大大提高了性能。在图 7-53 中的可以设置缓存超时时间以及锁定缓存计算机。

图 7-53　缓存选项卡

7.4　NTFS 文件压缩

所谓文件压缩通俗说就是指缩小文件大小。有别于 WinRAR、WinZip 等应用层级压缩应用程序，NTFS 文件压缩是由 NTFS 文件系统提供操作系统层级的高级压缩功能，应用程序可以直接使用被压缩过的文件，文件压缩与解压缩属于透明操作，由 Windows 10 操作系统内部完成。

NTFS 文件系统支持对文件、文件夹、硬盘分区的压缩，所以使用该功能可以有效的节省硬盘空间。本节即介绍有关 NTFS 文件压缩内容。

7.4.1　文件压缩概述

NTFS 文件系统提供的文件压缩功能采用 LZNTl 算法，与 WinRAR、WinZip 等第三方压缩应用程序的区别在于文件压缩是基于操作系统层级的压缩方式，支持对硬盘分区、文件夹和文件的压缩。图 7-54 所示为文件夹压缩前后所占用空间对比图，文件夹超过三分之一空间被压缩，压缩效果明显。

图 7-54　文件夹压缩前后容量对比

文件压缩过程透明，任何基于 Windows 10 操作系统的应用程序对 NTFS 分区上的压缩文件进行读写时，文件将在内存中自动完成解压缩以供使用，文件关闭或保存时，操作系统会自动对文件进行压缩。但文件压缩和解压缩过程是要消耗一定的 CPU 资源，这也是任何一种压缩应用程序的共性。如今计算机 CPU 性能过剩，使用文件压缩之后对计算机性能影响不是很大，但是也不建议对单个文件超过 10GB（例如虚拟机文件）以及操作系统文件进行压缩。另外文件压缩功能对于已具备压缩属性的文件（例如 zip、rar、bmp、mp3、avi、jpg、rmvb 等格式文件）来说不会进一步缩小该类文件所占用的硬盘空间。

综上所述，使用文件压缩功能是需注意以下几点内容。

■ 文件压缩属于 NTFS 文件系统的内置功能，文件压缩和解压缩过程完全透明，无需用户干预。

■ 文件压缩与解压缩过程需要消耗 CPU 资源，对于计算机性能有一定影响。

■ 经过文件压缩的文件通过网络传输时，会丢失压缩属性并恢复原始大小。所以 NTFS 文件压缩功能与第三方压缩应用程序无法互相替代。

■ 当对硬盘分区启用文件压缩功能，此后只要是存储于该分区的文件或文件夹会自动进行压缩。

- 在同一个 NTFS 分区中复制文件或文件夹时，文件或文件夹会自动继承目标位置文件夹的压缩属性，移动文件或文件夹则会保留原有压缩属性。

- 在不同 NTFS 分区之间对文件或文件夹进行移动、复制操作时，文件或文件夹会继承目标位置的文件夹的压缩属性

- 复制或移动压缩文件或文件夹至非 NTFS 分区时，文件或文件夹会丢失压缩属性并恢复原始大小。

注意　NTFS 文件压缩与 EFS 功能不能同时使用。

7.4.2　文件压缩启用与关闭

NTFS 文件压缩的启用与关闭过程简单，可以使用图形界面工具和 compact 命令行工具完成。

对文件或文件夹启用文件压缩只需选中要压缩对象并单击右键，在出现的菜单中选择"属性"，然后在属性常规选项卡中选择"高级"，打开"高级属性"界面，勾选"压缩内容以便节省磁盘空间"复选框，如图 7-57 所示，最后单击"确定"即可完成文件或文件夹压缩。

文件或文件夹压缩完成后，其图标右下方会出现两个相对的蓝色箭头，以示与其他类型文件区别，如图 7-56 所示。

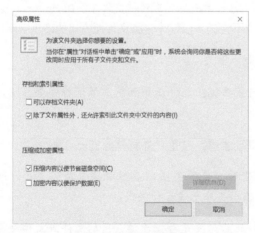

图 7-55　启用文件压缩　　　　　　　　图 7-56　压缩后的文件夹

使用磁盘管理器新建分区向导创建分区时,在"格式化分区"页面中勾选"启用文件或文件夹压缩",如图 7-57 所示,即可对整个硬盘分区启用文件压缩功能。同时,也可在硬盘分区属性界面的常规选项卡中,勾选"压缩内容以便节省磁盘空间",对现有硬盘分区进行压缩。

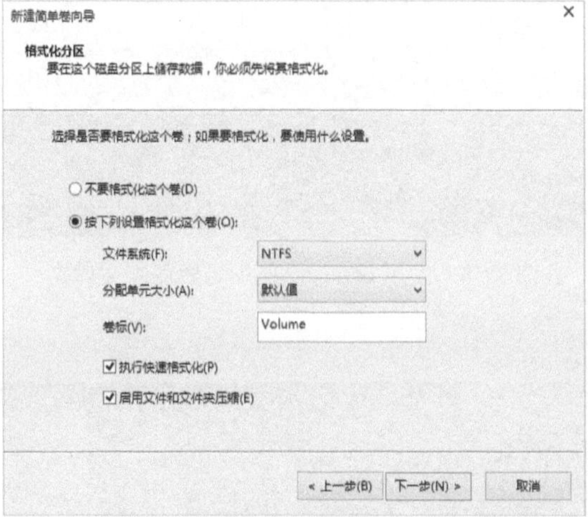

图 7-57 对分区启用文件压缩功能

使用 compact 命令行工具同样可以完成文件或文件夹的压缩。以管理员身份运行命令提示符,执行 compact/? 即可查看 compact 命令行工具所有参数。

如果要压缩或解压缩文件夹只需执行如下命令。

```
compact /C /S: 文件夹名称或文件夹路径(压缩)
compact /U /S: 文件夹名称或文件夹路径(解压缩)
```

如果只是压缩或解压缩文件,执行如下命令即可。

```
compact /C 文件名或文件路径(压缩)
compact /U 文件名或文件路径(解压缩)
```

在 Windows 10 操作系统中,compact 命令行工具新增了 /EXE 参数,可对可执行文件进行压缩算法定制压缩,compact 提供 XPERSS4K(最快)、XPERSS8K、XPERSS16K、LZX 四种压缩算法,其中 XPERSS4K 为默认压缩算法,LZX 为压缩程度最高的压缩算法。

本节以使用 LZX 算法压缩 exe 文件为例,执行如下命令即可。

```
compact /C /EXE:LZX 文件名或文件路径
```

图 7-58　使用 compact 压缩与解压缩文件夹

图 7-59　使用 compact 压缩与解压缩可执行文件

解压缩执行如下命令。

```
compact /U /EXE:LZX 文件名或文件路径
```

　使用 /EXE 参数压缩可执行文件之后，文件名称不会变成蓝色。

7.5　NTFS 文件链接

Windows 10 操作系统中的文件链接功能基于 NTFS 文件系统实现，其包含三种链接方式：硬链接（Hard Link）、软链接，也称为联接（Junction Link）、符号链接（Symbolic Link）。本节将分别介绍这三种链接方式。

7.5.1 NTFS 文件链接概述

所谓 NTFS 文件链接，简单来说就是可以使用多个路径去访问同一个文件或者目录，功能上类似于快捷方式，但快捷方式属于 Windows10 操作系统应用层级提供的功能，功能上有其不足之处。例如应用程序不一定能识别并使用快捷方式连接的文件或目录，而有 NTFS 文件链接弥补了快捷方式不足。

文件链接概念最早始于 Unix 操作系统平台，Windows 2000 操作系统开始部分的支持文件链接功能。目前在 Windows 10 操作系统中，NTFS 文件系统对文件链接的支持日趋成熟。

文件链接对用户而言是透明的，它看上去和普通文件或文件夹没有任何区别，操作方式一样。使用文件链接的好处在于文件链接只是作为一个标记存在，实际并不占用硬盘空间，而且用于文件夹的文件链接作用更为广泛。例如某应用程序数据只能写入到 D 盘某文件夹中，但是 D 盘空间不足，这时可以使用符号链接把 E 盘中的某个文件夹链接到 D 盘中，应用程序数据存储的位置还是 D 盘，数据实际存储于 E 盘，这样实际上变相的为 D 盘扩充了容量。

Windows 10 操作系统启动时不支持文件链接，所以不能对如下操作系统目录使用文件链接，以免操作系统无法启动。

\

\Windows

\Windows\system32

\Windows\system32\Config

7.5.2 硬链接（Hard Link）

硬链接（Hard Link）是指为一个文件创建一个或多个文件名，各文件名地位相等，删除任意一个文件名下的文件，对另外一个文件名的文件都没有任何影响，而且一个文件名下的文件更新，另外一个文件名下的文件也会同时更新。

综合来说，使用硬链接时需注意如下内容。

■ 硬链接只能链接非空文件，不能链接文件夹。

■ 硬链接文件图标和普通文件图标相同，硬链接属于透明过程。

■ 硬链接只能建立同一 NTFS 分区内的文件链接。

■ 移除源文件不会影响硬链接。

■ 删除其中一个硬链接不会影响源文件。

■ 硬链接文件的任何更改都会影响源文件。

■ 硬链接不占用硬盘空间。

创建硬链接需要使用 mklink 命令行工具完成。以管理员身份运行命令提示符，执行如下命令。

```
mklink /H lizhipeng1.txt lizhipeng.txt
```

其中 lizhipeng1.txt 为创建的硬链接名称，可为其指定保存路径；lizhipeng.txt 为源文件，等待命令执行完毕会提示创建成功，如图 7-60 所示。

图 7-60　创建硬链接

要删除硬链接，只需保留一个文件，删除其他文件即可。

7.5.3　软链接（Junction Link）

软链接又称联接，只支持文件夹的链接，不支持文件的链接。软链接在创建时不管使用相对路径还是绝对路径，创建后全部转换为绝对路径。

综合来说，使用软链接时需注意如下内容。

■ 软链接只能链接文件夹，不能链接文件。

■ 软链接文件图标和快捷方式图标相同。

■ 软链接只能建立同一 NTFS 分区内的文件夹链接。

■ 移除源文件夹会导致软链接无法访问。

■ 删除软链接不会影响源文件夹。

■ 软链接中的文件进行任何更改都会影响源文件。

■ 软链接不占用硬盘空间。

创建软链接同样可以使用 mklink 命令行工具，以管理员身份运行命令提示符，执行如下命令。

```
mklink /J lizhipeng1 lizhipeng
```

其中 lizhpneg1 为软链接名称，可为其指定保存路径，lizhipeng 为源文件夹名称，等待命令执行完毕会提示创建成功，如图 7-61 所示。

图 7-61　创建软链接

软链接文件夹和快捷方式图标相同，如何去区别两者呢？在命令提示符下定位到软链接所在目录，然后执行 dir 命令，会显示当前目录下的文件或文件夹信息，其中有 <JUNCTION> 字样的即为软链接，如图 7-62 所示。

删除软链接只需删除创建的软链接文件即可。

图 7-62 查看软链接信息

7.5.4 符号链接（Symbolic Link）

符号链接支持文件和文件夹，功能上最为类似快捷方式，但区别在于打开快捷方式会跳转回源文件路径，而符号链接则不会跳转，而使用创建后的路径。符号链接在创建的时候可以使用相对路径和绝对路径，创建链接后所对应的也是相对路径和绝对路径。绝对路径在源文件不移动的情况下允许使用，而相对路径是相对于两个文件的路径，所以两个文件的相对位置没有改变就不会导致链接错误。

综合来说，使用符号链接时需注意如下内容。

■ 符号链接可以链接文件和文件夹。

■ 符号链接文件图标和快捷方式图标相同。

■ 符号链接可以跨 NTFS 分区创建文件或文件夹链接。

■ 删除或移动源文件或文件夹，符号链接失效。

■ 删除或移动链接文件不会影响源文件。

■ 符号链接中的文件进行任何更改都会影响源文件。

■ 符号链接可以指向不存在的文件或文件夹。创建符号链接时，操作系统不会检查文件或文件夹是否存在。

■ 符号链接不占用硬盘空间。

创建符号链接同样可以使用 mklink 命令行工具完成，在命令提示符中执行如下命令即可创建文件和文件夹的符号链接。

创建文件的符号链接

```
mklink lizhipeng1.txt D:\test\lizhipeng.txt
```

其中 lizhipeng1.txt 为符号链接，D:\test\lizhipeng.txt 为源文件路径。

创建文件夹的符号链接

```
mklink /D lizhipeng1 D:\test\lizhipeng
```

其中 lizhipeng1 为符号链接，D:\test\lizhipeng 源文件夹路径。

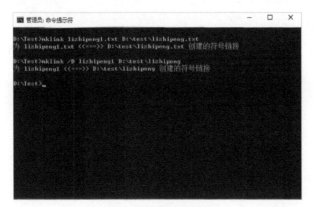

图 7-63　创建符号链接

查看文件或文件夹是否为符号链接，只需在命令提示符下执行 dir 命令就会显示当前目录下的文件或文件夹信息，其中有 <SYMLINKD>（文件夹）或 <SYMLINK>（文件）字样的即为符号链接，如图 7-64 所示。

删除符号链接只需删除符号链接文件夹或文件即可。

图 7-64　查看符号链接信息

第 8 章

虚拟化

虚拟化技术作为目前最流行的计算机技术之一，被广泛的使用于各种环境，有效的提升了计算机硬件资源的利用率。本节即介绍 Windows 10 操作系统中的虚拟磁盘及 Hyper-V 虚拟化平台。

8.1 Hyper-V

Hyper-V 是微软在 2008 年推出的一款虚拟化产品，最初是被集成在 64 位的 Windows Server 2008 操作系统中。经过几年的发展，Hyper-V 逐渐成熟，其功能也进一步完善，所以自 Windows 8 操作系统开始，Hyper-V 第一次被集成于普通消费者使用的 Windows 版本。而在 Windows 10 操作系统中，同样也集成了 Hyper-V。

Hyper-V 采用了微内核的结构，它是一个瘦 Hypervisor 内核。因为它里面没有驱动程序，所以在体积上相对于其他虚拟化产品，Hyper-V 更具优势。另外，由于微内核体积较小，所以运行的效率很高。驱动程序是跑在每一个分区里面的，每一个分区内的虚拟机操作系统都能够通过 Hypervisor 直接访问硬件，还使得每一个分区都相互独立，这样就拥有更好的安全性和稳定性。

Hyper-V 不仅可以创建虚拟机用于安装 Windows 操作系统，还对 Linux、Unix 等操作系统的提供了完整支持。

在 Windows 10 操作系统中，开启 Hyper-V 需要满足如下条件。

■ 计算机安装 Windows 10 专业版或 Windows 10 企业版 64 位操作系统。

■ 可用物理内存至少 4GB。

■ 计算机 CPU 基于 64 位硬件架构，支持硬件虚拟化（AMD-V/VT-x）且必须处于开启状态。

■ CPU 必须支持二级地址转换（SLAT）。

 2006 年之后发布的 AMD/Intel 绝大部分 CPU 都支持硬件虚拟化（AMD-V/VT-x），不过某些低端的 Intel CPU 可能不支持硬件虚拟化功能。

8.1.1 检测 CPU 是否支持 SLAT

SLAT 是 Intel 和 AMD 生产的 64 位 CPU 中提供的功能，其通过硬件来实现虚拟机内存地址与物理地址的转换，有效地减少了以往通过软件实现该功能所带来的时间延迟。

两个厂商针对 SLAT 这一技术使用不同的技术名称：Intel 的 SLAT 称为 EPT（Extended Page Table 扩展页表），Intel 的 Core i 系列之后发布的 CPU 都支持 SLAT，而 Core 2 系列以及更早的处理器则不支持。AMD 的 SLAT 则称为 RVI（Rapid Virtualization Indexing 快速虚拟化索引），基本 K10 以及之后的最新 AMD Ryzen 核心的 CPU 都支持 SLAT。因此，使用一部分 CPU 不被支持的用户，在 Windows 10 操作系统中无法体验到 Hyper-V，不过在 Windows Serve 2016 操作系统中，SLAT 不是必须要求，只要 CPU 支持硬件虚拟化（AMD-V/VT-x）即可使用 Hyper-V 创建虚拟机。

基于 SLAT 的要求，很多计算机若不是使用受支持的 CPU，即使支持硬件虚拟化（AMD-V/VT-x），也无法使用 Hyper-V 创建虚拟机。在不支持 SLAT 的计算机中，选择启用 Hyper-V 之后会发现，无法勾选 "Hyper-V 平台" 选项并且提示 "无法安装 Hyper-V：该处理器没有二级地址转换功能"。

查看 CPU 是否支持 SLAT 有两种方法，分别可以使用 systeminfo 命令行工具和具备图形界面的 msinfo32 应用程序。

 注意　需要在未安装 Hyper-V 的情况下进行查看。

■ 以管理员身份运行命令提示符输入 systeminfo 并回车，在随后显示的列表最下面即可看到 "Hyper-V 要求" 一项，二级地址转换后面为 "是"，就表示 CPU 支持 SLAT。

图 8-1　systeminfo 显示信息

■ 在 "运行" 对话框中输入 msinfo32 并回车，打开 "系统信息" 界面并在右侧列表最下端找到 "Hyper-V - 第二级地址扩展" 一项，其后面为 "是"，则表示 CPU 支持 SLAT。

图 8-2　系统信息

8.1.2　开启 Hyper-V

Windows 10 操作系统中默认没有启用 Hyper-V，需要用户手动启用，启用方法有如下两种。

■ 使用 Cortana 中搜索"启用或关闭 Windows 功能"并打开。然后在打开的"Windows 功能"界面中勾选"Hyper-V"，然后单击"确定"，如图 8-3 所示，最后等待操作系统安装完成，重新启动计算机之后即可使用 Hyper-V。

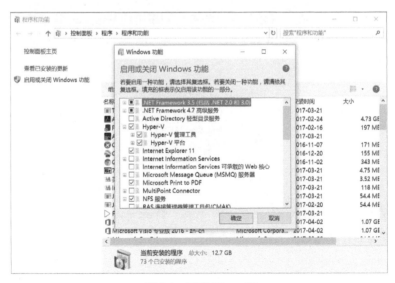

图 8-3　开启 Hyper-V

■ 在操作系统中挂载 Windows 10 操作系统安装镜像文件到虚拟光驱或插入操作系统安装光盘，这里以 H 为虚拟光驱盘符为例，然后以管理员身份运行命令提示符执行如下命令。

dism /online /enable-feature /featurename:Microsoft-Hyper-V-All /Source:H:\sources\sxs

等待命令执行完毕，最后按照提示重新启动计算机，如图 8-4 所示。

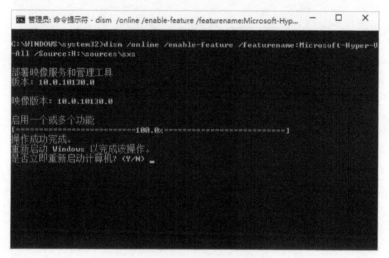

图 8-4 命令行开启 Hyper-V

重新启动计算机之后，在"开始"菜单的应用列表中的 Windows 管理工具文件夹中会显示 Hyper-V 管理器，如图 8-5 所示。此外，还可使用 Cortana 搜索关键词"Hyper-V 管理器"将其打开。

图 8-5 Hyper-V 管理工具

Hyper-V 管理器为 Hyper-V 的主要管理工具。打开 Hyper-V 管理器之后，如果在 Hyper-V 管理器左侧列表中出现当前计算机名称就代表 Hyper-V 安装成功，如图 8-6 所示。

图 8-6　Hyper-V 管理器

8.1.3　创建虚拟机并安装操作系统

安装 Hyper-V 之后，可以创建虚拟机并在虚拟机上安装操作系统。Hyper-V 管理器提供了一站式的创建虚拟机向导，通过向导可以快捷轻松的创建虚拟机。本节以创建虚拟机并安装 Windows 7 操作系统为例。

① 在 Hyper-V 管理器右侧"操作"窗格中，单击"新建"，然后选择"虚拟机"，运行"新建虚拟机向导"。向导第一页为创建 Hyper-V 虚拟机注意事项，可勾选左下角"不再显示此页"选项，下次创建虚拟机时将不再显示，然后单击"下一步"，如图 8-7 所示。

② 在"指定名称和位置"页中，设置创建的虚拟机名称以及存储位置。这里要注意的是，创建的虚拟机文件会比较大，文件默认存储于 C 盘，所以请注意存储虚拟机的硬盘分区可用空间。然后单击"下一步"，如图 8-8 所示。

③ 选择虚拟机版本，如图 8-9 所示。虚拟机版本分为两代，第一代指使用 BIOS 固件，第二代指使用 UEFI 固件并开启安全启动功能。如果使用第二代虚拟机，则默认情况下只能安装 Windows 8 操作系统以后的操作系统版本，虚拟机一旦创建即无法修改版本。这里选择第一代，然后单击"下一步"。

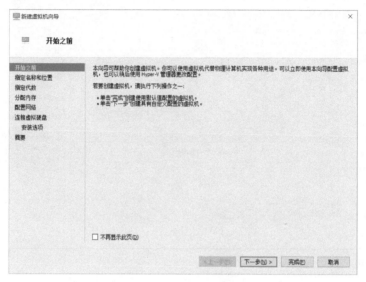

图 8-7　Hyper-V 向导提示

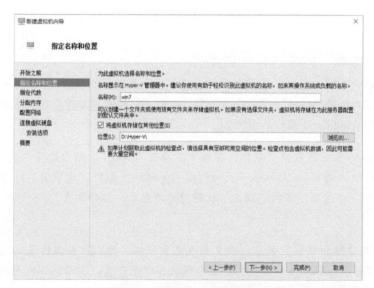

图 8-8　设置 VHD 存储路径

④ 在"分配内存"页中，设置虚拟机启动内存大小。在 Hyper-V 中虚拟内存最小可设置为 8MB，最大可为物理内存容量的 70%，请根据所要安装操作系统的要求合理设置虚拟内存大小。Hyper-V 支持动态内存，所谓动态内存就是针对不同虚拟机，在指定的内存范围内根据虚拟机中的应用优先级来自动调整虚拟机对物理内存的占用大小，在应用性能和内存占用大小方面进行自动平衡，以达到性能优化的目的。建议启

用此功能，然后单击"下一步"，如图 8-10 所示。

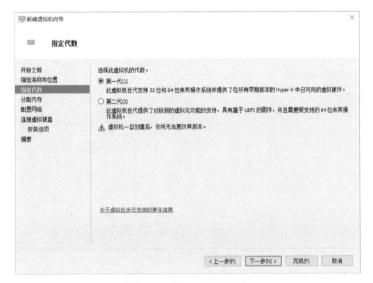

图 8-9　选择虚拟机版本

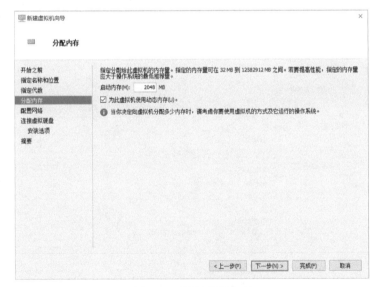

图 8-10　设置虚拟内存

⑤ 在"配置网络"页中，选择虚拟机连接网络所用到的网络交换机，如图 8-11 所示。如果是第一次使用 Hyper-V，保持此页默认设置，然后单击"下一步"。关于配置网络交换机会在 8.2.5 节中做介绍。

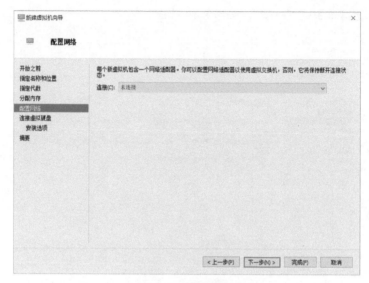

图 8-11　配置网络

⑥ 在"连接虚拟硬盘"页中，指定要创建虚拟硬盘（VHD）的名称、位置以及大小。虚拟磁盘用来安装操作系统，同时也可以使用已创建的虚拟磁盘，如图 8-12 所示。虚拟硬盘大小按照使用需要合理设置即可。

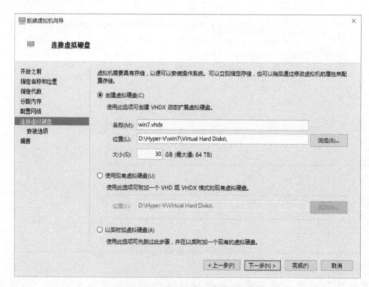

图 8-12　链接虚拟硬盘设置

⑦ 在"安装选项"页上，选择"从启动 CD/DVD-ROM 安装操作系统"。安装媒介可

以选择物理驱动器中的安装光盘，也可以选择使用操作系统安装镜像文件，如图 8-13 所示，还可以选择在创建完虚拟机后再安装操作系统。选择相应选项之后，单击"下一步"，随后会出现虚拟机的设置摘要，核对虚拟机设置信息，最后单击"完成"。此时，Hyper-V 开始自动按照设置的虚拟机参数开始创建虚拟机，等待完成即可。

图 8-13　插入操作系统安装镜像

至此虚拟机创建完成，接下来开始安装操作系统。在 Hyper-V 管理器界面的"虚拟机"一栏中双击创建的虚拟机，就会打开虚拟机连接界面，其可以看作是计算机的显示器，如图 8-14 所示。

虚拟机安装完毕之后，可在虚拟机连接界面中按下 Ctrl+O 组合键或在 Hyper-V 管理器中对虚拟机配置进行修改，如图 8-15 所示。在虚拟机设置界面中，可以新增或删除硬盘、网卡等硬件，还修改计算机启动方面的参数，例如在图 8-15 中，去除启用安全启动复选框前的勾，即可关闭安全启动功能并能在第二代虚拟机上安装 Windows 7 等旧版操作系统，还可以修改虚拟机的内存使用范围。除此之外，还可以在图 8-15 中选择是否在虚拟机中启用 TPM 模块。

图 8-14　虚拟机连接

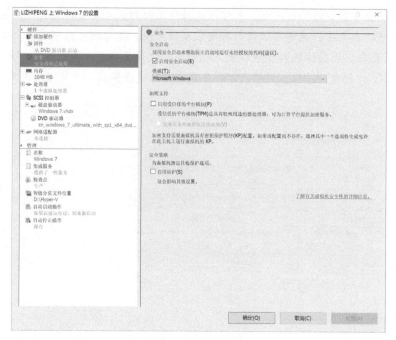

图 8-15 虚拟机设置

8.1.4 虚拟机管理

在虚拟机连接界面的工具栏中，提供了如下几种功能，如图 8-16 所示，本节分别做介绍。

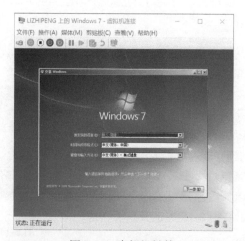

图 8-16 虚拟机链接

- **Ctrl+Alt+Delete**：顾名思义，就是实现 Ctrl+Alt+Delete 组合键的功能。

- **启动**：按下此按钮即可启动虚拟机。

- **强制关闭**：相当于物理机上的电源按钮，操作系统无法通过正常途径关闭时，可以使用此按钮。

- **关闭**：软关机按钮，用来关闭虚拟机的功能按钮。使用此按钮的前提是必须要安装系统集成服务。

- **保存**：保存当前计算机的状态并关闭虚拟机，类似于挂起功能。

- **暂停**：暂时冻结虚拟机运行，并且释放所占用的 CPU 等资源。

- **重置**：重置虚拟机中的操作系统至首次安装后的状态，类似于手机的恢复出厂设置功能。

- **检查点**：检查点是将虚拟机在特定时刻的状态、磁盘数据和配置等做快照，如果虚拟机系统出现崩溃之类的错误，可以使用检查点备份还原至正常状态，检查点功能类似于系统还原。首次使用检查点功能将保存当前虚拟机所有状态，之后创建的检查点将采用增量方式进行存储，用以减小检查点所占存储空间。

- **还原**：使用最近的检查点还原虚拟机。

- **增强会话**：在 Windows 8.1 操作系统之前的 Hyper-V 中，用户无法通过虚拟机连接工具实现物理机与虚拟机之间的文件复制与粘贴操作，如要实现文件复制粘贴操作，需要使用远程桌面连接程序连接至虚拟机才能进行此类操作。在虚拟机中也无法实现声音播放以及使用 USB 设备的功能，但是 Windows 8.1 和 Windows 10 操作系统中为 Hyper-V 添加了增强会话功能，开启增强会话功能之后，可进行如下操作。

- 使用剪切板。

- 定向虚拟机声卡至物理机。

- 可使用物理机智能卡。

- 可使用物理机 USB 设备。

- 可使用物理机打印机。

- 支持即插即用设备。

- 可使用物理机硬盘分区。

开启 Hyper-V 虚拟机连接增强会话模式有如下几点要求。

- 虚拟机使用第二代版本。

- 虚拟机操作系统必须是 Windows 8 以上版本。

- 打开服务器增强会话模式。

- 打开用户增强会话模式。

一般在满足前三点要求的情况下，Hyper-V 自动启用服务器和用户增强会话模式。如要关闭或重新打开，只需在 Hyper-V 管理器右侧"操作"窗格中选择"Hyper-V 设置"，打开 Hyper-V 设置界面，如图 8-17 所示，在右侧服务器及用户分类下，分别勾除"允许增强会话模式"及"使用增强会话模式"复选框前面的勾，即可关闭增强会话模式，反之亦然。单击图 8-16 所示的工具栏中的"增强会话"即可暂时启用或关闭增强会话模式。

图 8-17　开启增强会话模式

满足增强会话模式要求并启用之后，启动虚拟机中的操作系统，此时在虚拟机连接界面中会弹出图 8-18 所示的虚拟机连接设置界面。在显示选项卡下可设置虚拟机分辨率，切换至本地资源选项卡，可设置虚拟机使用物理机声卡、剪贴板、打印机、硬盘分区、USB 设备等，如图 8-19 所示。

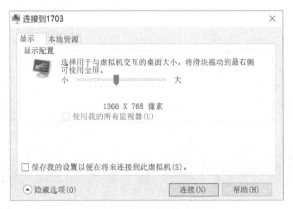

图 8-18　增强会话显示设置

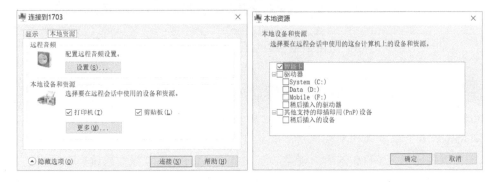

图 8-19　增强会话本地资源设置

默认情况下，高分辨率屏幕会导致 Hyper-V 虚拟机显示画面过小，不宜使用。在 Windows 10 创意者更新中，微软加入了 Hyper-V 虚拟机对高分辨率屏幕的支持，如图 8-20 所示，用户可以根据需要设置虚拟机屏幕缩放级别。

启动虚拟机之后，将鼠标箭头移动到虚拟机连接中，鼠标指针变为小圆点，单击鼠标左键，此时虚拟机获得鼠标和键盘的使用权。若要返回物理计算机使用键盘鼠标，只需按 Ctrl+Alt+ 鼠标左键（可自定义快捷键），然后将鼠标箭头移动到虚拟机窗口外即可。

图 8-20　虚拟机屏幕缩放级别

8.1.5　在 Hyper-V 中使用虚拟硬盘（.VHD 或 .VHDX 文件）

Windows 10 操作系统支持 VHDX 格式虚拟硬盘文件且支持从 VHDX 文件启动（Windows 10 之前的操作系统不支持从 VHDX 文件启动），VHDX 相对于 VHD 的优点是可以创建最大 64TB 的虚拟硬盘。而且由于 Windows 10 操作系统具有更好的跨平台移动性，所以一个能在实机上启动的 VHD/VHDX 文件可以直接在 Windows 10 操作系统自己的 Hyper-V 虚拟机中启动运行（安装操作系统到虚拟硬盘参看第 5 章内容）。使用"新建虚拟机向导"创建的虚拟硬盘即为 VHDX 文件。

在"新建虚拟机向导"中的"连接虚拟硬盘"页，如图 8-21 所示，可以选择"使用现有虚拟硬盘"来启动已安装了操作系统的 VHDX 文件，配置好其他设置之后单击"完成"，然后运行虚拟机即可使用。

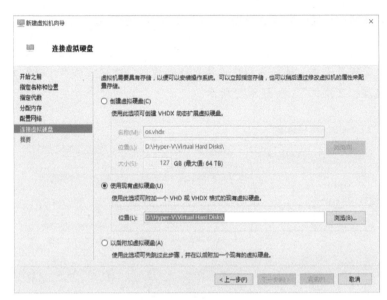

图 8-21　使用现有 VHD

8.1.6　配置 Hyper-V 虚拟网络

Hyper-V 是通过模拟一个标准的（ISO/OSI 二层）交换机来支持以下三种网络模式。

- **外部**：让虚拟机同外部网络连通。Hyper-V 通过将 Microsoft 虚拟交换机协议绑定至物理机网卡实现连接外部网络功能。如果虚拟机选择使用采用外部模式的虚拟交换机，则虚拟机相当于连接至外部网络（Internet）中的一台计算机，其可以与外部网络中的其他计算机进行相互访问。例如在由路由器设备组建的物理局域网络中，路由器会为虚拟机分配和物理机同等网段的 IP 地址。

- **内部**：使虚拟机使用由物理机作为网络设备组建的内部网络。使用此模式的虚拟交换机，要使虚拟机和物理机网络互通，需要物理机先行配置内部网络网关、子网掩码和 IP 地址，然后在虚拟机中设置相对应的 IP 地址、网关和子网掩码，此时虚拟机才能与物理机网络互通。默认情况下只允许虚拟机与物理主机互相访问，不能访问外部（物理网络上的计算机或外部网络如 Internet），外部也不能访问内部的虚拟机。如要使虚拟机访问网络，只需在物理机中对内部虚拟交换机启用网络共享功能即可。

- **专用**：只允许虚拟机之间互相访问，与物理机之间也不能相互访问。

由于 Hyper-V 的网络架构不同，所以必须要手动配置网络连接，虚拟机与物理机才能网络互通。本节以设置外部模式交换机为例，操作步骤如下。

① 在 Hyper-V 管理器右侧"操作"窗格中选择"虚拟交换机管理器"，在随后出现的虚拟交换机管理界面中，选择要创建虚拟交换机类型，这里选择"外部"类型，然后单击"创建虚拟交换机"，如图 8-22 所示。

图 8-22　选择虚拟交换机类型

② 在虚拟交换机属性页面中，可以选择虚拟交换机连接至物理机哪个网络设备。这里选择当前物理计算机正在使用的网卡，如图 8-23 所示。然后单击"确定"，虚拟交换机创建完毕。

③ 打开虚拟机设置页面。在左侧一栏中选择"网络适配器"，打开网络适配器配置页面，页面顶端可以看到关于虚拟交换机的选项，在下拉列表中选择上一步创建的交换机，如图 8-24 所示，然后单击"确定"，等程序配置完毕之后，路由器等网络设备自动为虚拟机分配 IP 地址，虚拟机即可连接至 Internet。

图 8-23　选择物理网卡

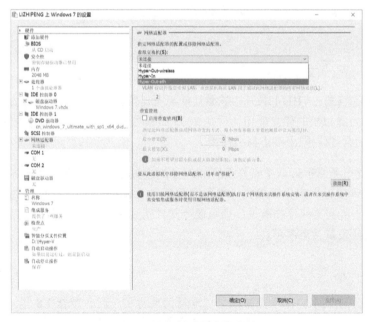

图 8-24　选择创建的虚拟交换机

创建虚拟交换机之后，打开物理机网络连接设置界面，即可看到创建的虚拟交换机，如图 8-25 所示，可以像对待物理设备一样对其进行设置。

图 8-25　网络设置界面

8.2　虚拟磁盘（VHD）

虚拟硬盘文件格式（VHD）最开始被微软使用在自家的 Virtual PC 和 Virtual Server 虚拟机中，作为虚拟机的硬盘使用。但是 2005 微软公布了所有虚拟硬盘文件格式技术细节，并且也不仅局限于在虚拟机使用。

在 2009 年发布的 Windows 7 操作系统加入了对虚拟硬盘文件格式的支持，而且也支持计算机启动安装在虚拟硬盘文件中的操作系统。Windows 10 操作系统同样支持虚拟硬盘文件，并且带来了新改进的虚拟硬盘文件格式 VHDX。本节主要介绍虚拟硬盘安装系统方法及其注意事项。

8.2.1　虚拟硬盘概述

虚拟硬盘文件格式（VHD）简单的可以理解为硬盘的一种，就像 1.8 寸、2.5 寸、3.5 寸等不同规格的硬盘一样，VHD 是存在于物理硬盘上的一种文件虚拟硬盘，可以像对物理硬盘一样对其进行格式化分区并安装操作系统到里面，不需要的时候删除 VHD 文件即可，非常方便。同时虚拟硬盘还可以托管本地物理硬盘上的文件系统，例如 NTFS、FAT 等。

在 Windows 7/8/10 操作系统中，微软把 VHD 所需要的驱动直接内置于操作系统中，所以用户可以在 Windows 7/8/10 操作系统中，直接访问 VHD 文件中的数据，此时操作系统会把 VHD 文件映射为一个硬盘分区。在 Windows 10 操作系统中可以通过右键菜单快速装载 VHD 文件并查看里面数据，此外，还可以使用 Windows 启动管理器（bootmgr），启动安装于 VHD 文件中的操作系统。

通过图 8-26 可以概述 VHD 的特性及其运行流程。

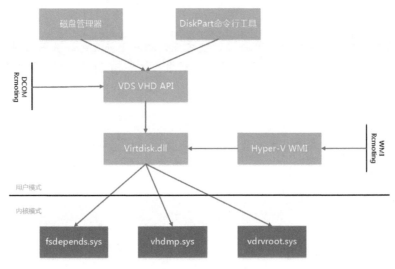

图 8-26　VHD 工作流程

在 Windows 10 操作系统中支持新版虚拟磁盘文件即 VHDX 文件，与 VHD 文件相比，VHDX 支持更大的存储空间，还可以在计算机突然断电的情况下提供数据损坏保护，并且优化动态磁盘和差分磁盘的结构对齐方式，以防止在使用了高级格式化功能（俗称 4K 对齐）的物理磁盘上出现读写性能下降的情况。

VHDX 文件主要有如下功能和特性。

■ VHDX 文件支持的存储空间最高为 64TB，最小为 3MB。VHD 则最大支持 2TB 存储空间。

■ 通过记录对 VHDX 元数据结构的更新，可以在计算机突然断电的情况下保护数据不会被损坏。

■ 改进了虚拟硬盘格式的磁盘扇区对齐方式，可以在使用了高级格式化功能的物理磁盘上更好地工作。

VHDX 文件还提供以下功能。

■ 动态磁盘和差分磁盘使用的较大数据块，可让这些磁盘满足工作负荷的需求。

■ 一个 4KB 的逻辑扇区虚拟磁盘，可以在为 4KB 扇区设计的应用程序和工作负荷使用该磁盘时提供较高的性能。

■ 能够存储有关用户可能想记录的文件自定义元数据，例如操作系统版本或应用的修补程序。

■ 高效地表示数据（也称为"剪裁"），使文件体积更小并且允许基础物理存储设备回收未使用的空间。（剪裁需要直接连接到虚拟机或 SCSI 磁盘的物理磁盘以及与剪裁兼容的硬件。）

注意　VHDX 文件不适用于 Windows 8 之前的操作系统。

8.2.2　创建虚拟硬盘

在正式创建 VHD 之前，先介绍一下 3 种不同的 VHD 文件类型：固定、动态和差分。每种类型都有其优缺点与适用环境。

固定大小

不会更改 VHD 已分配的存储空间大小。例如创建存储空间大小为 30GB 的 VHD，则无论写入其中的数据是否达到 30GB，都将占用 30GB 的物理硬盘存储空间。推荐将固定类型虚拟硬盘用于生产环境的服务器。

动态扩展

VHD 文件的大小与写入其中的数据的大小相同，也就是给这个 VHD 文件设一个存储容量的上限，向 VHD 写入多少数据，VHD 就动态扩展到相应大小，直到达到 VHD 容量上限。例如创建一个动态类型的 VHD 文件，存储容量上限为 30GB，当向 VHD 写入 10GB 数据时，VHD 文件就有 10GB 大小。动态类型 VHD 文件较小、易于复制，并且在装载后可将其容量扩展。推荐将动态类型虚拟硬盘用于开发和测试环境。

差分 VHD

差分本是数学中的一个概念，就是一个函数通过某种关系映射为另一个函数，差分VHD 也是同样的原理。使用固定、动态类型的 VHD 中数据时，一切被修改的数据信息都实时的写入唯一的那个 VHD 文件中，但是使用差分 VHD 必须要创建两个 VHD文件，一个称为父 VHD 文件，另一个称为子 VHD 文件。

创建一个 VHD 文件，然后在里面写入数据，这里称之为父 VHD，然后再创建一个VHD 文件，并且指向父 VHD，这里称之为子 VHD。挂载子 VHD 到本地计算机中，就会发现里面的数据和父 VHD 中的数据一模一样，格式化子 VHD，然后再挂载父VHD 至本地计算机，会发现文件完好无损。因为父 VHD 为只读文件，因此所有被修改的数据信息都会被保存到子 VHD 中，而且子 VHD 文件的大小动态扩展，只保留和父 VHD 不相同的数据，因此子 VHD 必须是动态类型 VHD 文件，父 VHD 可以是固定、动态、差分文件类型中的任意一种，多个差分 VHD 可形成一个差分链。

使用差分 VHD 之前，需注意如下几点内容。

- 不能修改差分 VHD 的父 VHD。如果父 VHD 被修改或由其他 VHD 替换（即使具有相同的文件名），则父 VHD 和子 VHD 之间的块结构将不再匹配，并且差分VHD 也将损坏。

- 必须将父 VHD 和子 VHD 同时放在同一个分区的同一个目录中才能用于从本地计算机启动 VHD 文件。如果不从计算机启动 VHD 文件，则父 VHD 可以在不同的分区和目录中，甚至可以在远程共享服务器上。

在使用 DiskPart 命令行工具或磁盘管理器时，可以创建、附加和分离 VHD。这里再介绍一下在创建 VHD 过程中要遇到的这几个操作概念。

创建 VHD

可以创建不同类型和大小的 VHD 文件。创建的 VHD 文件挂载至本地计算机之后，需要先进行格式化才能使用，同时还可以在 VHD 中创建一个或多个分区，并且使用FAT/FAT32 或 NTFS 等文件系统格式化这些分区，此过程和对物理硬盘的操作一样。

附加 VHD

附加 VHD 就是把 VHD 文件挂载到本地计算机中，挂载后的 VHD 文件，将作为连接到计算机的本地硬盘显示在文件资源管理器及磁盘工具中。在 VHD 文件右键菜单中的 "装载" 选项作用和附加功能一样。如果附加 VHD 时，该 VHD 已被格式化，则操作系统会为此 VHD 分配盘符，此过程和计算机插入 U 盘或移动硬盘的过程一样。

附加 VHD 文件时，还需注意以下一些限制。

■ 必须具有管理员权限才能附加 VHD 文件。

■ 只能附加存储在 NTFS 分区上的 VHD 文件。VHD 文件可以存储在 FAT/FAT32、exFAT、NTFS 等文件系统的分区中，如果要附加 VHD 文件，则 VHD 文件必须要存在于 NTFS 分区。

■ 不能附加已经使用 NTFS 压缩或使用 EFS 加密的 VHD 文件。如果文件系统支持压缩和加密，则可以压缩或加密 VHD 中的分区。

■ 不能将两个已附加的 VHD 文件配置为动态扩展 VHD。动态扩展 VHD 是一种已初始化用于动态存储的物理硬盘，它包含动态卷，例如简单卷、跨区卷、带区卷、镜像卷和 RAID-5 卷。

■ 不能附加存储在网络文件系统（NFS）或文件传输协议（FTP）服务器中的 VHD 文件，但是可以附加服务器消息块（SMB）共享上的 VHD 文件。

■ 无法使用远程 SMB 共享上的客户端高速缓存来附加 VHD。如果使用网络文件共享来存储要远程附加的 VHD 文件，则更改共享的高速缓存属性以禁用自动高速缓存。

■ 只能附加两层嵌套的 VHD。所谓嵌套就是在一个已被附加 VHD 文件中再附加一个 VHD 文件。嵌套 VHD 最多只能有两层，也就是说可以在一个已经被附加的 VHD 文件中再附加一个 VHD 文件，但无法继续附加第三个 VHD 文件。

■ 重新启动计算机之后，操作系统不会自动附加重启前已被附加的 VHD 文件。

分离 VHD

分离就是指断开操作系统和 VHD 文件的连接，相当于从计算机弹出 U 盘或移动硬盘的操作。

1. 创建普通虚拟硬盘

虚拟硬盘可通过操作系统自带的两种工具创建：磁盘管理器和 DdiskPart 命令行工具，两种工具都有优缺点，以下分别使用这两种工具创建 VHD。

使用磁盘管理器创建普通 VHD 操作步骤如下。

① 按下 Win+X 组合键，在出现的菜单中选择"磁盘管理"。

② 在磁盘管理器的"操作"菜单下选择"创建 VHD"选项，打开创建和附加虚拟磁盘程序，如图 8-27 所示。

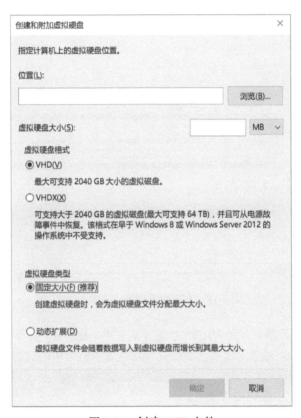

图 8-27 创建 VHD 文件

③ 在创建和附加虚拟磁盘程序中，单击"浏览"选择 VHD 文件的存储目录并且命名 VHD 文件。VHD 大小根据使用情况合理设置即可，默认以 MB 为单位。上节已经介绍过 VHD 的两种格式，如果只是在 Windows 8 或 Windows 10 操作系统中使用 VHD，则推荐采用 VHDX 文件格式，此时虚拟硬盘 VHD 类型操作系统默认使用动态扩展。如果考虑到 VHD 的兼容性，要在 Windows 7 操作系统中使用此 VHD，则推荐使用 VHD 文件格式，VHD 类型默认推荐为固定大小。这里选择 VHD 为 VHDX 文件格式，VHD 类型为动态扩展，单击"确定"，开始创建 VHD。

④ 创建完成 VHD 之后，磁盘管理器会自动附加此 VHD，但是该 VHD 没有被初始化，也就是不能被逻辑磁盘管理器访问，所以也不会在文件资源管理器中显示此 VHD，如图 8-28 所示。

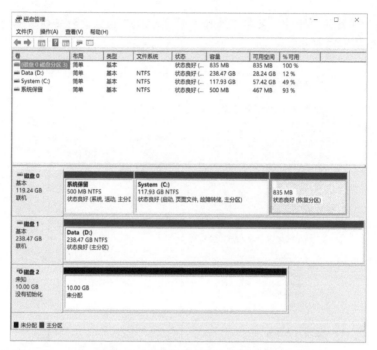

图 8-28　在磁盘管理器中查看 VHD

在磁盘列表中选择已被附加的 VHD（也就是列表中的磁盘 2）并单击右键，在弹出的菜单中选择"初始化磁盘"选项，然后在初始化磁盘界面中勾选磁盘 2，如果有多个 VHD 可以同时进行初始化操作，磁盘分区格式选择默认即可，如图 8-29 所示，然后单击"确定"即可完成 VHD 初始化。

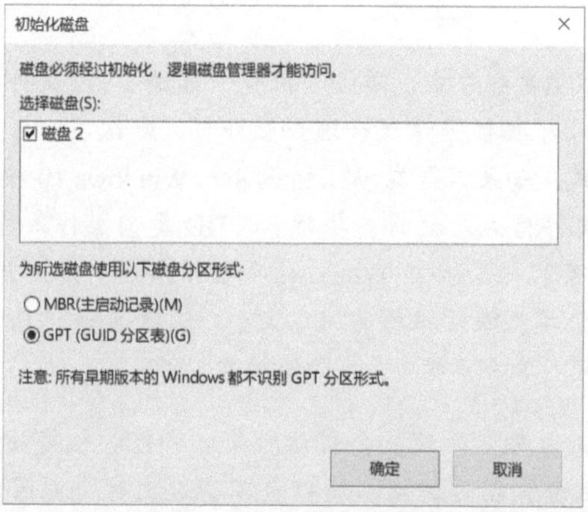

图 8-29　初始化 VHD 过程

⑤ 初始化 VHD 完成之后，在磁盘管理器的磁盘列表中就会看到 VHD 的当前状态为联机，此时要对其设置文件系统并进行格式化操作，也就是创建分区，这样才能在文件资源管理器中使用 VHD。在 VHD 上单击右键并在出现的菜单中选择新建"简单卷"选项，然后按提示完成操作即可。在 VHD 上创建分区完成之后，操作系统会自动打开创建的 VHD，到此正式完成 VHD 创建。

如果使用 DiskPart 命令行工具创建 VHD。以管理员身份运行命令提示符输入 diskpart 命令进入其工作环境，这里以创建大小为 3GB、使用 VHDX 文件格式、固定类型、文件名为 Win10 的 VHD 文件为例，执行如下命令。

```
create vdisk file=D:\win10.vhdx maximum=3000 type=fixed
```

创建 VHD 文件，VHD 容量为 3GB，使用固定类型。

```
list vdisk
```

显示虚拟磁盘列表。

```
select vdisk file=D:\win10.vhdx
```

选择创建的 VHD 文件。

```
attach vdisk
```

附加 VHD。

```
create partition primary
```

在 VHD 中创建主分区。

```
assign letter=K
```

为创建的分区分配盘符为 K。

```
format quick label=vhd fs=ntfs
```

设置分区使用 NTFS 文件系统、卷标为 vhd 并快速格式化分区。格式化完成之后操作系统会自动打开创建的分区。

上述命令全部执行完毕之后，退出 DiskPart 命令行工具，即可在文件资源管理器中使用在 VHD 上创建的分区。

图 8-30 使用 DiskPart 创建 VHD

2. 创建动态虚拟硬盘

动态虚拟硬盘的创建和普通虚拟硬盘的创建步骤一样。使用磁盘管理器创建 VHD 时，虚拟磁盘类型选择动态扩展即可。

使用 DiskPart 命令行工具时，执行如下命令即可创建动态扩展类型的 VHD 文件。

```
create vdisk file=D:\Win10.vhdx maximum=3000 type=expandable
```

其他步骤和 8.2.2.1 的方法一样，按照操作即可。

3. 创建差分虚拟硬盘

创建差分 VHD，执行如下命令即可。

```
create vdisk file=D:\chafen.vhdx parent=D:\Win10.vhdx
```

Win10.vhdx 是已经创建的父 VHD 文件，chafen.vhdx 为新创建的子 VHD 文件。

注意   创建差分 VHD 时，要确保父 VHD 文件已分离。

图 8-31 创建差分 VHD

使用差分 VHD 时，由于父 VHD 文件为只读，所以只要对子 VHD 文件备份，可以做到对父 VHD 的秒备份、秒恢复。新创建的子 VHD 只有 4M 大小，所以备份和还原都很方便。

8.2.3 安装操作系统到虚拟硬盘

使用 Windows 安装程序无法安装操作系统到 VHD 的分区，所以需要使用操作系统提供的命令行工具来手动安装操作系统到 VHD 的分区中。手动安装需要使用 DISM 命令行工具，此工具用来展开 Windows 安装文件到 VHD 分区。本节以安装 Windows 8 操作系统至 VHD 为例，安装操作步骤如下。

① 创建一个不小于 30GB 大小的 VHD 文件。由于要在 VHD 中安装操作系统，所以 VHD 文件推荐采用固定类型，然后在 VHD 中使用所有空间创建一个使用 NTFS 文件系统的主分区并设置盘符为 K:。

② 从 Windows 8 操作系统安装镜像文件或 DVD 安装光盘的 sources 目录中，提取 install.wim 文件至物理硬盘分区中的任意位置，这里提取到的位置为 D 盘根目录。

③ 以管理员身份运行命令提示符，执行如下命令展开 install.wim 中的文件至 VHD 分区。

```
dism /apply-image /imagefile:d:\install.wim /index:1 /applydir:k:\
```

图 8-32 部署安装文件到 VHD

8.2.4 从虚拟硬盘启动计算机

复制操作系统安装文件至 VHD 分区，只是整个操作系统安装步骤之一，此后需要使用 BCDedit（启动配置数据存储编辑器）命令行工具创建 VHD 文件启动引导信息，并将该 VHD 分区中的操作系统添加到物理硬盘上的 Windows 8 操作系统引导菜单，最后从 VHD 启动其中的操作系统完成最后安装步骤。操作步骤如下。

① 以管理员身份运行命令提示符，执行如下命令，复制本机操作系统中的现有引导项目，并生成新的标识符（guid），然后修改此引导项作为 VHD 引导项目。引号中间的文字为引导项名称，可以自行设置。

```
bcdedit /copy {default} /d "Windows 8 VHD"
```

命令执行完毕之后会输出 guid，这里获得 guid 的为 {2cb94d76-0cfb-11e5-943c-f0def1038eaf}。

② 执行如下命令，对 VHD 引导项目设置 device 和 osdevice 选项。

```
bcdedit /set {2cb94d76-0cfb-11e5-943c-f0def1038eaf} device vhd=[D:]\Win10.
vhdx
bcdedit /set {2cb94d76-0cfb-11e5-943c-f0def1038eaf} osdevice vhd=[D:]\Win10.
vhdx
```

命令中 vhd 后面接 VHD 文件的存储路径，切记路径盘符要用方括号括起来。

③ 执行如下命令，将 VHD 的引导项目设置为默认引导项目。计算机重新启动时，会自动进入引导菜单并显示计算机上安装的所有 Windows 操作系统引导项目，如图 8-34 所示。

```
bcdedit /default {2cb94d76-0cfb-11e5-943c-f0def1038eaf}
```

如果不想设置 VHD 为默认启动项目，则可以输入如下命令既可。

```
bcdedit /set {2cb94d76-0cfb-11e5-943c-f0def1038eaf} detecthal on
```

图 8-33　添加 VHD 系统到启动菜单

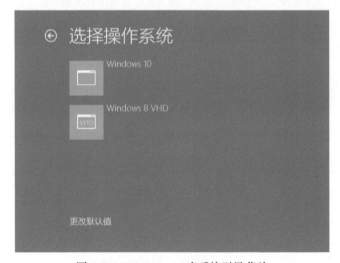

图 8-34　Windows 10 多系统引导菜单

虽然虚拟硬盘技术成熟且功能完善，但是计算机对其支持还具有以下限制。

■ 仅 Windows 7/8/8.1/10 操作系统支持从 VHD 启动计算机，且计算机可引导安装在
　 VHD 中的操作系统，限制在以下版本。

- Windows 7 企业版

- Windows 7 旗舰版

- Windows Server 2008 R2（Foundation 版本除外）

- Windows 8/8.1 企业版

- Windows 8/8.1 专业版

- Windows Server 2012 与 Windows Server 2012 R2

- Windows 10 企业版 /LTSB

- Windows 10 专业版

- Windows Server 2016

■ VHD 中的操作系统支持睡眠，但是不支持休眠功能。

■ 计算机不支持从存储在服务器消息块（SMB）上的 VHD 启动。

■ 计算机不支持从已在本机物理硬盘上使用 NTFS 压缩或使用加密文件系统加密的 VHD 启动。

■ 计算机不支持从使用 Bitlocker 加密的 VHD 上启动，也不能在 VHD 中的分区上启用 Bitlocker 功能。

■ 计算机不支持将 VHD 中的 Windows 版本通过升级安装升级到较新版本。

■ 在 VHDX 文件格式的 VHD 中，只有安装 Windows 8/8.1、Windows Server 2012、Windows Server 2012 R2、Windows 10、Windows Server 2016 等操作系统才可以引导启动。

■ 如果要从其他计算机启动 VHD 中的操作系统，必须在启动之前在本机上使用 Sysprep 程序重新封装（一般化）VHD 中的操作系统。

8.2.5 磁盘格式转换

虚拟硬盘有 VHD 与 VHDX 两种文件格式，其优缺点也于 8.2.1 节中做过详细介绍，本节介绍 VHD 格式文件和 VHDX 格式文件相互转换内容。转换方式有两种，以下分别做介绍。

使用 PowerShell 命令

在 Cortana 中搜索"PowerShell"或在"开始"菜单的"Windows 系统"文件夹中选择 Windows PowerShell 选项即可打开 PowerShell，本节以转换名为 Win10.vhd 的文件为例。在 PowerShell 中执行如下命令进行磁盘格式转换。

```
convert-VHD -path C:\disk.vhd -destinationPath C:\disk.vhdx
```

上述命令可将 VHD 格式文件转换为 VHDX 格式文件，执行如下命令可将 VHDX 格式文件转换为 VHD 格式文件。

```
convert-VHD -path C:\disk.vhdx -destinationPath C:\disk.vhd
```

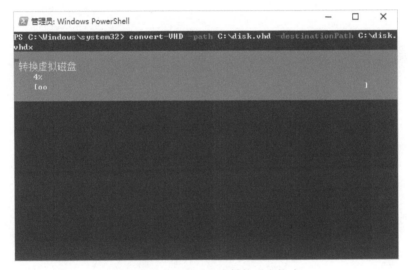

图 8-35　PowerShell 中转换磁盘格式

使用 Hyper-V 管理器

在 Hyper-V 管理器右侧窗格中选择"编辑磁盘"打开编辑虚拟磁盘向导，操作步骤如下。

① 首先在图 8-36 中选择要转换的 VHD 文件所在位置并单击"下一步"。

② 在图 8-37 中选择要对虚拟硬盘进行的操作，默认有压缩、转换和扩展三种操作方式，这里选择转换选项并单击"下一步"。

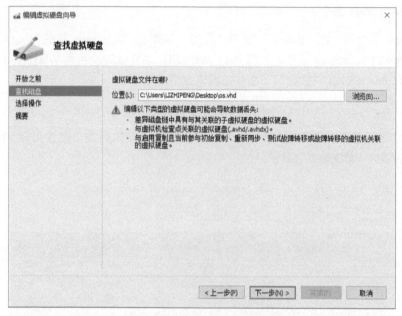

图 8-36　选择 VHD 文件位置

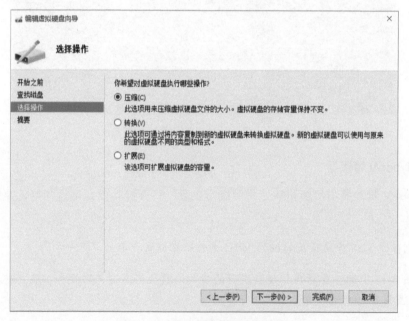

图 8-37　选择虚拟硬盘操作类型

③ 然后在图 8-38 中选择虚拟磁盘格式，按照转换需求选择即可并单击"下一步"，

④ 最后选择转换后的 VHD 文件保存位置并单击"完成"等待程序执行完成转换。

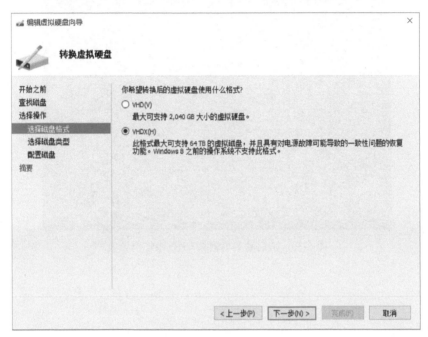

图 8-38　选择 VHD 格式

8.2.6　删除虚拟硬盘

不需要使用 VHD 时，可以删除并释放其所占用的物理硬盘空间，对于只用来存储数据的 VHD，只要在磁盘管理器中使用"分离 VHD"或直接在 VHD 附加到的分区右键菜单中选择"弹出"，断开 VHD 与操作系统的连接，然后删除 VHD 文件即可。

但是，对于安装有操作系统并创建有启动信息的 VHD，仅仅删除 VHD 文件还不能完成将其从本地操作系统中删除，因为 BCD（启动配置数据）中还存储有安装至 VHD 中的操作系统启动信息，执行如下命令即可删除此类信息，启动菜单中也不会再出现此 VHD 的引导选项。

```
bcdedit /delete {guid} /cleanup
```

{guid} 为安装至 VHD 中的操作系统标识符，可以使用 bcdedit /v 命令进行查看，如图 8-39 所示。

图 8-39　从启动菜单删除 VHD 系统引导项

第 9 章

Windows 云网络

在"云"大行其道的今天，微软也不会放过这个展示自己实力的机会。在 Windows 10 操作系统中"云"无处不在，OneDrive、Microsoft 帐户等云服务无缝集成在操作系统中，极大的方便了用户的使用。

Windows 10 操作系统中的云网络构建于 OneDrive 基础之上，本节即介绍 OneDrive 内容。

9.1　OneDrive

OneDrive 是微软最新一代免费网络存储服务，由 SkyDrive 改名而来。OneDrive 就像一块额外的硬盘，可以使用任意设备进行访问。无论你是在笔记本电脑上处理文件，还是在手机上查看照片，都可以在 OneDrive 中查看文件。

9.1.1　OneDrive 概述

OneDrive 是由微软推出的云存储服务，最初是以 Windows Live Folders 为名推出，并且仅开放美国少数测试者进行测试。在 Windows 8 操作系统中 OneDrive 首次以应用的方式被集成，而在 Windows 10 操作系统中，OneDrive 将直接整合入操作系统，而不是以应用的形式集成。OneDrive 功能上类似于国内百度网盘之类的产品，但是比其功能强大。

用户只需通过使用 Microsoft 帐户登录 OneDrive 即可开通此项云存储服务。OneDrive 不仅支持 Windows 及 Windows Mobile 移动平台，而且也支持 Mac、iOS、Android 等设备平台，并且提供了相应的客户端程序。用户可以在 OneDrive 中上传自己的图片、文档、视频等，而且可以在任何时间任何地点通过受信任的设备（例如平板电脑、笔记本、手机等）来访问 OneDrive 中存储的数据。在受信任的情况下 OneDrive 可自动上传图片、视频，无需人工干预。同时，OneDrive 支持将 Outlook.com 中的邮件附件直接存储于 OneDrive。此外，OneDrive 视频上传功能得到增强，目前 OneDrive 拥有一个新的动态引擎，能够实现动态编码功能，当上传视频文件至 OneDrive，其他用户在线观看时，其会根据他们的带宽和网速选择最佳质量及流畅度，减少缓存现象。

OneDrive 不仅可以存储数据而且还能使用 Office Online 组件来编辑存储的 Microsoft Office 文档。当用户上传一份 Microsoft Office 文档至 OneDrive，该用户就可以发送文档链接给其他用户，其他用户就可以通过 Office Online 来编辑此文档。而且可以和本地的文档编辑应用程序进行任意的切换，本地编辑在线保存或在线编辑本地保存。在线编辑的文件是实时保存，可以避免本地编辑时计算机死机等情况造成的文档内容丢失，提高了文档的安全性。

微软最新一代的 Office 2016 直接与 OneDrive 集成，本地创建的 Office 文档可直接存储至 OneDrive，也可是使用本地计算机中的 Office 2016 组件编辑 OneDrive 中的文档。

图 9-1 OneDrive 同步文件

图 9-2 使用 Office Online 多人编辑文档

作为微软提供的个人网络存储服务，存储数据的安全性及可靠性也被微软所重视。在 OneDrive 中用户的个人信息数据，是通过 AES（Advanced Encryption Standard，高级加密标准）、SSL（Secure Sockets Layer，安全套接层）、TLS（安全传输层协议）以及 RSA（公钥加密算法）验证文件来保护个人数据的安全，所以不用担心 OneDrive 数据安全的问题。

9.1.2 OneDrive 存储空间

OneDrive 存储空间的大小也是用户所关心的问题，微软也提供了多样的空间大小设置。新注册的用户，则会获得 5GB 免费存储空间。当然 5G 的存储空间对于大多数人也够用，如果不够用微软还额外提供 15 元 / 月 50GB 储存空间以及 Office 365 等付费选择，如图 9-3 所示。

图 9-3 OneDrive 付费标准

9.1.3　OneDrive 应用程序

Windows 10 操作系统中默认集成桌面版 OneDrive，其支持文件或文件夹的复制、粘贴、删除等操作。桌面版 OneDrive 最大可以上传单个 10GB 的文件。

使用 Microsoft 帐户登录 Windows 10 操作系统之后，操作系统提示用户设置 OneDrive，如图 9-4 所示，按照提示完成设置即可在本地计算机使用 OneDrive 服务。

图 9-4　设置桌面版 OneDrive

设置完成桌面版 OneDrive 之后，OneDrive 会在操作系统状态栏添加云朵形状的状态图标，单击图标会提示 OneDrive 的更新情况，如图 9-5 所示，双击图标会打开本地 OneDrive 文件夹。在文件资源管理器导航栏中同样可以打开本地 OneDrive 文件夹。本地 OneDrive 文件夹默认存储所有同步的数据，如图 9-6 所示，用户可以像在普通硬盘分区上那些对文件进行各种操作，上传文件只要复制到相应的文件夹即可，非常方便。

当对 OneDrive 文件夹中的文件或文件夹进行过上传、移动、复制、删除、重命名等操作之后，OneDrive 会自动同步这些变动并在状态栏图标中显示上传进度，如图 9-7 所示。如果同步完成，则在文件或文件夹的图标左下角会显示绿色小对号，如图 9-6 所示。

图 9-5　OneDrive 状态提示

图 9-6　桌面版 OneDrive

此外，右键单击状态栏中的 OneDrive 图标并在出现的菜单中选择"设置"，即可打开 OneDrive 设置界面，如图 9-8 所示，其中可设置 OneDrive 同步选项、同步文件夹以及上传下载速度等。

图 9-7　OneDrive 上传进度条

图 9-8　OneDrive 设置界面

9.1.4　网页版 OneDrive

登录 https://onedrive.live.com 输入帐户及密码即可进入网页版 OneDrive，或登录 Outlook.com 单击顶端导航栏中的 OneDrive 亦可进入网页版 OneDrive，如图 9-9 所示。网页版 OneDrive 中的选项都在顶部菜单栏中，单击其中的"∨"，可以查看更多的选项。在不同的文件或文件夹上选中或单击右键，都会在顶部菜单栏或右键菜单中出现不同的选项命令。网页版 OneDrive 也支持上传最大单个 10GB 的文件。

只要是支持 HTML5 的浏览器，都能在网页版 OneDrive 中以拖拽的方式进行上传。使用 IE 11、Microsoft Edge、Chrome 等浏览器，可以直接拖拽本地计算机中的文件或文件夹至网页版 OneDrive 文件列表中，程序会自动上传。另外，在文件上传过程中用户可以继续浏览网页或使用 OneDrive，而无需等待任务上传完成，如图 9-10 所示。

OneDrive 中共享功能非常的强大，当选中要共享的照片后，可以创建图片分享链接，根据需求的不同创建的链接可以是可编辑和只读链接。这一功能在 Outlook.com 中得到完美的体现，经由 Outlook.com 批量发送文件、图片时，支持从 OneDrive 选择文件插入，并以缩影的形式在邮件中呈现浏览地址及下载链接，而且发送的文件不受邮箱附件容量限制，如图 9-11 所示。

图 9-9　网页版 OneDrive

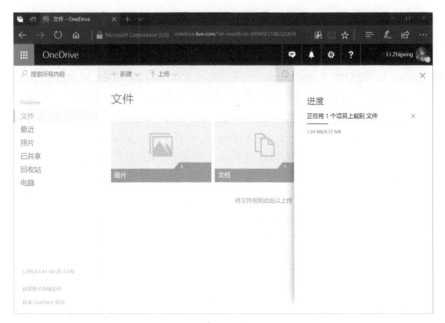

图 9-10　网页版 OneDrive 上传文件

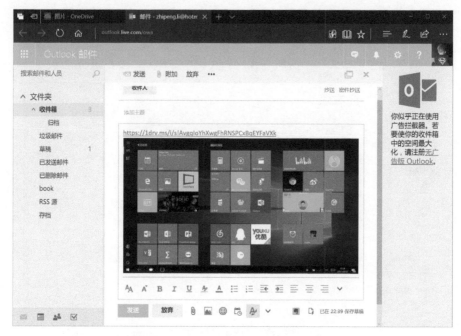

图 9-11　Outlook.com 中的 OneDrive 链接

9.2　Office Online

Office Online 是有 Office Web Apps 升级改名而来，其包括 Word Online、Excel Online、OneNote Online、OneDrive、PowerPoint Online、Outlook.com、人脉、日历等组成，如图 9-12 所示，登录地址为 https://office.live.com。使用 Office Online 可以直接创建或编辑 docx、pptx、xlsx 等 Office 文件及 OneNote 记事本，而且允许信任用户（可以是用户本人或拥有编辑链接的人）在线编辑。并且 Office Online 已经支持 OpenDocument 格式（.odt、.odp 和 .ods），在 OneDrive 中可设置创建其为默认格式，如图 9-13 所示。Office Online 相较于其他同类产品最大优势在于：多人同时编辑、可以用本机的微软 Office 组件编辑、在线编辑实时保存文件、具有微软 Office 组件的基本功能，如图 9-14 所示。目前微软已经更新 Office Online 中的组件为最新的微软 Office 2016。

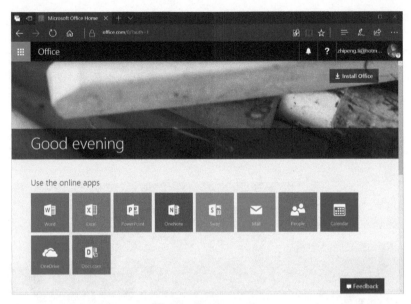

图 9-12　Office Online

图 9-13　选择 Office Online 默认格式

要修改已经储存在 OneDrive 中的 Office 文档，只需右键选中文档，在弹出的菜单中选择"使用 Excel Online 打开"就可以在浏览器中在线编辑文档，选择"在 Excel 中编辑"即可调用本地计算机中的微软 Office 组件打开文档进行编辑。

图 9-14　Office Online 中的 Excel 界面

第 10 章

操作系统设置

10.1　电源管理

电源管理不仅涉及开机、关机这样的常规操作，对于使用电池供电的笔记本或平板电脑来说，电源管理决定着计算机的使用时间，对于台式计算机来说，电源管理影响平台的功耗，对于潜在用户来说，电源管理还涉及操作系统性能方面的用户体验。

相较于以前的 Windows 版本，Windows 10 操作系统中的电源管理功能更加强大，不仅可以根据用户实际需要灵活设置电源使用模式，让笔记本或平板电脑用户在使用电池的情况下依然能最大限度发挥功效，同时在细节上更加贴近用户的使用需求，方便用户更快更方便地设置和调整电源计划，做到既节能又高效。

10.1.1　基本设置

Windows 10 操作系统将部分电源设置选项移入 Modern 设置界面，并且新增节电模式选项，以便提升笔记本或平板电脑的续航能力。本节介绍电源管理原理以及基本设置选项。

1.　检查计算机电源管理是否符合要求

Windows 10 操作系统的电源管理功能，需要计算机符合 ACPI（高级配置电源管理接口）电源管理标准才能够实现本节介绍的所有功能。目前绝大部分计算机，其电源管理已经全部采用 ACPI 标准。如果计算机购买时间早，无法确定是否支持 ACPI 电源管理标准，可以按照以下方法进行检查。

① 按下 Win+R 组合键，在打开的"运行"对话框中输入 devmgmt.msc 并回车，或按下 Win+X 组合键并在出现的菜单中选择"设备管理器"选项，打开设备管理器。

② 定位至"计算机"节点并展开。如果"计算机"节点使用 ACPI 电源管理标准，则会看到"基于 ACPI x64 的电脑"选项，如图 10-1 所示。

2.　设置机身电源按钮和闭合笔记本屏幕的作用

Windows 10 操作系统默认设置在开机状态下，其计算机机身上的电源按钮和闭合笔记本顶盖的作用为睡眠，用户可以自定义电源按钮和闭合笔记本顶盖等行为模式，方便使用。

在控制面板中依次打开"硬件和声音"-"电源选项"选项，然后在电源选项侧边栏中单击"选择电源按钮的功能"或"选择关闭盖子的功能"选项，两者使用同一设置界面。

图 10-1　设备管理器

在打开的设置界面中，可在下拉列表中分别选择电源按钮、休眠按钮以及闭合笔记本盖子在使用电池和使用交流电源时的作用，台式计算机仅有使用交流电源一种选择，如图 10-2 所示。

图 10-2　设置机身电源按钮和闭合笔记本屏幕的作用

此外，Windows 10 操作系统还将部分常用的电源设置选项添加至 Modern 设置。打开
Modern 设置，依次打开"系统"-"电源和睡眠"，如图 10-3 所示，其中可设置计算
机屏幕关闭以及睡眠时间。

图 10-3　电源和睡眠

3. 节电模式

节电模式是 Windows 10 操作系统新增功能，主要针对笔记本和平板电脑。依
次在 Modern 设置中打开"系统"-"电池"，启用节电模式，如图 10-4 所示。
默认当计算机电池电量不足 20% 之后，可以手动调整电量百分比，操作系统自
动开启节电模式，限制应用程序后台活动并降低屏幕亮度，以便延长计算机续
航时间。

同时还可单击"应用的电池使用情况"选项，查看电池电量的详细使用情况，如图
10-5 所示，其中会以百分比的形式显示应用程序使用的电量。

默认显示 24 小时内的电池电量使用情况，单击图中的电池周期下拉列表，可以选择
显示 6 小时、48 小时或一周内的电池电量使用情况。

在 Modern 设置 - "隐私" - "后台应用"中，可以选择是否启用或关闭 Modern 应用
程序后台运行模式，如图 10-6 所示，建议将邮件、即时通讯类的 Modern 应用程序设
置为后台运行模式。

图 10-4　节电模式

图 10-5　电池使用情况

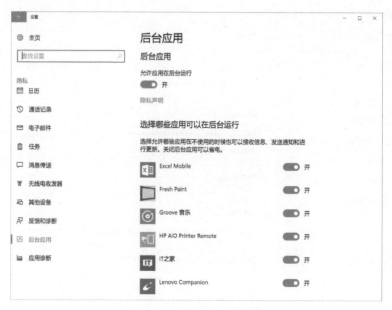

图 10-6　更改后台应用设置

10.1.2　使用不同的电源性能模式

1. 运行在不同的电源模式

利用 CPU 倍频动态调节机制和其他耗电设备的省电策略，可使操作系统更加省电。Windows 10 操作系统默认提供 3 种电源性能模式供用户快速进行平台功耗的管理，分别是：平衡模式、高性能模式、节能模式。

在控制面板中依次打开"硬件和声音"-"电源选项"，或在图 10-3 中单击"其他电源选项"，打开电源选项设置界面修改性能模式，如图 10-7 所示。

- **平衡模式**：电源性能模式默认处于平衡计划模式，此时 CPU 会根据当前应用程序需求动态调节主频，使 CPU 在相对闲置状态时降低功耗，其对于使用电池的笔记本电脑尤为重要。

- **节能模式**：此计划模式会将 CPU 限制在最低倍频工作，同时其他设备也会应用最低功耗工作策略。如果通过 CPU-Z 来查看，就会看到 CPU 的倍频已经降至更低，同时电压也低于 CPU 标准工作电压。

- **高性能模式**：高性能计划模式会让所有设备电源管理策略使用最大性能，因此耗电量也最大，比较适合使用交流电源供电情况下使用，此时 CPU 始终会以标准主频运行。

图 10-7　电源选项设置

这里强调几点与 Windows 10 操作系统性能模式相关的主板 BIOS 设置。对于笔记本电脑而言，BIOS 中与 Windows 电源管理相关的选项保持默认即可满足要求。但对于台式计算机来说，虽然近些年的 CPU 和芯片组都具有省电机制，但是 BIOS 相关设置选项方面并不一定满足要求。例如 BIOS 禁用了 CPU Enhanced Halt（CIE）及 CPU ESIT Function 等类似影响 CPU 省电功能的选项，则无论在 Windows 10 操作系统中选择哪种性能模式都无效，CPU 的倍频不会根据操作系统设置来自动调节，因此需要参考主板说明书相关的说明进行设置。

2.　管理电源模式

如果 Windows 10 操作系统默认提供的方案无法满足需求，则可以对其进行详细的修改或创建一个自定义的模式。

修改预设性能模式

在电源选项界面中，选择要修改的电源模式，然后单击旁边的"更改计划设置"选项，打开编辑计划设置界面。在这里可对当前使用的电源模式及相关联的选项进行简单自定义，如分别对关闭显示器时限以及计算机进入睡眠时间等选项做设置。台式计算机则只能设置屏幕自动关闭时间以及进入睡眠状态时间等选项，如图 10-8 所示，最后单击"保存修改"按钮。

图 10-8 对预设模式进行修改

如果需要进行更为详细的设置，则可以单击图 10-8 中的"更改高级电源设置"选项，

打开电源高级设置界面，如图 10-9 所示，在这里可对更多设备的电源策略进行设置，也可以单击对话框右下角的"还原此计划的默认设置"选项来恢复默认策略。

在自定义详细的策略时，如果出现某个选项呈为灰色无法修改，则需要单击界面中的"更改当前不可用的设置"来获取操作权限。除了对当前活动状态的电源模式进行修改，还可以通过高级设置中的下拉列表来选择其他电源模式进行更改。

图 10-9 电源高级设置

对于笔记本电脑来说，高级设置中的每个节点的策略都会同时包含使用电池和交流电源供电两种状态选项，而在台式计算机中则只有交流电源供电一种选项，以下分别对这些选项做介绍。

■ 硬盘

默认情况下，如果操作系统在特定时间内没有读写操作，则硬盘会休眠，从而实现省电的目的。在此节点中可对默认时间进行更改，例如增加或缩短时间，如图 10-10 所示。

■ Internet Explorer

自动调节 JavaScript 计时器频率，以便在浏览网页时达到省电目的，如图 1-11 所示。

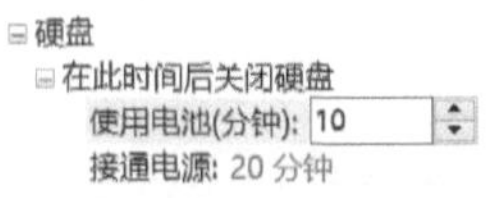

□硬盘
　□在此时间后关闭硬盘
　　使用电池(分钟): 10
　　接通电源: 20 分钟

图 10-10　硬盘设置

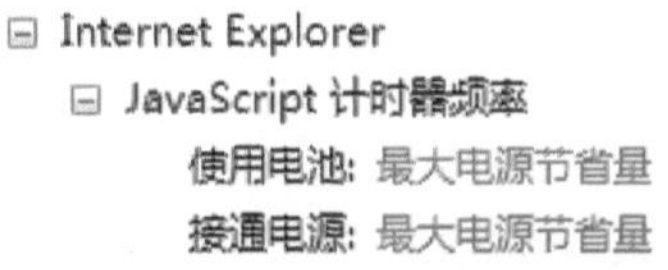

□ Internet Explorer
　□ JavaScript 计时器频率
　　使用电池: 最大电源节省量
　　接通电源: 最大电源节省量

图 10-11　Internet Explorer 设置

■ 桌面背景设置

Windows 10 操作系统桌面背景支持多图片自动平滑切换，但笔记本电脑在使用电池供电时，此类效果会比较费电，因此在该节点中可分别对使用电池供电和交流供电状态下的背景图片切换功能，设置为"可用"和"暂停"状态，如图 10-12 所示。

■ 无线适配器设置

在笔记本电脑等具备无线网卡的计算机中，无线网卡的耗电量也较大，当用户进行普通的网页浏览、网络聊天以及收发邮件等低带宽的网络应用时，可以通过此节点设置降低无线网卡的性能，从而减少电量消耗，如图 10-13 所示。

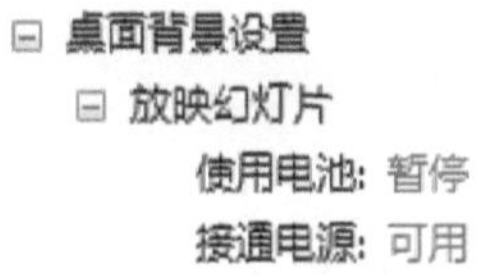

□ 桌面背景设置
　□ 放映幻灯片
　　使用电池: 暂停
　　接通电源: 可用

图 10-12　桌面背景设置

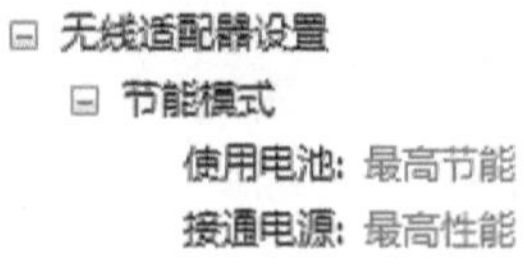

□ 无线适配器设置
　□ 节能模式
　　使用电池: 最高节能
　　接通电源: 最高性能

图 10-13　无线适配器设置

■ 睡眠

在睡眠节点中可对计算机的睡眠和休眠模式进行详细的设置，如图 10-14 所示。

- **在此时间后睡眠**：此处设置操作系统进入睡眠的时间。

- **在此时间后休眠**：此处设置在混合睡眠状态下由待机转为休眠的时间。

- **在此时间后休眠**：此处设置操作系统进入休眠的时间。

- **允许使用唤醒定时器**：运行通过计划事件来唤醒计算机。

■ USB 设置

若出现无法使用 USB 鼠标唤醒处于省电状态的计算机，则可选择禁用此选项，如图
10-15 所示。

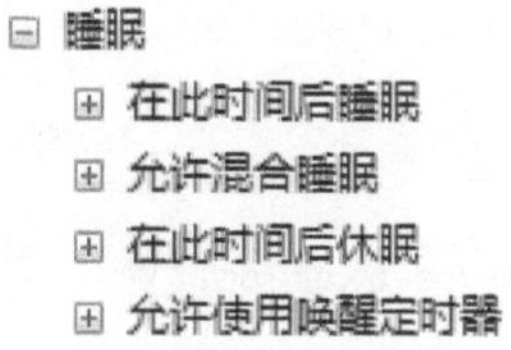

图 10-14　睡眠设置

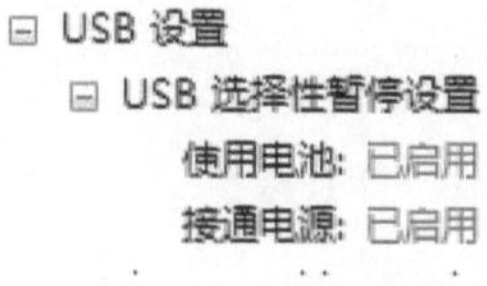

图 10-15　USB 设置

■ 电源按钮和盖子

在此节点中，可对电源按钮和笔记本电脑合上盖子的行为进行设置。电源按钮是指计
算机机身上的物理电源按键，可对其设置为"睡眠""休眠"（关闭混合睡眠后可见）
和"关机"等选项，如图 10-16 所示。

■ PCI Express

设置 PCI Express 设备的链接状态电源电量使用量，如图 10-17 所示。

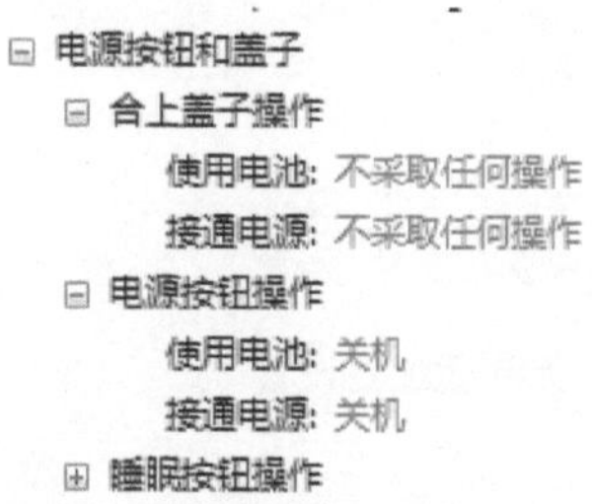

图 10-16　电源按钮和盖子设置

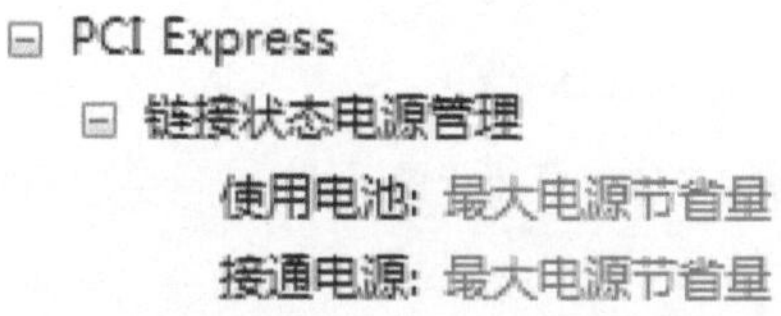

图 10-17　PCI Express 设置

■ 处理器电源管理

随着技术的日新月异，CPU 性能也逐步提高，即使 CPU 以较低频率运行也能很好
的满足用户使用需求，因此对于性能较强的 CPU 来说，可以通过限制最大性能发挥
百分比来减少电池电量损耗，从而延长笔记本电脑电池续航时间。在此节点中可对
CPU 的性能和散热策略进行设置，其对使用电池供电的笔记本电脑很有帮助，如图
10-18 所示。

■ 显示

在该节点中可对显示器相关省电功能进行设置，例如亮度、自动变暗和关闭时间等选项，如图 10-19 所示。

```
□ 处理器电源管理
   □ 最小处理器状态
      使用电池: 5%
      接通电源: 5%
   ⊞ 系统散热方式
   □ 最大处理器状态
      使用电池: 100%
      接通电源: 100%
```

图 10-18　处理器电源管理设置

```
□ 显示
   □ 在此时间后关闭显示
      使用电池: 5 分钟
      接通电源: 10 分钟
   ⊞ 显示器亮度
   ⊞ 显示器亮度变暗
   □ 启用自适应亮度
      使用电池: 关闭
      接通电源: 关闭
```

图 10-19　显示设置

■ "多媒体"设置

在该节点中可以对多媒体共享和视频播放相关内容进行设置。特别要注意"共享媒体时"，此选项会导致计算机进入睡眠状态，如果希望不受共享影响任意进入睡眠状态，则可以选择"允许计算机睡眠"。若希望在共享媒体时计算机不会自动进入睡眠状态，则选择"阻止计算机在一段时间不活动后进入睡眠状态"。如果选择"允许计算机进入离开模式"，则计算机在一段时间不活动后不会进入睡眠状态，而且手动设置计算机进入睡眠的操作也无效，如图 10-20 所示。

■ 电池

在使用电池供电过程中，Windows 10 操作系统分别通过"低水平"和"关键级别"选项来表示电池即将耗尽时的状态。操作系统默认的低水平电量标准为低于电池总容量的 10%，关键级别为 5%，展开相应节点可修改相关设置，如图 10-21 所示。

```
□ "多媒体"设置
   □ 共享媒体时
      使用电池: 允许计算机睡眠
      接通电源: 允许计算机睡眠
   □ 播放视频时
      使用电池: 优化节能
      接通电源: 平衡
```

图 10-20　"多媒体"设置

```
□ 电池
   ⊞ 关键级别电池操作
   ⊞ 电池电量水平低
   ⊞ 关键电池电量水平
   ⊞ 低电量通知
   ⊞ 低电量操作
   ⊞ 保留电池电量
```

图 10-21　电池设置

创建自定义性能模式

如果操作系统提供的 3 种模式还不能够满足需求，则可以创建自定义电源计划。例如创建一个专用于下载状态的电源计划，让平台功耗降至最低。具体操作步骤如下。

① 在电源选项界面中单击右侧"创建电源计划"选项。然后在打开的创建电源计划界面中选择一个最贴近需求的系统预设电源模式，最后输入计划名称并单击"下一步"。

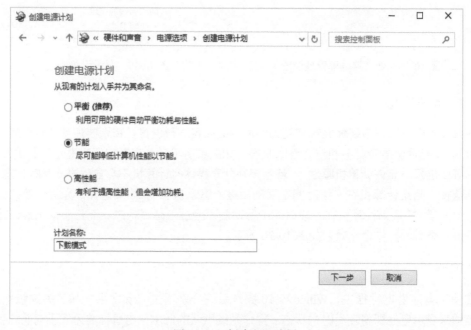

图 10-22　创建电源计划

② 此处修改计算机睡眠及显示设置，如图 10-23 所示。这里分别设置显示器关闭时间为 1 分钟，进入睡眠时间为"从不"，然后单击"创建"按钮。

当需要使用计算机进行长时间下载时，直接在电源选项主界面选择新创建的下载计划即可。另外，还可以按照本节前面介绍的方法对自行创建的计划进行更加详细的设置。

图 10-23　编辑电源计划

10.2　快速启动

Windows 的启动速度一直是用户所关心的问题之一，微软的 Windows 开发团队也在这方面做了巨大的努力，来改善 Windows 启动速度的体验。

Windows 10 操作系统中的快速启动功能，采用了类似休眠的混合启动技术（Hybrid Boot），能使计算机快速启动。从使用 Windows 10 操作系统的实际感受来说，启动速度确实明显比 Windows 7 操作系统迅速，如果使用 UEFI 固件，则启动速度会更快。

10.2.1　快速启动原理

介绍混合启动技术之前，先简单介绍一下休眠和冷启动这两个概念。休眠就是将操作系统状态和内存中的数据保存至硬盘上的一个文件（hiberfil.sys）中，然后操作系统恢复时重新读取该文件，并将原先内存中的数据重新恢复至内存。冷启动是指计算机在完全断电的状态下按下电源键，计算机完成自检并启动进入操作系统。绝大部分的用户一般都使用冷启动方式启动计算机。

休眠与冷启动，同样是从硬盘读取文件，但是休眠恢复的速度要比冷启动快很多，因为硬盘的连续读写速度非常快，而随机读写能力较差。使用冷启动方式启动至桌面环境，Windows 10 操作系统需要从硬盘各处读取 dll、程序文件、配置文件，而使用休眠方式恢复，操作系统则是从硬盘上连续的空间里读取数据并恢复至内存中，所以恢复速度很快。

Windows 10 操作系统采用的混合启动技术可以理解为高级休眠功能，操作系统只休眠系统核心文件并保存至 hiberfil.sys 休眠文件，与传统冷启动方式相比，混合启动使操作系统初始化的工作量大大减少。同时操作系统还会利用计算机 CPU 的所有核心并行的进行多阶段恢复任务，进一步加快操作系统启动速度。

在 Windows 10 操作系统中，以管理员身份运行的命令提示符并切换至 Windows 分区根目录，然后执行 dir /s /a hiberfil.sys 命令，即可查看 hiberfil.sys 休眠文件详细信息，如图 10-24 所示。从图中可以看到休眠文件是 Windows 分区中占用空间非常大的一个文件，休眠文件默认是物理内存大小的 75%。当然，实际使用不了这么大空间，如果只是使用快速启动功能，休眠文件大小通常是物理内存的 10% ～ 15%。

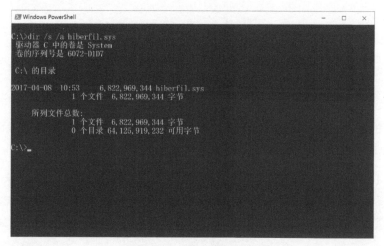

图 10-24 查看休眠文件

10.2.2 关闭 / 开启快速启动功能

Windows 10 操作系统默认启用快速启动功能，如果对于操作系统的启动速度没有特殊要求且需要回收休眠文件所占用空间，则可以完全关闭快速启动功能，操作步骤如下。

① 在电源设置界面中，单击侧边栏中的 "唤醒是需要密码" 选项。

② 在打开的系统设置界面中，首先单击 "更改当前不可用设置" 选项获取操作权限，

然后去除"启用快速启动"选项前的复选框勾，如图 10-25 所示，最后单击"保存修改"即可关闭快速启动功能。开启快速启动功能只需按照上述步骤操作，重新勾选"启用快速启动"选项前的复选框即可。

图 10-25　启用或关闭快速启动

当为计算机添加新硬件之后，必须要使用冷启动方式重新启动计算机，初始化新添加的硬件并安装驱动程序。此时快速启动不适合此类情况，可使用如下两种方法使用冷启动方式重新启动计算机。

■ Windows 10 操作系统为 shutdown 命令行工具提供了一个新参数，用来使计算机即时完整关机，而不必关闭快速启动功能。以管理员身份运行命令提示符并执行如下命令。

```
shutdown /s /full /t 0
```

■ 通过开始菜单、Win+X 组合键菜单、按下 Alt+F4 打开的"关闭 Windows 对话框"等方式选择重新启动也会执行完整关机，然后计算机使用冷启动方式启动。

10.2.3　回收休眠文件所占用空间

如果 Windows 分区空间不足，则完全可以关闭休眠功能并回收休眠文件所占空间。以管理员身份运行 PowerShell 并执行如下命令关闭系统休眠功能。

```
powercfg -h off
```

命令执行完成后，操作系统没有任何提示，而且 Windows 分区空间也有所变大，此时被休眠文件占用的硬盘空间也得到释放。

开启系统休眠功能只需在命令提示符中执行如下命令即可。

```
powercfg -h on
```

如果仅仅是使用基于休眠的快速启动功能，则可以指定 hiberfil.sys 文件大小，以管理员命令提示符执行如下命令。

```
powercfg /hibernate /size X
```

其中 size 后面的 X 为一个介于 0 到 100 之间的数值，该值表示休眠文件的预设大小为物理内存的百分比，建议设置 10%-15% 之间，如图 10-26 所示。

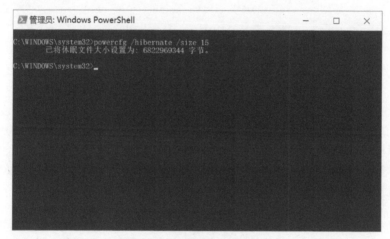

图 10-26　设置休眠文件大小

10.3　多显示器体验

多显示器模式，通俗来说就是一台主机配备多个显示器，不同的显示器可以用于显示不同的内容。对于一边要编辑文档，一边要查找资料的用户来说，准备多个显示器可以大大提高工作效率。而现在几乎所有的计算机都提供了额外的显示输出接口，例如 VGA、DVI、HDMI 以及 DisplayPort 等，并且随着显示器价格走低，也为用户使用多显示器模式带来了便利。

Windows 7 操作系统中多显示器设置简单，用户轻松即可完成多显示器设置。而在 Windows 10 操作系统加强了多显示器的功能，并且在多显示器环境中对 Modern 应用程序也提供了支持。

10.3.1　连接外置显示器

在 Windows 10 操作系统中，当把外接显示器和计算机相连接之后，操作系统会自动识别外接显示器，并选择默认的显示方式。

Windows 10 操作系统中的多显示器模式有 4 种显示方式，默认显示方式为复制。要修改显示方式可按下 Win+P 组合键打开显示模式菜单，修改显示方式，如图 10-27 所示。

- **仅电脑屏幕**：使用计算机默认屏幕，也就是主显示器。

- **复制**：在两个显示器中显示同一个桌面。如果使用笔记本电脑连接到投影仪或大型显示器进行讲演，使用这种方法非常有用。

- **扩展**：就是将主显示器的桌面扩展在两个显示器中显示，增大了桌面的工作面积，并且可以在两个屏幕间拖动程序窗口。和 Windows 7 操作系统不同的是，Windows 10 操作系统中的扩展显示方式，可以使外接显示器显示超级任务栏，但不会显示任务栏通知区域和系统时钟。

图 10-27　显示模式菜单

- **仅第二屏幕**：选择该项，计算机只会输出图像信息到外接显示器，同时会关闭主显示器。

10.3.2　外接显示器设置

在 Windows 10 操作系统中，显示方面的设置选项已由控制面板移至 Modern 设置。在桌面单击右键，并在出现的菜单中选择"显示设置"选项，或打开 Modern 设置的系统分类选项，即可打开 Modern 显示设置界面，如图 10-28 所示。以下分别介绍在 Modern 设置中对多显示器设置的方法。

设置主从显示器

设置显示器的主从关系可以把当前的主界面显示在外接显示器中，在主显示器桌面会有任务栏通知区域和系统时钟。其实，对于大部分的用户来说，使用外接大尺寸的显示器就是为了作为主显示器使用。在 Windows 10 操作系统中通过简单的设置即可设置显示器的主从关系。

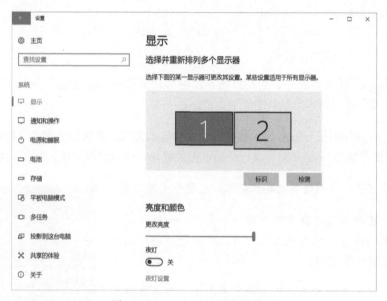

图 10-28　Modern 显示设置界面

在 Modern 显示设置界面中，选中标有"2"字样的显示器图标，然后勾选"使之成为我的主显示器"复选框，最后单击"确定"，这样即可更改主从显示器关系。

设置屏幕显示方向

现在一些高端显示器支持显示屏幕旋转，但这样单纯的旋转会造成显示器显示画面与显示器呈现垂直显示，因此要通过操作系统对显示器的显示方向进行修改。

在 Modern 显示设置界面中，单击"方向"选项下的下拉菜单，选择合适的旋转方向，如图 10-29 所示，然后单击"确定"即可应用设置。

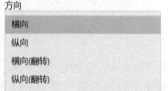

图 10-29　设置屏幕方向

调整屏幕位置和次序

默认情况下主显示器在外接显示器的左边，拖动程序窗口也只能从主显示器的右侧边缘移动至外接显示器中，不能从主显示器的其他方向移动。如果显示的摆放位置不适合默认的设置，则可以自定义屏幕位置。此项设置仅在使用扩展显示方式下有使用意义。

在 Modern 显示设置界面中拖拽"1"和"2"号显示器图标摆放为合适的位置，例如两个显示器是上下摆放，就可以拖拽"1"号显示器图标到"2"号图标的上面，如图 10-30 所示，此时鼠标箭头只能从主显示器底部移动到外接显示器。

如果两个显示器不在同一个水平面，可以通过拖拽一个显示器图标调整高低关系，如图 10-31 所示，则此时鼠标箭头也只能从主显示器的右下角移动到外接显示器中。

图 10-30　屏幕上下设置

图 10-31　屏幕高低设置

10.3.3　超级任务栏设置

Windows 8 操作系统之前的 Windows 版本都是不支持在外接显示器中显示任务栏。但是大多数用户使用多显示器配置的主要原因是其可以提高工作效率，没有任务栏从何提高效率呢？微软也重视了用户的此项要求，所以在 Windows 10 操作系统中也可以在外接显示器中显示任务栏，并且有多种显示方式。

连接好外接显示器之后，在任务栏单击右键并在出现的菜单中选择"任务栏设置"，然后在打开的界面中，可以看到关于多显示器的设置选项，如图 10-32 所示。

图 10-32　超级任务栏设置

单击"将任务栏按钮显示在"选项下的下拉菜单，就可以修改任务栏显示方式，如图 10-33 所示。

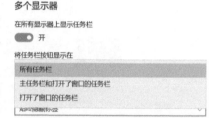

图 10-33　超级任务栏显示方式

- **所有任务栏**：在主从显示器任务栏中都显示所有程序窗口。始终可以从任意显示器屏幕中打开程序窗口。

- **主任务栏和打开了窗口的任务栏**：主显示器拥有一个特别的任务栏，其中包含所有显示器中的所有程序窗口，而外接显示器中都包含一个单独的任务栏，只显示在该外接显示器中显示的应用程序窗口图标。

- **打开了窗口的任务栏**：每台显示器的任务栏将仅包含该显示器中打开的窗口图标。

10.4　输入法和多语言设置

Windows 10 操作系统支持多达 111 种语言，对小语种语言支持也更加丰富。此外，Windows 10 操作系统中自带的微软拼音输入法也得到了巨大的改进，其丰富的词库、词汇的准确识别、云搜索等功能，完全可以替代第三方拼音输入法。

10.4.1　添加或删除其他语言输入法

Windows 10 操作系统中语言选项更加直观与便捷化，在控制面板的"时钟、语言和区域"分类下选择"更换输入法"选项，在打开的语言首选项界面中可以看到，界面采用主视图方式清晰的显示操作系统中启用的输入法，如图 10-34 所示。在语言首选项界面中可以添加或更改显示语言、输入语言和其他功能的设置界面。

若要将其他语言输入法添加至 Windows 10 操作系统中，只需单击图 10-34 中的"添加语言"选项，然后在打开语言选择列表中选择相应语言即可，如图 10-35 所示。通过上述操作只会添加所选择语言的输入法，不会下载或安装语言界面包。

删除输入法只需选中语言列表中需要删除的输入法，单击图 10-34 顶部的"删除"按钮即可。

除了使用控制面板添加输入法外，还可通过 Modern 设置界面添加输入法。在 Modern 设置中依次打开"时间和语言"-"区域和语言"，如图 10-36 所示，然后在右侧列表中单击"添加语言"并在出现的界面中选择相应语言输入法即可。删除输入法只需单击图中的"删除"即可。

图 10-34　语言设置界面

图 10-35　选择添加语言

如果要将某语言设置为默认语言及输入法，只需选中该语言，然后单击"设置为默认语言"即可。

图 10-36　区域和语言

在 Windows 10 操作系统中，添加的输入法是某一种语言中所包含的一项，除了输入法还有手写识别文件、语音文件。单击图 10-36 中所示的"选项"，打开语言设置界面，如图 10-37 所示。此外，某些语言环境下还包含其他输入法，所以在图 10-37 中单击"添加键盘"可为其添加其他输入法，例如在中文语言环境下，还可以添加五笔输入法。

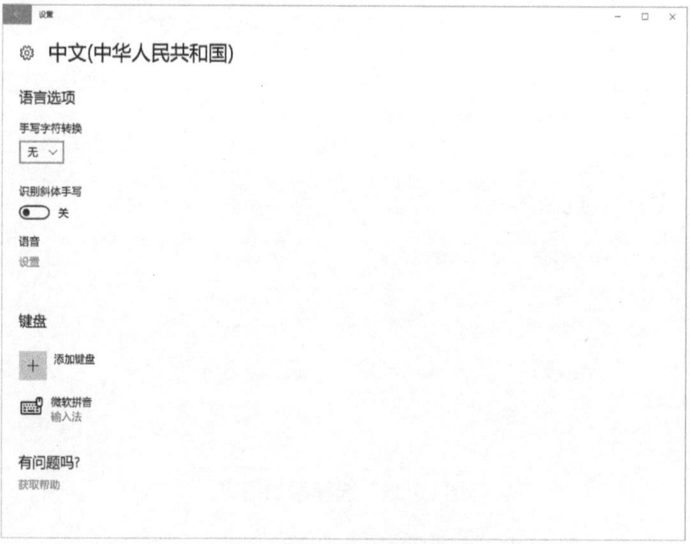

图 10-37　语言设置

10.4.2　安装语言界面包

在 Windows 10 操作系统安装语言界面包有两种方式：一是手动运行语言界面包安装程序来安装，二是通过 Windows Update 下载安装语言界面包。本节介绍手动安装语言界面包方法，安装步骤如下。

① 从微软网站下载相对应的语言界面包，文件名一般为 lp.cab。

② 按下 Win+R 组合键，在打开的"运行"对话框中输入 lpksetup.exe 并回车，运行"安装或卸载显示语言"程序，如图 10-38 所示。

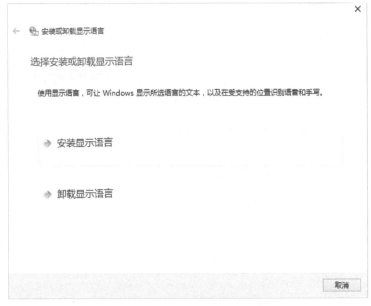

图 10-38　安装或卸载显示语言

③ 指定界面语言包存放位置，此时程序会自动识别界面语言包信息，如图 10-39 所示，然后单击"下一步"接受许可条款，继续单击下一步，界面语言包开始安装。

④ 语言界面包安装完毕之后，在图 10-34 右侧选择"高级设置"。在高级设置界面的"替代 Windows 显示语言"下拉菜单中选择要显示的语言，如图 10-40 所示。然后单击"保存"，此时操作系统提示要注销来显示新安装的语言。等待注销完成并重新登录即可看到新安装语言已经显示。

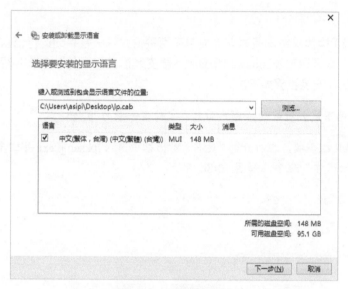

图 10-39　选择语言包

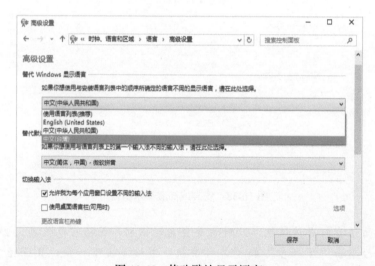

图 10-40　修改默认显示语言

安装新语言之后，可能操作系统欢迎屏幕、新建用户帐户和格式还是显示之前的语言或直接显示乱码。遇到这种情况，需要更改欢迎屏幕和用户帐户设置为当前语言设置。在控制面板的"时间、语言和区域"分类下，选择"更改日期、时间和数字格式"，然后在打开的区域设置界面中切换至管理选项卡并单击其中的"复制设置"，打开"欢迎屏幕和新的用户帐户设置"，如图 10-41 所示，勾选"欢迎屏幕和系统帐户""新的用户帐户"前面的复选框并单击"确定",最后按照操作系统提示重新启动计算机,应用所做的配置即可。

图 10-41 欢迎屏幕和新的用户帐户设置

10.4.3 卸载语言界面包

卸载显示语言只能通过安装或卸载显示语言程序来卸载,打开安装或卸载显示语言选择"卸载显示语言"选项,在之后打开的界面中选中要卸载的显示语言,然后单击"下一步",操作系统开始卸载显示语言。

这里要注意的是使用常规的方法是无法卸载系统原生自带的显示语言,也就是说在原生简体中文版的操作系统中是无法卸载简体中文显示语言。

这里可以通过注册表来修改默认安装语言信息(修改注册表有风险,请慎重操作),用以卸载原生语言。本节以安装简体中文界面语言包的原生英文操作系统为例,操作步骤如下。

① 按下 Win+R 组合键打开"运行"对话框,输入 regedit.exe 打开注册表编辑器。

② 定位注册表到 HKEY_LOCAL_MACHINE\SYSTEM\CurrentControlSet\Control\Nls\Language 节点。

③ 在左侧的列表中找到 InstallLanguage 字符串值，双击打开，如图 10-42 所示。

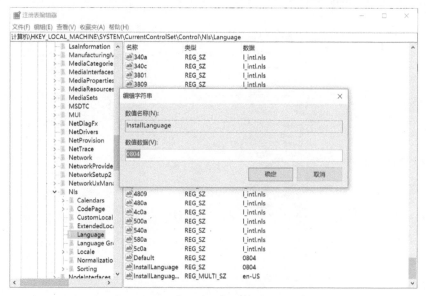

图 10-42　修改注册表键值

④ 在打开的"字符编辑"对话框中，修改数值数据下面的数值，从图 10-42 中可以看到安装语言代码为 0409 即美国英语。修改数据数值为 0804 即简体中文，然后单击"确定"并关闭注册表编辑器。

⑤ 重新启动计算机并运行"安装或卸载显示语言"，即可卸载原生显示语言。

10.5　Linux 子系统

Bash 是 Linux/Unix 上非常流行的命令行 Shell，它是 Ubuntu、RHEL 等 Linux 发行版以及苹果 OS X 操作系统默认的命令行 Shell。

Bash on Ubuntu on Windows 是 通 过 Windows Subsystem for Linux（WSL） 这 一 Windows 10 的最新特性实现，使用此功能，可以在 Windows 中原生运行 Linux 的大多数命令行程序。

其实在 Windows 7 之前的操作系统中，都含有一个 POSIX 子系统，以便将 UNIX 的程序源代码编译为 Windows 程序。微软为 POSIX 子系统提供了众多的 UNIX 工具，而这些工具都是基于 POSIX 子系统直接使用 GNU 的原生代码编译实现的，同时也可以在这个 POSIX 子系统运行 C Shell、Korn Shell 等 Shell。不过 Windows 7 以后的操作系统中都默认移除了 POSIX 子系统。如果有兴趣的话可以在 Windows 7 操作系统中的"启用或关闭 Windows 功能"中启用"基于 UNIX 的应用程序子系统",即可体验 POSIX 子系统。

启用 WSL 功能之后,如果使用 Bash,则 Windows 10 操作系统会从 Windows 应用商店下载一个由 Canonical 创建的 Ubuntu 用户模式镜像 Ubuntu user-mode image,然后 Bash 程序以及其他的 Linux 二进制程序就可以运行于该 Ubuntu 镜像上。此外,微软也承诺未来会提供更多 Linux 发行版以供选择。

Bash on Ubuntu on Windows 的发布,让众多的 Linux 粉丝大跌眼镜,曾经被微软视为癌症的 Linux,如今却被部分的集成进了微软最重要的产品中,这背后的目的似乎不是那么很平常。

有人说 Bash on Ubuntu on Windows 是微软布局 Docker 的开始,其实在 Windows Server 2016 中已经加入了对 Docker 技术的支持。也有人说是微软看中了 Linux 生态中的海量程序,用以补充自家产品的生态系统,但是就程序的数量来说,Windows 生态说第二,没人会说第一,所以似乎这个原因也站不住脚。

其实依目前的情况来看,Bash on Ubuntu on Windows 最主要的用处还是为开发者提供便利,尤其是 Web 开发者或者参与某些开源项目的开发者,它们可以在 Windows 中使用一些 Linux 生态链的开发工具。

10.5.1　启用 Windows Subsystem for Linux

启用 Bash on Ubuntu on Windows 功能,首先计算机要满足以下两个条件。

■ 使用 x86-64 架构的 CPU。

■ 使用 Windows 10 一周年更新之后的 64 位版本操作系统,当然也包括最新的 Windows 10 创意者更新。

启用步骤如下。

① 在 Cortana 中搜索"启用或关闭 Windows 功能",打开"Windows 功能",并勾选其中的"适用于 Linux 的 Windows 子系统

图 10-43　Windows 功能

（beta）"，如图 10-43 所示，最后按照提示重新启动操作系统完成 WSL 安装。

此外，也可以以管理员身份运行 PowerShell 使用命令安装 WSL，命令如下。

Enable-WindowsOptionalFeature -Online -FeatureName Microsoft-Windows-Subsystem-Linux

② 依次在 Modern 设置打开"更新与安全"-"针对开发人员"，并在其中选择"开发人员模式"，如图 10-44 所示，然后根据提示确认启用，最后等待启用完毕即可。

图 10-44　启用开放人员模式

③ 以管理员身份运行 PowerShell 或命令提示符并输入 bash，然后按照提示按下 y 确认继续，操作系统会自动开始从 Windows 应用商店下载安装 Ubuntu 镜像，如图 10-45 所示，此时会下载 Ubuntu 用户模式镜像，并创建一个 Bash on Ubuntu on Windows 访问路径。

注意　如果从 Windows 商店下载安装失败，请多试几次。

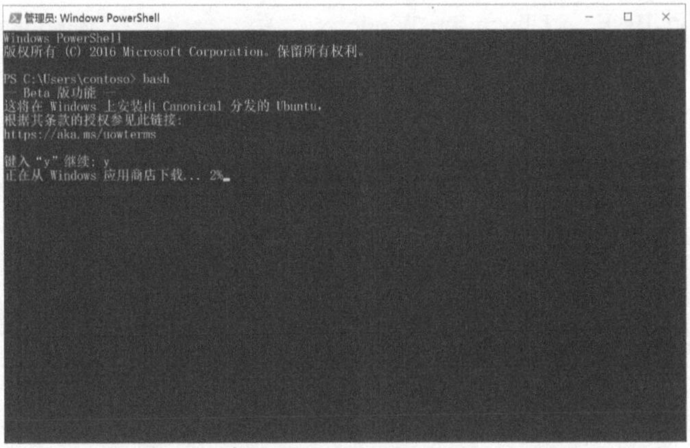

图 10-45　安装 Bash on Ubuntu on Windows

10.5.2　使用 Bash on Ubuntu on Windows

启动 Bash on Ubuntu on Windows 很简单，在"开始"菜单中选择"Bash on Ubuntu on Windows"即可启动。此外，还是可以在命令提示符或 PowerShell 中输入 bash，启动 Bash on Ubuntu on Windows，如图 10-46 所示。目前 Bash on Ubuntu on Windows 使用的 Ubuntu 版本为 Ubuntu 16.04.2 LTS。

在 Bash on Ubuntu on Windows 可以使用 Linux 常用命令修改 root 密码、更新 Linux 程序等。

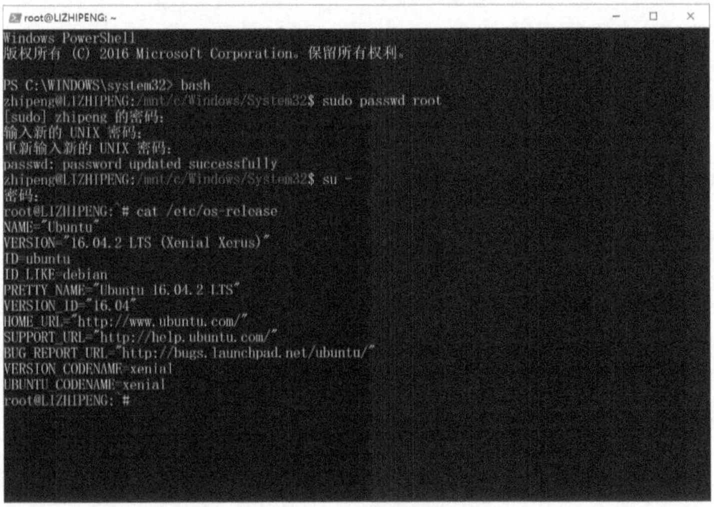

图 10-46　Bash on Ubuntu on Windows

默认情况下启动 Bash on Ubuntu on Windows 之后，会将所有 Windows 分区挂载于 /mnt 目录，如图 10-47 所示，可以在 Linux 下操作 Windows 分区下的数据。

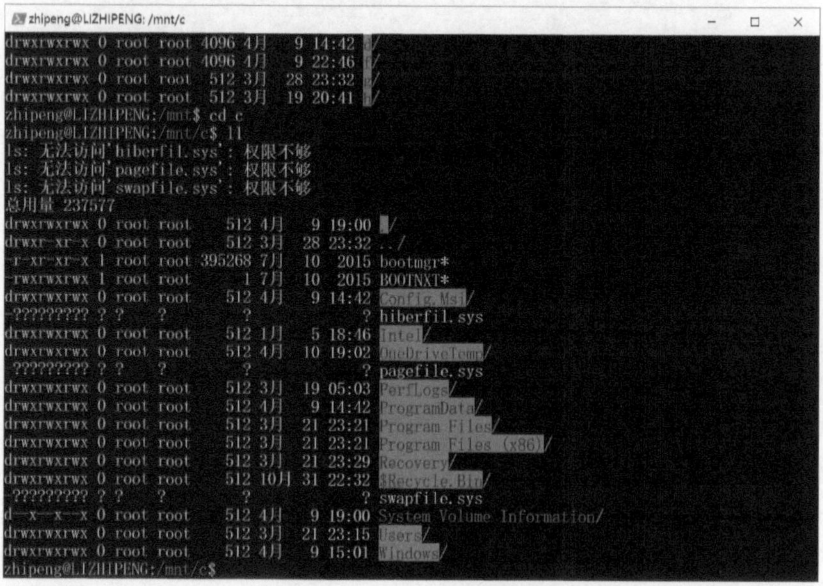

图 10-47　分区挂载目录

Bash on Ubuntu on Windows 并非虚拟机，其功能有点类似于模拟器。通过使用 WSL，可以将 Linux 的系统调用实时地转换为 Windows 的系统调用。

此外，在 Windows 下运行这些 Linux 的原生 ELF（Executable and Linkable Format）二进制程序和在 Linux 下运行所消耗的 CPU、内存和 IO 性能相当，完全不用担心性能的问题。

目前，Bash on Ubuntu on Windows 存在以下限制。

- 不支持使用 GUI 桌面程序或 Gnome、KDE 类程序。

- 目前 WSL 处于 Beta 阶段，支持的 Linux 程序与功能有限，未来会支持更多的 Linux 工具。

- 目前只支持使用 Ubuntu，未来会提供更多 Linux 发行版。

- WSL 只支持在 Windows 10 一周年更新之后的版本中使用，不支持 Windows Server。

10.5.3 Windows Subsystem for Linux 设置

Windows Subsystem for Linux（WSL）默认安装于 C:\Users\ 用户名 \AppData\Local\
Lxss\ 目录。该目录为隐藏目录，需要在文件资源管理器中直接输入地址访问，其中
Ubuntu on Windows 安装于该目录下的 rootfs 文件夹中，如图 10-48 所示。

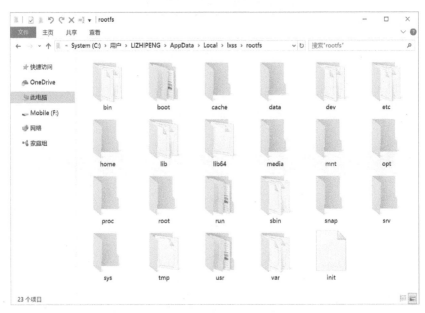

图 10-48　Ubuntu on Windows 安装目录

此外，还有 bash.exe 与 lxrun.exe 两个常用命令行程序来管理 WSL，可以在命令提示
符或 PowerShell 中运行。

■ bash.exe 用于启动 Bash on Ubuntu on Windows 并运行 /bin/bash。

表 10-1　　　　　　　　　　　　　　　　bash 命令

命令	描述
bash	在当前目录启动bash shell，如果bash没有安装，自动执行 lxrun /install命令进行安装
bash ~	启动bash，并切换到用户的Ubuntu主目录，类似执行cd ~
bash -c "<command>"	执行命令、打印输出结果，例如：bash -c "ls"

■ lxrun.exe 用于管理 WSL，可以用来安装或卸载 Ubuntu 镜像。

命令	描述
lxrun	管理WSL实例
lxrun /install	安装Bash on Ubuntu on Windows
lxrun /uninstall	卸载并删除Ubuntu。默认不删除用户的Ubuntu主目录 /full参数会卸载并删除用户的Ubuntu主目录

第 11 章

备份与还原

11.1 系统重置

当操作系统故障出现时，大部分的用户马上会想到还原系统到一个原始的状态，一切重新来过。因此在 Windows 10 操作系统中就引入了"系统重置"这一功能，其功能类似于手机、路由器等设备中的"恢复出厂设置"。当计算机出现故障时，可以快速及时的重新安装操作系统。

如果用户使用的是品牌计算机，使用磁盘管理软件时就会发现厂商在硬盘中设置隐藏分区，储存有用于系统重置的文件。当操作系统出现故障时，可以一键恢复操作系统至出厂状态。当然，还有其他的系统重置办法，例如使用 Ghost 还原、Windows 系统镜像备份、通过 DVD 系统安装盘或 U 盘重新安装系统。虽然这些工具都能实现系统重置的功能，但是不同的方法在不同计算机实现效果不尽相同。

一键恢复的概念很早就出现了，方法也多种多样。但是在 Windows 10 操作系统中才算真正的做到了基于不同计算机，使用的方法和用户体验都是一致的。

使用系统重置功能，既可以从计算机中移除个人数据、应用程序和设置，也可以选择保留个人数据，然后重新安装 Windows 10 操作系统。对于普通用户来说系统重置功能相当实用。

注意 使用系统重置功能必须要确保系统恢复分区存在且能正常使用。

系统重置操作步骤如下。

① 在 Modern 设置中依次打开"更新和安全"-"恢复"，然后在"重置此电脑"选项下单击"开始"，如图 11-1 所示，启动系统重置向导程序。

② 选择数据操作类型，系统重置提供两种选项，分别为删除所有数据、应用程序和设置和删除应用程序和设置只保留个人文件，如图 11-2 所示。这里按需选择即可。

③ 选择数据操作类型之后，系统重置会准备检测操作系统设置是否符合系统重置要求，等待准备完成，进入图 11-3 所示界面。系统重置会提示将要进行的操作，确认无误之后，单击"重置"。此时操作系统自动重新启动并进入系统重置阶段，如图 11-4 所示。系统重置完成之后，操作系统开始重新安装。等待操作系统安装完成，即系统重置完成。

图 11-1　恢复

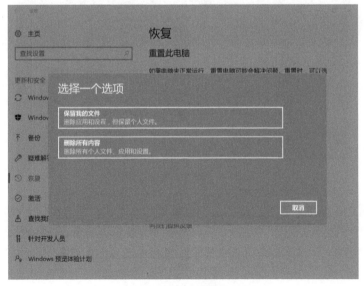

图 11-2　选择是否保留个人文件

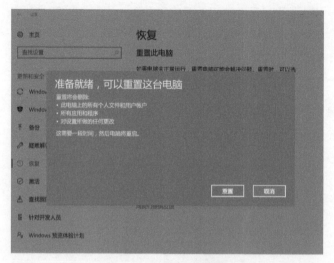

图 11-3　确认系统重置

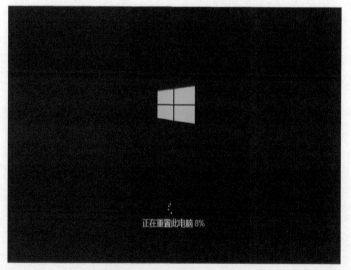

图 11-4　操作系统正在重置

以上方法适合计算机能正常启动的情况下重置操作系统。如果操作系统不能正常启动，则操作系统会自动进入"自动修复"界面，如图 11-5 所示，然后选择其中的"高级选项"即可进入"选择一个选项"界面，如图 11-6 所示。选择"疑难解答"，进入疑难解答界面，如图 11-7 所示，选择其中的"重置电脑"，即可在 Windows 10 操作系统不能正常启动的情况下重置操作系统，后续操作步骤和在操作系统中操作步骤相同，这里不再赘述。

注意 重置过程中需要提供管理员身份帐户才能继续操作。如帐户没有设置密码，则直接选择帐户继续即可。

图 11-5 自动修复

图 11-6 选择启动选项

图 11-7　疑难解答

11.2　Windows 备份和还原

微软将 Windows 7 操作系统中广受好评的备份和还原功能重新添加至 Windows 10 操作系统，使用户可以通过备份和还原功能有效的保护个人数据和操作系统安全。备份和还原功能包括文件和系统映像的备份和还原，都基于 NTFS 文件系统的卷影复制功能，以下分别做介绍。

11.2.1　文件的备份与还原

对于个人计算机来说，保护数据安全是重中之重的问题。尤其是工作文档、家庭照片等数据，对于用户的重要性不言而喻。使用针对文件的备份和还原功能，可为最重要的个人文件创建安全副本，使用户始终能够针对最坏情况做好准备。

1.　文件备份

文件备份可以计算机的所有帐户创建安全的数据文件备份。文件备份功能针对操作系统默认的视频、图片、文档、下载、音乐、桌面文件以及硬盘分区进行备份，启用文件备份功能之后，操作系统默认定期对选择的备份对象进行备份，用户可以更改计划并且可以随时手动创建备份。设置文件备份之后，操作系统将跟踪新增或修改的备份对象并将他们添加到备份中，也就是采用增量备份方式。

Windows 10 操作系统默认关闭备份和还原功能。启用备份和还原功能，操作步骤如下。

① 在 Modern 设置 - "更新与安全" - "备份" 分类下选择 "备份和还原（Windows 7）"，即

可打开备份和还原设置界面，如图 11-8 所示。本节以将备份数据存储于移动硬盘为例。

图 11-8　备份和还原

② 在图 11-8 中单击"设置备份"，启动文件备份向导。此时向导程序要求选择备份文件保存位置，如图 11-9 所示，操作系统会自动检测符合备份存储要求的硬盘分区、移动硬盘、U 盘等，并标识推荐选项。由于所选择需要存储备份数据，所以请确保选择的备份位置可用且空间满足备份需求。这里选择推荐选项，然后单击"下一步"。

图 11-9　选择备份位置

③ 选择备份内容。文件备份默认备份库、桌面以及个人文件夹中的数据并创建系统备份映像，如图 11-10 所示。同时还可选择"让我选择"选项，自定义备份内容，如图 11-11 所示，其中可以选择备份其他硬盘分区中的内容，也可以选择不创建系统备份映像。这里按需选择即可，然后单击"下一步"。

图 11-10　选择备份内容

图 11-11　自定义备份内容

④ 如图 11-12 所示，确认备份对象以及备份计划。如果需要修改备份时间，单击"修改计划"进行修改。这里保持默认设置，然后单击"保存设置并运行备份"开始进行备份。

图 11-12　确认备份设置

⑤ 操作系统开始备份之后，会在图 11-13 中显示备份进度，单击"查看详细信息"可以显示备份详细进度。等待备份完成。备份时间示备份对象多少而定。

图 11-13　正在备份

文件备份完成之后，会显示文件备份信息，包括备份文件所占空间、备份内容和备份计划等，如图 11-14 所示。单击"管理空间"可以查看或删除备份数据，如图 11-15所示，其中详细显示有备份文件、系统映像所占用空间，单击"查看备份"可以选择删除某一时间段备份的数据并释放空间，单击"更改设置"可以设置以何种方式备份系统映像，如图 11-16 所示。

图 11-14　备份和还原

图 11-15　管理备份空间

图 11-16　选择系统映像保存方式

默认情况下，文件备份会使用计划任务每隔 6 天自动进行一次备份，如果不想使用操作系统制定的备份计划，可以单击图 11-14 左侧列表中的"关闭计划"选项，关闭自动备份功能。如要手动执行文件备份，单击"立即备份"即可立即进行备份。

如果对操作系统制定的备份计划不满意，可按照如下步骤进行修改。

① 在 Cortana 中搜索"任务计划程序"，打开任务计划设置界面，然后依次在左侧列表中定位至"任务计划程序库"-"Microsoft"-"Windows"-"WindowsBackup"节点，如图 11-17 所示。

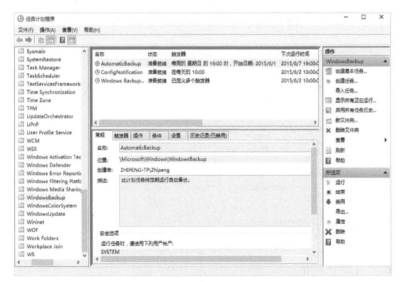

图 11-17　任务计划程序

② 在图 11-17 的中间窗格中，显示有所有关于 Windows 备份的计划任务，其中 AutomaticBackup 为文件备份计划任务，双击打开该计划任务。

③ 在打开的 AutomaticBackup 计划任务属性中，切换至触发器选项页，即可查看触发该任务的时间节点，如图 11-18 所示。选中该时间节点，然后单击"编辑"，打开触发器编辑界面，如图 11-19 所示，其中可按照需求自定义修改触发该任务的时间节点，修改完成之后单击"确定"即可。

图 11-18　AutomaticBackup 计划任务

图 11-19　编辑触发器

2. 文件还原

文件还原过程现对简单，单击"还原我的文件"即可启动还原向导，如图 11-20 所示。默认情况下，文件还原会选择最新的备份数据进行还原，如果需要还原特定时间段备份的数据，可单击"选择其他日期"选择其他时间段内备份的数据用以还原。文件还原的后续操作步骤按照提示完成即可，这里不再赘述。

图 11-20　还原文件

11.2.2　系统映像备份与还原

使用备份和还原功能可以对操作系统进行备份，以便操作系统出现故障无法启动时，使用 WinRE 进行操作系统还原。

1. 系统映像备份

Windows 10 操作系统支持创建系统映像的备份功能。系统映像是 Windows 分区或数据分区的全状态副本，其中包含操作系统设置、应用程序以及个人文件。如果操作系统无法启动时，则可以使用创建的系统映像来还原操作系统。

在设置文件备份时，默认创建系统映像，如果需要手动创建系统映像，可按照如下步骤操作。

① 在图 11-14 的左侧列表中选择"创建系统映像"，启动系统映像创建向导程序，如图 11-21 所示，选择系统映像备份位置，这里提供有 3 种备份位置，分别是硬盘、光盘、

网络。选择将系统映像存储于硬盘，操作系统会自动检测并使用合适的硬盘分区。如果选择的硬盘分区中已经包含有之前备份的系统映像数据，则会显示该备份数据信息。

图 11-21　选择系统映像备份位置

② 选择需要备份的硬盘分区，默认且必须选择系统分区和 Windows 分区，如图 11-22 所示。按需选择即可，然后单击"下一步"。

图 11-22　选择备份分区

③确认备份设置，然后单击"开始备份"，如图 11-23 所示。然后等待系统映像创建完成即可。

 注意 系统映像创建完成之后，操作系统会提示是否创建系统修复光盘，按需选择即可。

图 11-23　确认备份设置

系统映像创建完成之后，会在设置的备份位置创建名为 WindowsImageBackup 系统映像存储文件夹，如图 11-24 所示。此文件夹被操作系统标注为恢复文件夹，所以请勿修改或移动该文件夹中的内容，否则会导致系统映像无法使用。

2. 系统映像还原

使用系统映像还原操作系统时，将进行完整还原，不能选择个别项进行还原。而且当前操作系统中的所有应用程序、操作系统设置和文件都将被替换，所以进行还原前请提前备份数据。

系统映像的还原需要在 WinRE 中完成，所请确保操作系统中具备可用的恢复分区。系统映像还原操作步骤如下。

图 11-24　系统映像文件夹

① 在图 11-7 中选择"高级选项",打开高级选项界面,如图 11-25 所示。选择其中的"系统映像恢复",此时需要提供具备管理员权限的帐户才能进行系统映像还原,如图 11-26 所示,选择相应帐户并输入密码,然后计算机重新启动并进入 WinRE 环境。

图 11-25　高级选项

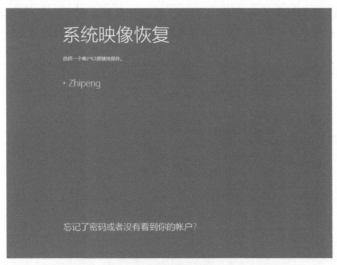

图 11-26　选择操作帐户

② 进入 WinRE 之后，自动运行系统映像还原向导，如图 11-27 所示。系统映像向导程序默认使用最新备份映像进行还原，如果需要使用其他系统映像进行恢复，勾选"选择系统映像"，然后按照提示选择即可。这里以使用最新备份数据进行还原为例，单击"下一步"继续。

图 11-27　选择系统映像

③ 选择系统映像备份位置，如图 11-28 所示。如果计算机有多个系统映像备份位置，则向导程序会自动检测并在列表中显示。这里选择唯一的备份位置，然后单击"下一步"。

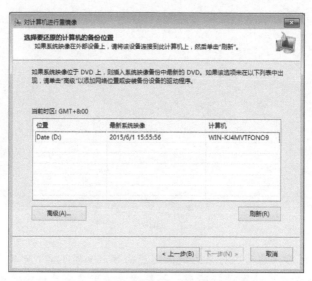

图 11-28 选择系统映像备份位置

④ 如果使用同一备份位置对操作系统进行过多次系统映像备份，则可选择不同时间段备份的系统映像进行恢复，然后单击"下一步"。

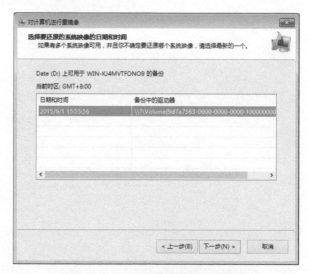

图 11-29 以备份时间选择系统映像

⑤ 此时向导程序会提示是否选择其他还原方式，如图 11-30 所示，保持默认即可，然后单击"下一步"。

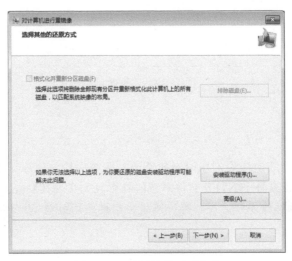

图 11-30　选择其他还原方式

⑥ 确认系统映像还原信息，然后单击"完成"，如图 11-31 所示。此时系统映像还原程序开始进行还原操作，如图 11-32 所示，系统映像还原完成，计算机自动重新启动之后即可使用 Windows 10 操作系统。

图 11-31　确认还原信息

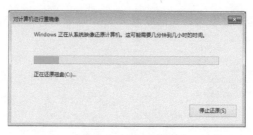

图 11-32　还原进度

11.3　系统保护与系统还原

是否曾在计算机彻底崩溃后幻想时光能倒流？系统保护与还原可以让你梦想成真。系统保护与系统还原基于 NTFS 文件系统的卷影复制实现其功能。默认情况下安装完成 Windows 10 操作系统之后，操作系统会自动启用针对 Windows 分区的系统保护功能。

11.3.1　系统保护

系统保护是定期保存 Windows 10 操作系统文件、配置、数据文件等相关信息的功能。操作系统以特定事件（安装驱动、卸载软件）或时间节点为触发器自动保存这些文件和配置信息，并存储于称为还原点的存储文件中。当操作系统无法启动或驱动程序安装失败，系统还原可以使用还原点恢复操作系统到之前的某一状态。系统保护功能类似于虚拟机中的系统快照功能，只不过系统保护的对象是硬盘分区。

  对于 Windows 分区，操作系统只保存注册表、系统文件、应用程序、用户配置文件等状态信息。对于非 Windows 分区，操作系统会保存所有文件状态信息。

按下 Win+PauseBreak 组合键打开系统信息界面，然后在其左侧列表中单击"系统保护"打开系统保护设置，如图 11-33 所示。

默认情况下操作系统关闭系统保护功能，如果要对硬盘分区启用系统保护，只需在图 11-33 所示界面的"保护设置"列表中，选中要开启系统保护的硬盘分区，然后单击"配置"打开系统保护配置界面，如图 11-34 所示，勾选图中的"启用系统保护"，然后单击"确定"即可开启系统保护功能。反之操作即可关闭系统保护功能。

图 11-33 系统保护

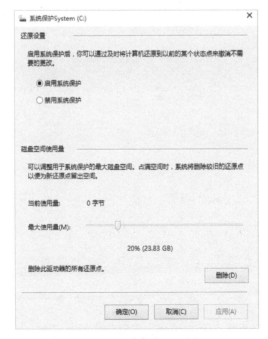

图 11-34 系统保护配置界面

还原点的创建除了操作系统自动触发创建外，还可以手动创建。在图 11-33 的界面中，单击"创建"按钮，然后在出现的界面中输入还原点名称并单击"确定"，等待操作系统提示创建完成即可。

系统保护创建的还原点会占用一定的硬盘空间。所以建议在图 11-34 所示的系统保护配置界面中，设置系统保护硬盘空间最大使用量，如果还原点所占硬盘空间过大，可以删除该分区中的所有还原点。

 注意　Windows 10 操作系统不支持删除特定还原点。在硬盘空间不足的情况下运行，系统还原会删除一些旧的还原点。还原点寿命只有 90 天，超过 90 天之后将会被删除。

11.3.2　系统还原

系统还原过程有两种情况，一种是操作系统能正常启动的情况下，在图 11-33 所示界面中，单击"系统还原"打开系统还原向导，如图 11-35 所示，然后单击"下一步"在还原点选择界面中，选择要恢复的还原点，如图 11-36 所示。

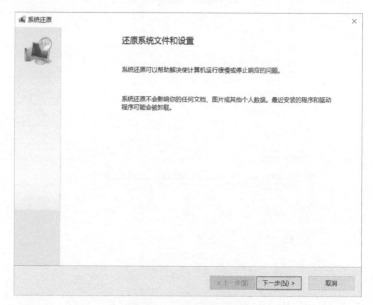

图 11-35　系统还原向导

系统还原过程会删除还原点之后安装的应用程序或驱动程序，如要查看要被删除应用程序或驱动，只需单击图 11-36 中的"扫描受影响的程序"，系统还原会自动扫描并显示要被删除的应用程序或驱动程序，如图 11-37 所示。

图 11-36　选择系统还原点

图 11-37　扫描受影响的程序

选择要还原的还原点之后，单击"下一步"，在出现的确认还原点界面中，确定要恢复的硬盘分区以及还原点，如图 11-38 所示，然后单击"完成"。此后，操作系统会自动完成还原过程并重新启动计算机，重启完成之后操作系统即还原至之前状态。

图 11-38　确认还原点

当操作系统无法正常启动时会自动进入高级启动界面，然后在图 11-25 中选择"系统还原"，操作系统会自动重启，进入系统还原界面。此时操作系统会要求用户选择具备管理员权限的帐户，选择帐户并输入密码后，计算机重新启动并进入 WinRE 并自动启动系统还原向导，后续操作和上述步骤相同，这里不再赘述。

11.4　制作操作系统安装镜像

系统重置功能只能保存个人数据，不能保存操作系统设置、Modern 应用程序和桌面应用程序。那有什么办法能保存 Windows 10 操作系统中的所有操作系统设置、Modern 应用程序以及桌面应用程序呢？答案是肯定的。本节即介绍如何在保留所有类型应用程序及操作系统设置的情况下制作 WIM 映像文件，使其用于操作系统安装或恢复。

11.4.1　系统准备（Sysprep）工具

如果要将已安装好的 Windows 10 操作系统移动至其他计算机上使用，该如何做呢？是直接复制操作系统文件到其他计算机，然后设置引导并启动，还是使用 ImageX 或

Ghost 等应用程序将操作系统文件直接打包为 WIM 或 GHOST 文件，然后重新部署呢？这些方法都不行，即使是使用相同配置的计算机也不行。

对于已安装的 Windows 10 操作系统，其会自动生成有关该计算机的特定信息，例如计算机安全标识符（SID），所以要想将已安装的 Windows 10 操作系统移动至其他计算机，必须使用系统准备工具（Sysprep）删除此类特定信息，才能进行操作系统移植。

Sysprep 是用于准备 Windows 安装映像文件的工具，其可以删除已经安装的 Windows 10 操作系统中的 SID、还原点、事件日志等信息，使操作系统处于未初始化状态，该过程称为 "一般化"。使用 ImageX、Dism 命令行工具可以将一般化后的操作系统制作为映像文件（WIM 文件）即可进行操作系统的移植安装。

Sysprep 具有以下优点。

- Sysprep 可以从已安装的 Windows 10 操作系统中删除所有操作系统特定信息，包括计算机安全标识符（SID）等。

- 使 Windows 10 操作系统配置为一般化后进入审核模式。使用审核模式可以安装第三方应用程序或驱动程序，以及测试计算机功能。

- 使 Windows 10 操作系统配置为启动进入 OOBE 模式。也就是常规安装操作系统之后进入的操作系统设置界面。

- Sysprep 支持一般化安装于虚拟磁盘（VHD）中的 Windows 10 操作系统。

- 使用 Sysprep 一般化并部署操作系统之后，Windows 10 操作系统会自动激活，但是最多可激活 8 次。

Sysprep 具有以下限制。

- 必须使用和已安装 Windows 10 操作系统版本相同的 Sysprep 程序。Windows 10 操作系统自带 Sysprep，位于 %WINDIR%\System32\Sysprep 目录。

- 禁止在使用升级安装方式安装的 Windows 10 操作系统上使用 Sysprep。Sysprep 仅支持使用全新安装方式安装的操作系统。

- 如果 Windows 10 操作系统中有 Modern 应用程序，则使用 Sysprep 一般化之后并重新安装之后，禁止通过 Windows 应用商店更新 Modern 应用程序，否则此类应用程序将不可用。

■ 由于某些原因程序会保存 Windows 分区的绝对路径，所以使用 ImageX 或 Dism
命令行工具部署映像文件时，必须确保部署映像文件的目标分区盘符和原始操
作系统盘符相同。如果使用 Windows 安装程序部署映像文件，则无须确保盘符
相同。

■ 仅当计算机是非域成员时才能使用 Sysprep。如果计算机是域用户，则 Sysprep 会
将其从域中删除。

■ 如果在使用 EFS 加密的 Windows 分区上使用 Sysprep，则所有加密数据将损坏且
不能恢复。

以管理员身份运行命令提示符，并切换至 %WINDIR%\System32\Sysprep 目录，然后
输入 sysprep 命令打开系统准备工具，如图 11-39 所示。其中系统清理操作分为进入
系统全新体验（OOBE）以及进入系统审核模式两种，OOBE 就是进入桌面之前设置
帐户等初始化选项的阶段，审核模式适用于计算机生产商定制操作系统，这里不做介
绍。图 11-39 中的"通用"是指操作系统处理硬件抽象层（HAL）以及删除系统特定
信息以便封装的操作系统能在其他计算机上安装使用。关机选项是指 Sysprep 一般化
操作系统之后进行的操作，分别有关机、重新启动和退出。

图 11-39　Sysprep

此外，Sysprep 还可以使用命令完成一般化操作，以下为 Sysprep 命令选项。

```
sysprep [/oobe|/audit] [/generalize] [/reboot|/shutdown|/quit] [/quiet] [/
unattend:answerfile]
```

表 11-1   Sysprep 命令选项

选项	描述
/audit	重新启动计算机进入审核模式。在审核模式中可以将其他驱动程序或应用程序添加到Windows
/generalize	此命令和上面介绍的"通用"选项功能相同，如果使用此选项，所有特定系统信息将从Windows安装中删除
/oobe	重新启动计算机进入OOBE模式
/reboot	Sysprep一般化操作系统之后，重新启动计算机
/shutdown	Sysprep一般化操作系统之后，关闭计算机
/quiet	后台运行Sysprep
/quit	Sysprep一般化操作系统之后，退出Sysprep
/unattend:*answerfile*	按照应答文件设置，自动完成OOBE过程。answerfile为应答文件路径和文件名

这里以使用 OOBE 模式并勾选通用选项作为一般化设置，执行 Sysprep，此时应用程序开始执行，如图 11-40 所示，执行完成之后关闭计算机。

图 11-40　Sysprep 执行阶段

11.4.2　捕获系统文件并制作 WIM 文件

完成一般化之后，操作系统自动关机，此时重新启动计算机至 WinPE 环境，执行如下命令捕获 Windows 分区为 WIM 文件。

```
dism /capture-image /imagefile:f:\install.wim /capturedir:d:\ /name:"Windows 10"
```

其中 f:\install.wim 为捕获的 WIM 保存路径及名称，d: 为 Windows 分区盘符，Windows 10 为映像名称。等待命令执行完毕，重新启动计算机或复制 install.wim 至其他计算机。制作的 WIM 文件可用于 WIMBoot 方式安装。

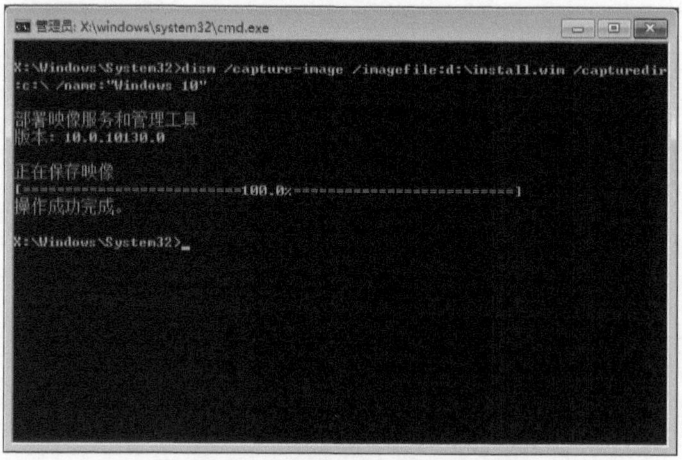

图 11-41　捕获 Windows 分区

 注意　基于 WIM 文件特性，可是使用 dism /export-image 命令，可以把多个 WIM 文件打包为同一个 WIM 文件。

制作成功 WIM 文件之后，可以使用 UltraISO 之类的应用程序打开原版 Windows 10 操作系统安装镜像文件，然后替换 sources 目录中的 install.wim 为自定义的 WIM 文件，文件名必须保持一致。此外，还可以使用微软提供的 cdimage 以及 oscdimg 命令行工具打包操作系统安装文件为镜像文件。

第 12 章

性能原理与帐户管理

12.1 Windows 10 启动特性

在 Windows 10 操作系统中，启动方面的功能也更加强大易用。本节主要介绍 Windows 10 操作系统启动特性。

12.1.1 图形启动菜单

Windows 10 操作系统延续了 Windows 8 操作系统全新的启动菜单，彻底摒弃了之前黑底白字的启动菜单，新的启动菜单界面也同样是 Modern 风格，图形化设计更加适合触摸操作，如图 12-1 所示。新的图形启动菜单程序位于 Windows 分区 %systemroot%\System32 目录，程序名称为 bootim.exe。

Windows 10 操作系统中的多启动过程步骤有别于旧版 Windows 操作系统的多启动过程。例如 Windows 10 与 Windows 7 的双操作系统环境下，启动进入 Windows 7 操作系统，实际的步骤如下。

启动 Windows 10 → 执行 bootim.exe → 设置临时启动项 → 重新启动计算机 → 使用 bootmgr 加载 Windows 7。

这实际等于启动了两次，而且如果 Windows 10 操作系统的启动文件出了问题的话，可能连启动菜单都无法进入。要恢复传统的字符界面启动菜单，只需要使用 bcdedit 命令行工具把 Windows 7 操作系统等旧系统设置为默认启动项即可。

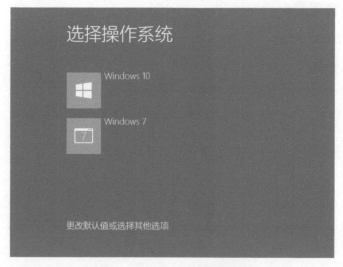

图 12-1　Windows 10 启动菜单

12.1.2　高级选项菜单

Windows 10 操作系统同样延续了 Windows 8 操作系统中的系统故障修复选项 "高级选项" 菜单，其实这也就是 Windows Vista/7 操作系统中的 Windows RE（Windows 恢复环境）的升级版，界面同样也完全 Modern 化，如图 12-2 所示。

图 12-2　高级选项菜单

高级选项菜单中包括的功能和 WinRE 中的基本一样，只是少了 "Windows 内存诊断" 选项，多了 "启动设置" 选项。

- **系统还原**：使用创建的系统还原点，还原操作系统到早前的状态，而且还原之前程序会对用户的身份进行确认。

- **系统映像恢复**：使用创建的系统映像，恢复 Windows 分区的所有数据，包括注册表以及应用程序设置。

- **自动修复**：操作系统无法正常启动时，此项功能可以修复大部分的启动故障。

- **命令提示符**：选择此项即可进入命令提示符，对于一些技术达人来说在命令提示符修复计算机快速便捷。

- **启动设置**：启动设置菜单就是旧版 Windows 操作系统中的 "Windows 启动菜单"，功能也大体一样。

- **回滚到以前的版本**：如果使用升级方式安装并保留恢复文件，可通过此选项回滚操作系统到以前的版本。

■ **UEFI固件设置：** 如果计算机使用 UEFI 固件，则选择此选项会进入 UEFI 设置界面。如果计算机使用 BIOS 固件，则无此选项。

当 Windows 10 操作系统无法启动，会尝试进行修复，修复完成之后显示"自动修复"界面，选择其中的"高级选项"即可按照提示选择进入高级选项菜单修复启动故障。如果需要使用菜单中的启动功能，需要使用如下两种方法。

1. 在 Modern 设置中依次打开"更新和安全"-"恢复"，然后在右侧高级启动选项下单击"立即重启"，如图 12-3 所示。重新启动计算机之后会自动进入高级选项界面。

2. 微软为 Windows 10 操作系统中的 shutdown 命令行工具提供了一个新的参数 /o，使用此参数可进入高级选项菜单。以管理员身份运行命令提示符并执行如下命令。

```
shutdown /r /o /t 0
```

重新启动计算机之后即可进入高级选项菜单。

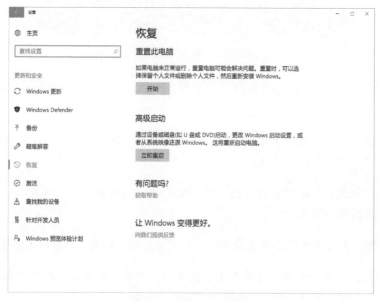

图 12-3　高级启动选项

12.1.3　安全模式

安全模式是指操作系统仅运行 Windows 所必需的基本文件和驱动程序的情况下启动

计算机，使计算机运行在最小化模式，这样可以方便的检测与修复操作系统故障。

当操作系统被安装了恶意程序或中毒之后，大部分的用户会选择进入安全模式来杀毒，或是安装的驱动程序导致计算机无法启动，需要到安全模式下将其删除。

Windows 8 之前的操作系统都通过在计算机启动时按下 F8 键选择进入安全模式。但是在 Windows 10 操作系统启动时按 F8 键已经无法进入启动设置菜单，按 F8 键没有任何作用。微软的解释是，Windows 10 操作系统启动速度快，无法使用 F8 键来中断启动过程。

以下有两种方法可以进入安全模式。

进入安全模式的第一种方法是，按照 12.1.2 节中的方法打开高级选项菜单并选择"启动设置"选项，然后重启计算机之后即可进入"启动设置"菜单，如图 12-4 所示，其中可以选择进入安全模式。

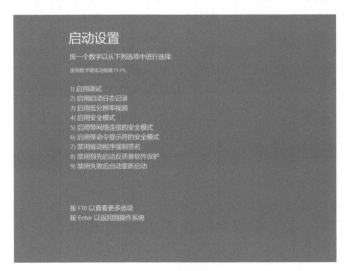

图 12-4　启动设置菜单

启动设置菜单中的选项对于解决计算机故障很有帮助，以下分别做介绍。

启用调试：启动时通过串行电缆将调试信息发送到另一台计算机。必须将串行电缆连接到波特率设置为 115200 的 COM1 端口。如果正在或已经使用远程安装服务在该计算机上安装 Windows，则可看到与使用远程安装服务还原或恢复系统相关的附加选项。

启用启动日志记录：启动计算机，同时将由操作系统加载或没有加载的所有驱动程序和服务记录到启动日志文件，该启动日志文件称为 ntbtlog.txt，位于 %systemroot% 目录。使用安全模式、带网络连接的安全模式和带命令提示符的安全模式时，操作系统会将一个加载所有驱动程序和服务的列表添加到启动日志文件。启动日志对于确定操作系统启动故障原因很有帮助。

启用低分辨率视频：使用当前安装的显卡驱动程序以最低的分辨率启动计算机。当使用安全模式、带网络连接的安全模式或带命令提示符的安全模式启动时，总是使用基本的显卡驱动程序。

启动安全模式：只使用基本操作系统文件和驱动程序启动计算机，基本驱动程序主要包括鼠标（串行鼠标除外）、监视器、键盘、大容量存储器、基本视频以及默认系统服务。如果采用安全模式不能成功启动计算机，则可能需要使用 WinRE 来修复操作系统。

启动带网络连接的安全模式：只使用基本系统文件、驱动程序以及网络连接启动计算机。在安全模式下启动操作系统，包括访问 Internet 或网络上的其他计算机所需的网络驱动程序和服务。

启动带命令提示符的安全模式：只使用基本的系统文件和驱动程序启动计算机。登录操作系统之后，只出现命令提示符，所有操作都只能在命令提示符中进行。

禁用驱动程序强制签名：操作系统允许安装包含使用未经验证的签名驱动程序。

禁用预先启动反恶意软件保护：阻止计算机启动初期运行反恶意软件，从而允许安装可能包含恶意软件的驱动程序。

禁用失败后自动重新启动：仅当 Windows 10 操作系统启动进入循环状态（即 Windows 10 启动失败，重新启动后再次失败）时，才使用此选项。

启动恢复环境：重新启动进入 WinRE 恢复环境。

 注意 即使已禁用了本地管理员帐户，在使用安全模式时该管理员帐户仍然可用。

通过安全模式的第二种方法是，通过 bcdedit 还可以变相的恢复 F8 的功能。以管理员身份运行命令提示符或 PowerShell 并执行如下命令。

```
bcdedit /set {bootmgr} displaybootmenu yes
```

重新启动计算机，操作系统会自动进入 Windows 启动管理器，如图 12-5 所示，按下 F8 键即可进入启动设置菜单。

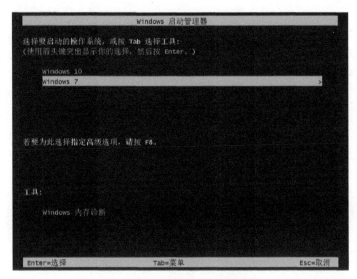

图 12-5 Windows 启动管理器

12.1.4 WIMBoot

WIMBoot 是一种支持从特定 Windows 映像格式文件（WIM 文件）读取并使用操作系统文件的技术，使用 WIMBoot 可以把操作系统文件存储于 WIM 这种压缩文件格式中，其有效的减少了硬盘空间占用率。

1. WIMBoot 概述

WIMBoot 首次出现是作为更新功能之一被加入 Windows 8.1 操作系统，在 Windows 10 操作系统中也同样提供 WIMBoot 功能。

WIMBoot 能把 Windows 分区中的绝大部分操作系统文件打包为 WIM 文件，当操作系统或应用程序需要使用操作系统文件时，会直接从 WIM 文件中读取。WIMBoot 和虚拟硬盘（VHD）启动功能类似，但是 WIMBoot 用于存储操作系统文件的 WIM 格式文件是压缩格式，这样可以极大的节省硬盘空间，尤其是对于小容量的固态硬盘效果更加明显。同时，使用 WIMBoot 的操作系统性能也比使用虚拟硬盘启动的高。

WIMBoot 的工作原理是把操作系统文件打包为 WIM 文件并存储于非 Windows 分区，然后创建指向 WIM 文件位置的指针文件（PointerFile）并存储于 Windows 分区，操作系统从 WIM 文件启动。当用户进行添加文件、安装程序、更新系统等操作时，所有数据都将写入至指针文件，WIM 文件不会发生任何变动。此外 WIM 文件还可以作为恢复映像使用。

指针文件其实是存储于 WIM 文件中的操作系统文件索引，其在 Windows 分区中的文件结构和普通 Windows 分区结构一样，但其占用的空间远比普通 Windows 分区要小，如图 12-6 所示。

图 12-6　使用 WIMBoot 安装 C 盘容量

默认情况下预装有 Windows 10 操作系统的标准分区布局，如图 12-7 所示。Windows 10 操作系统标准分区布局包括 ESP 分区、MSR 分区、Windows 分区以及两个独立的恢复分区。

图 12-7　Windows 10 标准分区布局

而使用 WIMBoot 的 Windows 10 操作系统可以使用如图 12-8 所示的分区布局。

映像分区包含系统文件（install.wim）、WinRE 恢复工具（winre.wim）以及指针文件差异备份文件（custom.wim）。

Windows 分区包含指针文件以及由用户使用过程中产生的数据，包括注册表文件、页面文件、休眠文件、用户数据和用户安装的应用程序和更新等。

图 12-8　使用 WIMBoot 的 Windows 10 分区布局

 注意　WinRE 恢复工具和指针文件增量存储文件为可选项目，具体操作时按需创建即可。

虽然 WIMBoot 能极大的节省 Windows 分区容量，但是使用时需注意以下几点要求。

■ WIMBoot 仅适用于 x86、x64 以及 ARM 硬件架构的 Windows 8.1 with Update、Windows 10 操作系统。

■ WIMBoot 支持安全启动，所以建议使用 UEFI 固件。另外 WIMBoot 同时也支持 BIOS 固件。

■ 由于操作系统启动需要解压并读取 WIM 文件，所以建议 WIM 文件存储于使用固态硬盘的硬盘分区中以保证操作系统读取数据迅速，减少延迟，提示用户体验。

■ 部分备份、杀毒、加密工具不兼容 WIMBoot 功能。

■ WIM 文件和指针文件可以存储在同一分区，但是建议两者分开存储。

■ 不建议将存储 WIM 文件的分区使用 BitLocker 等加密工具进行加密，这样会影响操作系统性能。

2. 使用 WIMBoot 安装操作系统

制作可启动的 Windows 10 操作系统 WIM 文件的过程，通俗说就是安装 Windows 10 操作系统到 WIM 文件。

UEFI 与 GPT 启动方式

本节以将 WIM 文件存放至隐藏的恢复分区、Windows 分区为 C 盘为例，需要使用

Windows 10 操作系统安装 U 盘或光盘。

① 使用 Windows 10 操作系统安装 U 盘或光盘启动计算机，进入 Windows 10 操作系统安装界面。

② 在 Windows 10 操作系统的安装界面中，按下 Shift+F10 组合键打开命令提示符，然后使用 DiskPart 命令行工具，按照图 12-8 所示，创建分区结构。

```
select disk 0
```

选择要创建的分区结构的硬盘为硬盘 1，如果有多块硬盘可以使用 list disk 命令查看。

```
clean
```

清除硬盘所以数据及分区结构，请谨慎操作。

```
convert gpt
```

转换分区表为 GPT 格式。

```
create partition efi size=300
```

创建大小为 300MB 的主分区，此分区即为 ESP 分区。

```
format quick fs=fat32 label="System"
```

格式化 ESP 分区并使用 FAT32 文件系统，设置卷标为 System。

```
create partition msr size=128
```

创建大小为 128MB 的 MSR 分区。

```
create partition primary size=30000
```

创建大小为 30GB 的主分区，此分区即为 Windows 分区。

```
format quick fs=ntfs label="Windows"
```

格式化 Windows 分区并使用 NTFS 文件系统，设置卷标为 Windows。

```
assign letter=C
```

设置 Windows 分区盘符为 C:。

```
create partition primary size=8000
```

创建大小为 8GB 的主分区，此分区即为恢复分区。

```
format quick fs=ntfs label=" Recovery"
```

格式化 Windows 分区并使用 NTFS 文件系统，设置卷标为 Recovery。

```
assign letter=F
```

设置恢复分区盘符为 F:，由于恢复分区具备隐藏数据，所以操作系统重启之后，盘符自动失效。

```
set id=de94bba4-06d1-4d40-a16a-bfd50179d6ac
```

设置恢复分区为隐藏分区。

```
gpt attributes=0x8000000000000001
```

设置恢复分区不能在磁盘管理器中被删除。

```
exit
```

退出 DiskPart 命令操作环境。

 如果硬盘中已有 ESP、MSR、Windows 分区以及恢复分区，则此步骤可省略。

③ 分区创建完成之后，继续在命令提示符中执行如下命令，生成包含操作系统文件并能启动的 WIM 文件，这里假设将 Windows 10 操作系统安装镜像的 install.wim 文件复制存储与 D 盘（也可以直接使用原文件）。

```
dism /export-image /wimboot /sourceimagefile:d:\install.wim /sourceindex:1 /
destinationimagefile:f:\wimboot.wim
```

④ 生成指针文件（PointerFile），Windows 分区为 C 盘，执行如下命令。

```
dism /apply-image /imagefile:f:\wimboot.wim /applydir:c: /index:1 /wimboot
```

⑤ 生成引导启动菜单，执行如下命令。

```
bcdboot c:\windows
```

⑥ 重新启动计算机，此时 Windows 10 操作系统进行安装准备，等待其完成之后即可使用。

BIOS 与 MBR 启动方式

对于使用 BIOS 与 MBR 方式启动的计算机，WIMBoot 安装方式相同，这里以使用

Windows 10 操作系统安装镜像的 install.wim 文件、WIM 文件存储于隐藏的恢复分区、Windows 分区为 C 盘为例。

① 使用 Windows 10 操作系统安装 U 盘或光盘启动计算机，进入 Windows 10 操作系统安装界面。

② 在 Windows 10 操作系统的安装界面中，按下 Shift+F10 组合键打开命令提示符，然后使用 DiskPart 命令行工具创建分区结构。

```
select disk 0
```

选择要创建的分区结构的硬盘为硬盘 1，如果有多块硬盘可以使用 list disk 命令查看。

```
clean
```

清除硬盘所以数据及分区结构，请谨慎操作。

```
create partition primary size=350
```

创建大小为 350MB 的主分区，此分区即为系统分区。

```
format quick fs=ntfs label=" System"
```

格式化系统分区并使用 NTFS 文件系统，设置卷标为 System。

```
active
```

设置系统分区为“活动（ active ）”。

```
create partition primary size=30000
```

创建大小为 30GB 的主分区，此分区即为 Windows 分区。

```
format quick fs=ntfs label=" Windows"
```

格式化 Windows 分区并使用 NTFS 文件系统，设置卷标为 Windows。

```
assign letter=C
```

设置 Windows 分区盘符为 C:。

```
create partition primary size=8000
```

创建大小为 8GB 的主分区，此分区即为恢复分区。

```
format quick fs=ntfs label=" Recovery"
```

格式化 Windows 分区并使用 NTFS 文件系统，设置卷标为 Recovery。

```
assign letter=F
```

设置恢复分区盘符为 F:，由于恢复分区具备隐藏数据，所以操作系统重启之后，盘符自动失效。

```
set id=27
```

设置恢复分区为隐藏分区。

```
exit
```

退出 DiskPart 命令操作界面。

　如果硬盘中已存在 Windows 分区以及系统分区，则此步骤可省略。

③ 分区创建完成之后，继续在命令提示符中执行如下命令，生成含有操作系统文件并能启动的 WIM 文件，这里假设将 Windows 10 操作系统安装镜像的 install.wim 文件复制存储与 D 盘（也可以直接使用原文件）。

```
dism /export-image /wimboot /sourceimagefile:d:\insatll.wim /sourceindex:1 /
destinationimagefile:f:\wimboot.wim
```

④ 生成指针文件（PointerFile），Windows 分区为 C 盘，执行如下命令。

```
dism /apply-image /imagefile:f:\wimboot.wim /applydir:c: /index:1 /wimboot
```

⑤ 生成引导启动菜单，执行如下命令。

```
bcdboot c:\windows
```

⑥ 重新启动计算机，此时 Windows 10 操作系统开始安装，计算机再次重启之后会自动进入 OOBE 阶段，后续安装步骤和普通安装相同，这里不再赘述。

　制作的用于 WIMBoot 启动的映像可以存储于任意非 Windows 分区中，本节将其存储于隐藏的恢复分区是为了确保 WIM 文件安全。

3. 管理 WIMBoot

检测是否使用 WIMBoot 启动

检测 Windows 10 操作系统是否使用 WIMBoot 启动，可通过以下两种方法查看。

图 12-9　使用 WIMBoot 安装操作系统

使用磁盘管理器：按下 **Win+X** 组合键，在出现的菜单中选择"磁盘管理"，打开磁盘管理界面。如果操作系统使用 WIMBoot 功能从 WIM 文件启动，则在 Windows 分区上具有"Wim 引导"字样，如图 12-10 所示。

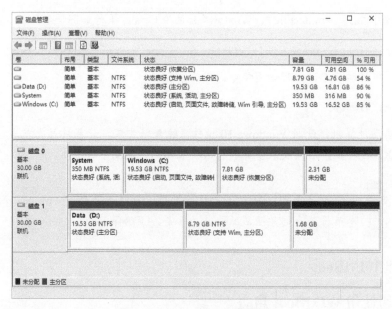

图 12-10　WIMBoot 引导标识

使用命令行工具：以管理员身份运行命令提示符或 PowerShell，然后执行如下命令。

`fsutil wim enumwims c:`

如果命令输出结果如图 12-11 所示，则表示计算机以设置从 WIM 文件启动。

图 12-11　计算机从 WIM 文件启动

如果命令输出结果如图 12-12 所示，则表示计算机使用普通安装方式启动。

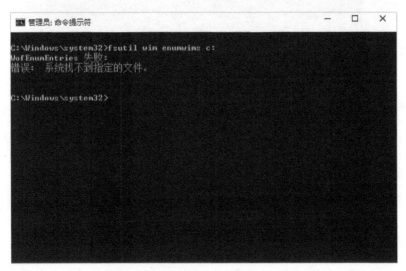

图 12-12　计算机未从 WIM 文件启动

4. 减少指针文件所占空间

存储于 Windows 分区的指针文件会随着用户的使用而逐渐变大，这对于 Windows 分区不是很大的计算机来说将是一种隐患。Windows 10 操作系统支持把指针文件的所有变动打包为新的差异备份 WIM 文件（custom.wim），并清除变动数据所占用的指针文件空间，也就是说可以把用户数据及应用程序继续打包为 WIM 文件，如要使用这些数据，则由操作系统从 WIM 文件读取。进入 WinPE 或在 Windows 10 操作系统安装界面并按下 Shift+F10 组合键，然后在命令提示符中执行如下命令。

```
dism /capture-customimage /capturedir:c:
```

等待命令执行完毕，custom.wim 也创建完成，其存储位置和用于启动的 WIM 文件相同。

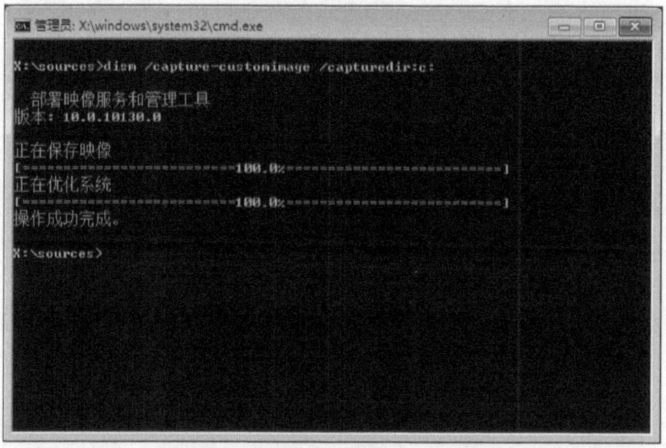

图 12-13　创建 custom.wim 文件

　　注意　有关 WinPE 的制作及使用，请看第 14 章内容。

a. 重置 WIMBoot 功能

重置 WIMBoot 是指使用可启动的 WIM 文件重新生成指针文件，相当于重新安装操作系统。重置 WIMBoot 不会保存任何操作系统设置或应用程序，所以请备份数据后再进行操作。

① 启动计算机至 WinPE 或启动至 Windows 10 操作系统安装界面并按下 Shift+F10

组合键，然后在命令提示符中执行如下命令格式化 Windows 分区，这里以 C 盘为 Windows 分区为例。

```
format C: /Q /FS:NTFS /v:"Windows"
```

② 重新生成指针文件（PointerFile），输入如下命令。

```
dism /apply-image /imagefile:f:\install.wim /applydir:c: /index:1 /wimboot
```

等待命令执行完毕，重新启动计算机之后，按照提示操作即可。

b. 删除 WIMBoot 功能

如果要取消从 WIM 文件启动并使用常规方式安装系统，按照以下步骤操作。

① 启动计算机至 WinPE 或启动至 Windows 10 操作系统安装界面并按下 Shift+F10 组合键，然后在命令提示符中执行如下命令格式化 Windows 分区，这里以 C 盘为 Windows 分区为例。

```
format C: /Q /FS:NTFS /v:"Windows"
```

② 部署存储于 F 盘中的 install.wim 至 C 盘，执行如下命令。

```
dism /apply-image /imagefile:f:\install.wim /applydir:c:\ /index:1
```

等待命令执行完毕，重新启动计算机进入操作系统安装阶段。

12.2　Modern 应用程序内存管理

内存作为影响计算机性能的主要因素之一，用户也很看重程序运行时占用的内存空间，毕竟这是有限的资源。在 Windows 10 操作系统中，微软为 Modern 应用程序引入和 Windows 10 移动操作系统一样的内存管理模式，也就是"挂起"模式或"墓碑"模式。本节主要介绍 Modern 内存管理方面的内容。

12.2.1　内存与 Modern 应用程序

内存管理作为操作系统四大核心管理机制，重要性不言而喻。内存管理要具备四种功能才能使计算机正常运行。

- **内存的分配和回收**：操作系统按照应用程序的要求，在内存中按照一定的算法为应用程序分配内存资源，并且把已关闭的应用程序所占用的内存资源回收，以供其他应用程序使用。

- ■ **内存利用率**：通过多应用程序共享内存，提高内存使用率。

- ■ **内存信息保护**：保证各个应用程序或进程在各自分配的内存空间进行操作，不破坏操作系统区的信息，并且互不干扰，也就是防止内存泄露。

- ■ **通过虚拟技术"扩充"内存容量**：当应用程序使用的内存要比物理内存大或内存空间被其他应用程序所占用时，操作系统通过虚拟技术在硬盘分配一块空间作为虚拟内存以供应用程序使用。

所以说应用程序在内存管理方面的能力是相当重要的。Modern 应用程序的内存管理采用了"挂起"模式来解决内存的使用问题。所谓"挂起"模式就是当 Modern 应用程序不在当前屏幕中使用时，操作系统自动将其暂停并保留其所占用的内存空间；当内存资源不足时，操作系统要求这些被挂起的应用程序释放所占用的大部分内存资源；当 Modern 应用程序再次被打开时，操作系统重新为其分配内存资源。这种模式的好处在于，不使用该应用程序时可以释放内存资源给其他应用程序使用，再次使用该应用程序时可以快速启动，应用程序不需要重新加载，用户几乎无法在应用程序切换的间隙感觉到这些差异。

所以相对于桌面操作系统的多任务后台管理模式，Modern 应用程序的多任务管理可以叫做"伪后台"模式。

但是对于即时通信类的 Modern 应用程序，可以采用推送的消息机制。例如使用 Modern 版 QQ 被挂起之后，操作系统会自动推送其收到的消息，并在屏幕右侧弹窗显示。

12.2.2　Modern 应用程序内存回收机制

Modern 应用程序不同于桌面应用程序，因为它们一旦离开当前使用屏幕，通常都会被标注为"已暂停"状态，如图 12-14 所示，此时它们不会使用任何内存资源。

已被暂停（挂起）的 Modern 应用不会自动释放内存资源，只有当操作系统内存资源不足时，内存资源才会被回收以供其他应用程序使用。那么内存是如何被回收的呢？通过下面的图解可以很清楚的了解 Modern 应用内存回收机制。

① 当操作系统检测内存资源不足时，进程生命期管理器（PLM）要求内存管理器回收已被挂起的 Modern 应用程序所内存空间，如图 12-15 所示。

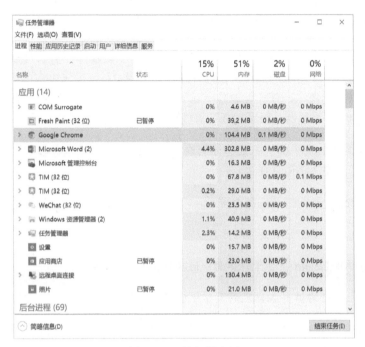

图 12-14　挂起的应用

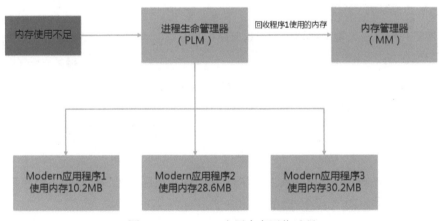

图 12-15　Modern 应用内存回收过程

② 内存管理器将准备回收的内存资源信息发送给操作系统，此时操作系统回收这部分内存资源，并保留之前 Modern 应用程序使用内存资源的信息。

③ 当 Modern 应用程序被再次使用时，操作系统会根据之前保持的信息，迅速把 Modern 应用程序的进程移动到之前原始内存空间位置。

12.3　任务管理器

对于使用 Windows 操作系统的用户来说，最熟悉的应该就是任务管理器。当遇到程序未响应的时候，最善长的操作便是打开任务管理器，结束掉未响应的程序进程。在 Windows 10 操作系统中，任务管理器得到了巨大的革新，相对于旧版 Windows 系统的操作系统中的任务管理器，新版的任务管理器功能更强大、操作最简便、界面更直观。

Windows 10 操作系统中的任务管理器有两种显示模式及简略信息模式和详细信息模式，默认打开的是简略信息模式。

首先，先来介绍下如何打开任务管理器，打开任务管理器有如下 4 种方法。

■ 同时按下 Ctrl+Shift+Esc 直接打开。

■ 按下 Ctrl+Alt+Delete 在打开的界面中选择任务管理器。

■ 在任务栏上单击右键并在出现的菜单中选择任务管理器。

■ 按下 Win+R 组合键，然后在打开"运行"对话框中输入 taskmgr.exe 并回车键，即可打开任务管理器。

12.3.1　简略版任务管理器

第一次打开新版任务管理器显示的只是简略信息，显示当前正在运行的应用程序，如图 12-16 所示。

新版任务管理器更加简洁直观，后台运行的应用程序也可以显示出来（如 Modern 应用程序、某些后台客户端程序），这在传统的任务管理器应用程序选项页中将无法显示。而一些操作系统程序（如文件资源管理器、任务管理器等）在简略版任务管理器中也将无法显示。

如果在 64 位 Windows 10 操作系统中使用 32 位的应用程序时，会在应用程序后标注为 "32 位"程序，如图 12-16 所示。

结束未响应的应用程序是用户使用任务管理器最主要的原因，在简略版任务管理器中对于未响应的程序会在右侧给出红色的"未响应"标识，在一片空白的界面中更加醒目。

如要关闭某个应用程序只需选中该程序，然后单击右下角"结束任务"按钮即可，或者在选中的应用程序上单击右键选择结束任务。

虽然只是简略版任务管理器，且一些功能选项隐藏在右键菜单之中，但是其功能足够使用，如图 12-17 所示。

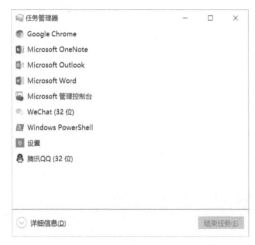

图 12-16　简略版任务管理器　　　　　图 12-17　任务管理器右键菜单

- **切换到**：单击此选项，会将打开选中的应用程序至当前屏幕显示。

- **结束任务**：单击此选项即可关闭选中的应用程序。

- **运行新任务**：有时候文件资源管理器崩溃，失去桌面环境，可是手动运行 explorer. exe 来重新启动桌面环境。在新建任务对话框中还可以选择是否以管理员身份来运行程序。

- **置于顶层**：始终保持任务管理器在其他应用程序前台。

- **打开文件所在位置**：选择此项可以打开应用程序的所在位置。

- **联机搜索**：这是新版任务管理器中引入的联机搜索功能。当使用任务管理器时，可能对某些应用程序或进程陌生，也或许是某些恶意程序。遇到这种情况可以选中应用程序或进程右键选择"联机搜索"，此时操作系统会调用浏览器默认的搜索引擎来搜索该应用程序或进程，搜索的关键词为进程名称加应用程序名称。

- **属性**：选择此项会打开应用程序或进程的属性页。

虽然只是简略版任务管理器，没有繁杂的功能选项，只有结束任务、程序定位、属性查询、联机搜索等一些基本功能，但是也能满足大部分用户的使用需求。

12.3.2 详细版任务管理器

如果感觉简略版不够用，可以单击简略版任务管理器左下方的"详细信息"选项切换
至功能更强的完全版。在这里可以看到熟悉的进程管理器、性能监测器、用户管理器
等选项页，以及新增加的应用历史记录、启动、详细信息选项页。

1. 进程选项页

新版任务管理器采用的是热图显示方式，通过颜色来直观的显示应用程序或进程使用
资源的情况，同时也保留了数字显示方式。由于人眼对于颜色的敏感度远高于数值，
这种由计算机事先处理过的信息（颜色）便能保证用户更快地发现高负载应用程序。
例如当有一个应用程序出现异常，并导致操作系统出现某种资源过载时，任务管理器
便会通过红色系（色系随过载程度递增）向用户报警。而当过载特别严重时，提醒色
会瞬间变为大红色，使得用户能够迅速发现问题所在，如图 12-18 所示。

图 12-18 详细版任务管理器

进程选项页默认情况下依次显示：名称、状态、CPU（程序使用 CPU 状况）、内存（程
序占用内存大小）、磁盘（程序占用磁盘空间大小）、网络（程序使用网络流量的多少）。
另外，进程选项页，还可以显示类型、发布者、PID、进程名称、命令行等项目，只
需在选项栏中单击右键并在出现的菜单中选择相应选项即可，如图 12-19 所示。

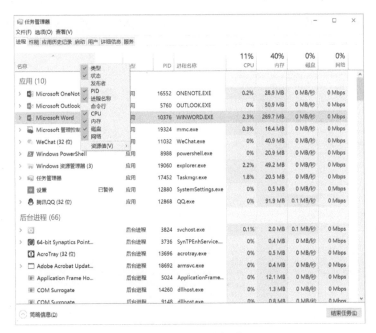

图 12-19　显示更多项目

名称一栏显示的进程分为 3 组：应用、后台程序、Windows 进程。更加贴心的是在每个程序下面会包括一些打开的子程序，例如打开多个 Word 文档，在 Word 程序下面会分别显示，如图 12-20 所示。

单击名称栏可以按照资源使用值的大小（不包括磁盘使用值）通过降序或升序的方式排列。同样单击 CPU、内存、磁盘、网络栏也能对应用程序按照使用资源量来进行排列。如果有应用程序未响应，则会在状态栏中显示"未响应"字样。

> ☑ 📒 Microsoft OneNote (2)
> 　📒 kerberos认证原理 - OneNote
> 　📒 日常记录 - OneNote

图 12-20　进程子菜单

内存、磁盘、网络三栏列表，不仅可以以具体使用数值来显示资源使用情况，也可以使用百分比的方式来显示。选中某个应用程序单击右键并在出现的菜单中选择"资源值"，然后在打开的二级菜单中选择内存、磁盘、网络中的某一项，选择以百分比显示，如图 12-21 所示。

2. 性能选项页

新版任务管理器中的性能选项页得到了极大改进与完善，完全可以替代第三方的性能监视器。新版任务管理器在旧版的基础上增加了"磁盘""Wi-Fi""以太网"三大图表，并且显示更加简洁合理，使得用户能够更直观地查看相关资源，如图 12-22 所示。

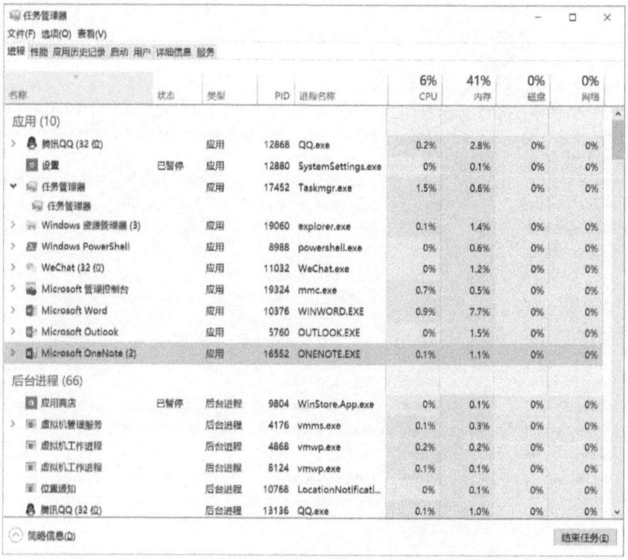

图 12-21　资源占用率显示方式

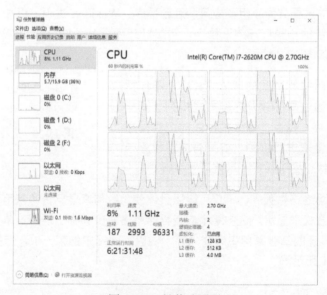

图 12-22　性能选项页

在性能选项页显示的是所监视的设备列表与资源使用率动态图，双击列表或动态图即可单独显示，如图 12-23 所示，再次双击即可恢复。

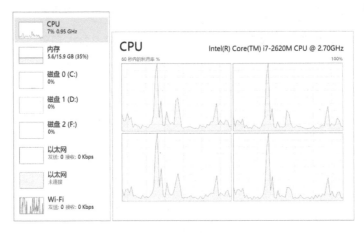

图 12-23　单独显示列表

CPU 图表页

在 CPU 图表页会显示所用 CPU 名称、最大运行频率、当前运行频率、内核数等信息，如图 12-22 所示。

内存图表页

内存图表页显示计算机内存的总大小、使用率以及内存的一些硬件信息，如图 12-24 所示。

图 12-24　内存图表页

磁盘图表页

磁盘图表页主要监测硬盘的读写速度以及活动时间，如图 12-25 所示。

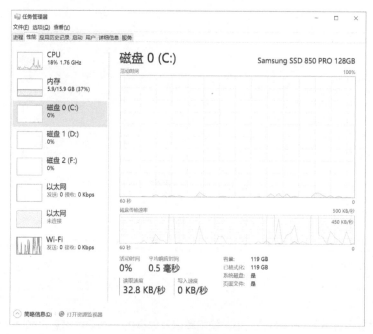

图 12-25　磁盘图表页

Wi-Fi 图表页

Wi-Fi 图表页主要监测网络的接收与发送的情况，表中也会显示无线网络连接的一些相关信息，如图 12-26 所示。

3.　应用历史记录

在新版任务管理器中，新增的应用历史记录选项页主要用来统计 Modern 应用程序的运行信息，如果使用过智能手机的话就能更好理解其用意。Windows 10 操作系统其实是给用户提供了一个全局版信息统计平台，可以显示每一款 Modern 应用程序的占用 CPU 时间、使用网络流量多少以及更新 Modern 应用程序耗费的网络流量等信息，如图 12-27 所示。在选项栏中单击右键并在出现的菜单中可以选择显示更多选项。如果用户使用的是按流量计费的网络，那么此选项页对用户来说很实用。

和进程选项页一样，此页同样支持单击选项栏执行排序，同时还可以单击"删除使用情况历史记录"选项来删除清除记录。

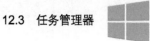

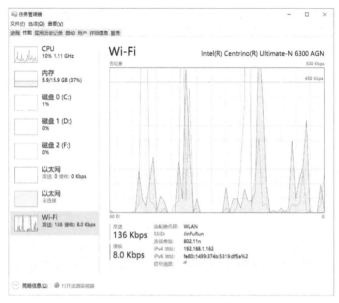

图 12-26　网络图表

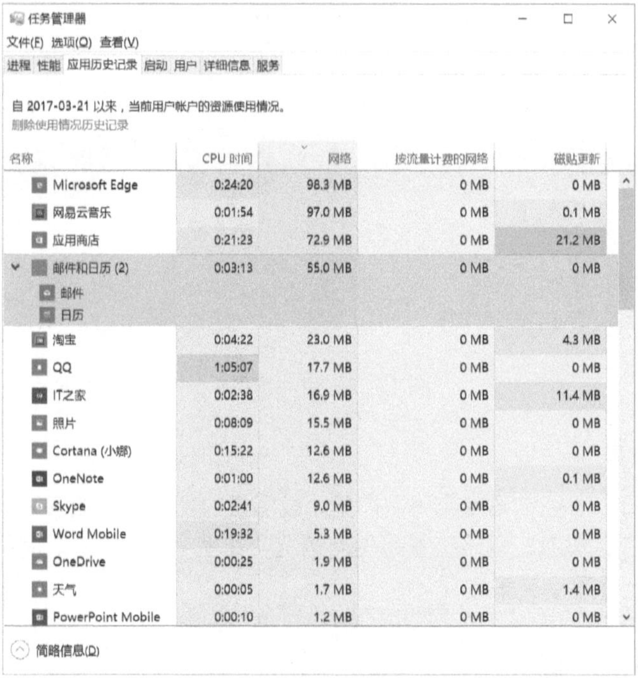

图 12-27　应用历史记录选项页

4.　启动选项页

原本属于系统配置程序中的启动设置功能也被整合到了新版任务管理器，同时还新增了"启动影响"栏，主要作用是显示启动项对 CPU 与磁盘活动的影响程度，向用户提供一些启动影响度方面的建议，显示"无"表明此启动项对 CPU 与磁盘活动的影响程度低，对操作系统启动速度影响不大。显示"高"表明此启动项在操作系统启动过程中对 CPU 与磁盘活动的影响程度大，因此操作系统的启动速度也会变慢。和其他选项页一样，在选项栏右键菜单中可以选择显示更多选项。

如果用户对操作系统启动速度有特殊要求的话，可以设置开机不启动某些程序，加快操作系统启动速度。选中列表中的程序即可在右下角选择是否启用（开机启动）或禁用（开机不启动），如图 12-28 所示。

图 12-28　启动选项页

5.　用户选项页

用户管理页较旧版任务管理器实用了许多，最明显的变化就是能够同时显示出不同用户的 CPU、内存、磁盘、网络流量等使用情况，如图 12-29 所示。同样，在选项栏右键菜单中可以选择显示更多选项。

6.　详细信息选项页

详细信息选项页其实就是旧版任务管理器的进程选项页，如图 12-30 所示。和新版进程选项页相比，其的优势就在于，右键菜单中为用户提供进程树中止、设置优先级、设置 CPU 内核从属关系、通过进程定位服务等进程高级操作。此外，详细信息页可显示的参数列表有 39 种之多，可非常详细的查看进程的各种资源使用情况。

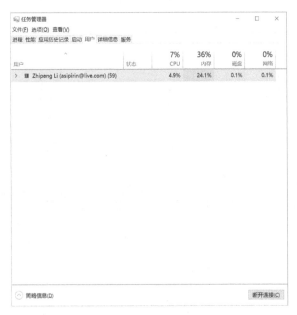

图 12-29　用户选项页

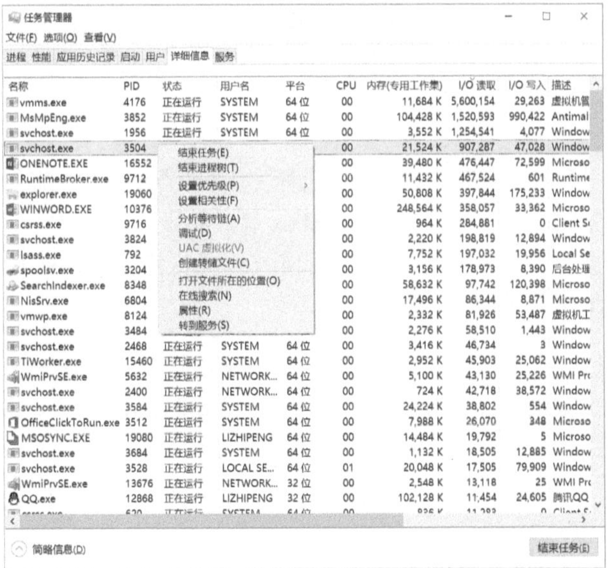

图 12-30　详细信息选项页

7. 服务选项页

在新版任务管理器中服务页基本没有大的变化，启动服务 / 关闭服务可以使用右键菜单来完成，选择右键菜单中的"打开服务"选项可以查看服务的完整信息，如图 12-31 所示。

图 12-31　服务选项页

12.4　Microsoft 帐户

微软不仅着力统一所有产品的界面风格，而且也统一了多种微软帐户类型，包括之前 MSN、Windows Live、Windows Phone、Xbox 等产品帐户。自 Windows 8 操作系统开始，微软即把这些类型的帐户全部统一至 Microsoft 帐户，Microsoft 帐户也就是以前的"Windows Live ID"的新名称。

使用 Microsoft 帐户，可以登录并使用任何 Microsoft 应用程序或服务，例如 Outlook、OneDrive、Xbox 或 Office 等产品。本节主要介绍 Microsoft 帐户在 Windows 10 操作系统中的使用方式。

12.4.1　Microsoft 帐户简介

Microsoft 帐户不但可以统一管理包括 Outlook、Office 365、Zune、Xbox 360、

OneDrive、Windows Live Messenger（MSN）和 Windows Mobile 等平台的微软在线服务帐户。而且在 Windows 10 操作系统中，还可以使用 Microsoft 帐户登录本地计算机并进行管理。

很多用户在重新安装操作系统之后最大的烦恼就是对 Windows 进行个性化的设置、重新输入保存各个网站的密码，这是令人头疼的事情，而且耗时又耗精力。自 Windows 8/8.1/10 操作系统引入了 Windows 设置漫游功能，用户可以在安装 Windows 8/8.1/10 操作系统的计算机之间使用微软提供的云服务来漫游 Windows 设置。当使用 Microsoft 帐户登录计算机之后，即可自动启用 OneDrive 服务。漫游的 Windows 设置数据都保存于 OneDrive 中，并且 Windows 设置数据不会占用原有的 OneDrive 空间容量。

Windows 10 操作系统还对一些 Modern 应用程序提供了原生的云存储服务，这些程序包括邮件、日历、人脉、照片、消息等。因此当使用 Microsoft 帐户登录计算机时，电子邮件、日历、联系人、消息等应用程序中原有的数据都可以在新操作系统中显示出来。这里需要说明的是使用某些 Modern 应用程序必须要使用 Microsoft 帐户登录才可以使用。

当使用 Microsoft 帐户登录 Windows 10 操作系统之后，登录同样需要 Microsoft 帐户的微软网站或应用程序时，不需要再重新输入帐户和密码，操作系统会自动登录。这样就简化了登录流程，为用户带了极大的便利。

Microsoft 帐户还允许用户查看通过 Microsoft 在线服务进行的购物以及更新帐户信息。

12.4.2 使用 Microsoft 帐户登录 Windows 10

Windows 10 操作系统提供两种类型帐户用以登录操作系统，分别是本地帐户和 Microsoft 帐户。在操作系统安装设置阶段会提示使用何种帐户登录计算机，默认使用 Microsoft 帐户登录操作系统，同时也提供注册 Microsoft 帐户连接，如图 12-32 所示，当然前提是计算机要连接到互联网。

在无网络连接的情况下只能使用本地帐户来登录操作系统，单击图 12-32 中的"脱机帐户"选项，即可创建本

图 12-32　使用 Microsoft 帐户登录计算机

地帐户登录操作系统。

12.4.3 设置同步选项

在 Windows 10 操作系统中可以漫游操作系统使用和创建的桌面主题，包括颜色、声音和桌面壁纸（对于背景壁纸，如果图片小于 2MB，则将漫游原始图像。如果图片大于 2MB，将会对图片进行压缩并剪裁至 1920×1200 分辨率）。还可以漫游电脑设置、浏览器收藏夹、密码等，且这些同步选项可以选择。Windows 10 操作系统中默认启用同步设置，在 Modern 设置中依次打开"帐户"-"同步你的设置"，如图 12-33 所示，在该选项下即可开启或关闭同步功能，也可以手动设置同步数据类型。Windows 10 操作系统可同步设置总计有以下 6 种。

■ 主题（主题、背景、锁屏壁纸及用户头像）

■ 密码（用于某些应用、网站、网络和家庭组的登录信息）

■ 轻松使用（讲述人、放大镜等）

■ 语言首选项（键盘、其他输入法和显示语言等）

■ Internet Explorer 设置（IE 以及 Edge 浏览器的设置和信息，例如历史记录和收藏夹）

■ 其他 Windows 设置（文件资源管理器、鼠标及更多设置）

图 12-33 Windows 10 同步选项

对于同步的这些设置和数据，尤其是密码，安全和隐私是重中之重。微软使用了一套信任机制来保护数据和设置的安全，同步密码时操作系统要求 Microsoft 帐户和计算机建立信任关系。如图 12-34 所示，单击图中的"验证"，此时操作系统会要求通过手机短信或电子邮件验证登录此计算机的 Microsoft 帐户合法性，这里按照提示操作即可。验证完成之后，此计算机即被 Microsoft 帐户标记为可信任的计算机，这样就可以同步 Microsoft 帐户保存的密码了。

为了确保这些同步的数据安全，微软采取多种措施保护。首先，对于从计算机发送到云存储中的数据和设置均使用 SSL/TLS 进行传输。其次，对于密码信息，操作系统会对这些数据和设置进行二次加密，即使是微软本身的服务也无法访问这些数据。

图 12-34 提示验证才能同步密码

12.4.4 Microsoft 帐户设置

本节主要介绍 Microsoft 帐户常用的设置方法。

1. 注册 Microsoft 帐户

在安装 Windows 10 操作系统时，不是每个人都会使用 Microsoft 帐户登录 Windows 10 操作系统。例如没有网络、没有 Microsoft 帐户等原因。创建 Microsoft 帐户，可以通过两种途径来注册，一是通过浏览器访问 http://account.microsoft.com/ 进行注册，二是通过 Windows 10 操作系统中的 Microsoft 帐户注册链接进行注册。

注册 Microsoft 帐户时，请务必设置有效的手机号码及电子邮件地址，以便后续登录操作系统或同步密码进行验证时使用。由于注册过程简单，按照提示操作即可完成，这里不再赘述。

2. 从本地帐户切换至 Microsoft 帐户

因为本地帐户无法使用某些 Modern 应用程序且无法同步操作系统设置数据，所以为了能完全体验 Windows 10 操作系统功能，请务必使用 Microsoft 帐户登录操作系统。

在 Modern 设置中依次打开"帐户"-"你的信息"，然后在图 12-35 中单击"改用 Microsoft 帐户登录"并按照要求输入 Microsoft 帐户及密码，然后操作系统会要求用户使用注册 Microsoft 帐户登录，按照提示输入帐户及密码，帐户和密码验证通过之后，当前登录帐户自动切换为 Microsoft 帐户，如图 12-36 所示，此时在该界面会提示进行 Microsoft 帐户身份验证，验证通过之后才能同步漫游的配置信息。

图 12-35　帐户设置

3. 更改 Microsoft 帐户密码

牵扯到帐户设置，必须要面对的是密码的管理，定期更换 Microsoft 帐户密码，同样是保护帐户的措施之一。修改 Microsoft 帐户密码有两种方式，一是通过 Microsoft 帐户管理中心更改密码，二是通过 Windows 10 操作系统中的帐户管理选项修改密码。

图 12-36 Microsoft 帐户信息

■ 通过 Microsoft 帐户管理中心更改密码。

打开浏览器访问 https://account.live.com/Password/Change，此时会要求使用 Microsoft 帐户登录，登录成功之后，如果是非常用计算机或网络，会要求通过手机短信、邮件验证修改密码操作的合法性，按照提示要求完成验证之后，就会出现密码修改界面，如图 12-37 所示，按照提示完成修改密码。

图 12-37 修改 Microsoft 帐户密码

更改密码之后，操作系统会自动同步新密码至 Windows 10 操作系统，重新登录 Windows 10 操作系统时，必须要使用新密码才能登录。

■ 在 Windows 10 中修改 Microsoft 帐户密码。

使用 Microsoft 帐户登录 Windows 10 操作系统之后，在 Modern 设置中依次打开"帐户"-"登录选项"并在右侧密码选项下单击"更改"，如图 12-38 所示，然后在打开的密码修改界面中，按照提示完成密码修改。

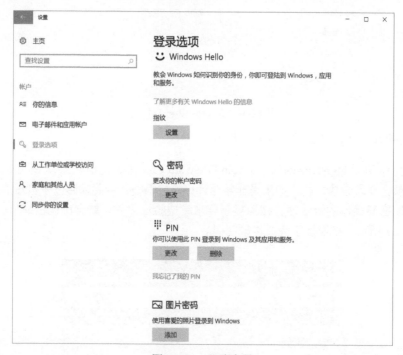

图 12-38　登录选项

12.4.5　登录模式

传统的 Windows 登录方式都使用字符式密码来验证用户身份登录操作系统，在 Windows 7 操作系统中，用户可以使用指纹识别设备来登录操作系统，但是这需要额外的硬件支持。

随着技术的进步，纯粹的字符式密码已无法满足用户需求，因此在 Windows 8 操作系统中，微软新增两种登录模式：图片密码、PIN，而 Windows 10 操作系统不仅具备这两种登录模式，还新增更加先进的生物识别技术登录模式，也就是 Windows Hello。

因此，Windows 10 操作系统共计有 4 种登录模式，分别是字符密码、图片密码、PIN、Windows Hello（需硬件支持），本节对其中的 3 种登录模式做一介绍。

 注意　如果是通过远程方式登录计算机，则只能使用字符密码登录模式。

1. 图片密码

图片密码就是指预先在一张图片上绘制一组手势，操作系统保存这组手势，当登录操作系统时，用户需要重新在这张图片上绘制手势，如果绘制的手势和之前设置的手势相同，即可登录操作系统。使用图片密码登录将得到快速、流畅的用户体验，而且图片密码所使用的图片支持自定义。

启用图片密码

Windows 10 操作系统默认关闭图片密码，需要用户自己创建图片密码。操作步骤如下。

① 在图 12-38 所示的"登录选项"设置分类的图片密码选项下，单击"创建图片密码"，即可打开创建图片密码向导。在创建图片密码之前，操作系统需要验证密码。

② 进入创建图片密码向导后，如果是第一次使用图片密码，则操作系统会在界面左侧介绍如何去创建手势，并且在右侧界面还有创建手势的演示动画，看完演示动画之后，选择图中的"选择图片"，如图 12-39 所示。

图 12-39　创建图片密码

③ 选择图片之后，操作系统会提示是否要使用这张图片，如果确认单击"使用这张图片"，开始创建手势组合，如果不喜欢可以单击"选择新图片"重新选取图片，如图 12-40 所示。

图 12-40　选择密码图片

④ 确定使用的图片之后，开始创建手势组合。因为每个图片密码只允许创建 3 个手势，所以图中醒目的 3 个数字表示当前已创建至第几个手势，如图 12-41 所示。手势可以使用鼠标绘制任意圆、直线和点等图形，手势的大小、位置和方向以及画这些手势的顺序，都将成为图片密码的一部分，因此必须牢记，这里按照之前的演示动画创建手势即可。

图 12-41　创建手势组合

⑤ 创建完成手势组合之后，操作系统会要求确认手势组合密码，如图 12-42 所示，重新绘制手势并验证通过之后，会提示图片创建成功，如图 12-43 所示。

图 12-42　确认手势组合

图 12-43　成功创建图片密码

创建完成图片密码之后，重新登录或解锁操作系统时，会自动使用图片密码登录模式，如图 12-44 所示。如果不想用图片密码，可以单击图中的"登录选项"使用其他登录模式登录 Windows 10 操作系统。

注意　图片密码输入错误次数达到 5 次，操作系统将会阻止用户继续使用图片密码登录操作系统，只能使用纯字符式密码登录操作系统。

图 12-44　图片密码登录方式

 注意　图片密码只能在登录 Microsoft 帐户的 Windows 10 操作系统中使用。

修改图片密码

图片密码和字符密码同样可以修改，同时，也建议用户定期修改图片密码。

在 Modern 设置中依次打开"帐户"-"登录选项"，然后在右侧图片密码选项下单击"更改"，然后按照提示重新绘制新的手势即可，这里不再赘述。

删除图片密码

如果不想使用图片密码，在"登录选项"的图片密码选项下单击"删除"选项，即可删除图片密码。

2. PIN

PIN 全称 Personal Identification Number，即个人识别密码。在 Windows 10 操作系统中，使用 PIN 登录将使登录过程更加易用快捷。

启用 PIN 之后，操作系统将其与 Microsoft 帐户绑定，因此可以跨设备平台使用。此外，用户还可以使用 PIN 在 Windows 应用商店购买应用，免除输入密码。

启用 PIN

在 Windows 10 操作系统 OOBE 阶段，如果设置使用 Microsoft 帐户，则操作系统会要求用户启用 PIN。如果是在使用本地帐户已经安装完成的 Windows 10 操作系统中启用 PIN，则需要先使用 Microsoft 帐户登录并通过短信或邮件验证之后，才能启用 PIN。

启用 PIN 登录模式步骤很简单，只需在图 12-38 的 PIN 选项下单击"添加"选项，然后操作系统会要求验证 Microsoft 帐户密码，验证通过之后在出现的界面中输入最少 4 位数字作为 PIN 密码，如图 12-45 所示，PIN 有复杂性要求操作系统会自动进行判断，不能使用简单的数字作为 PIN。PIN 就创建完毕，重新登录或解锁操作系统时，会自动使用 PIN 登录模式，并且输入 PIN 之后无需按回车即可进入操作系统，如图 12-46 所示，单击图中的"登录选项"，即可选择其他登录模式。

图 12-45　创建 PIN

图 12-46　使用 PIN 登录操作系统

注意　PIN 输入错误的次数达到 5 次，操作系统将会阻止用户使用该功能，后用户只能使用纯字符密码登录操作系统。

修改 PIN

修改 PIN 只需在 PIN 选项下单击"更改"，然后在出现的修改 PIN 界面中，输入旧 PIN 和新 PIN 并确认，最后单击"确定"等待操作系统修改完成。

重置 PIN

如果忘记设置的 PIN，可在"登录选项"的 PIN 选项下，单击"我忘记了我的 PIN"，然后按照提示完成重置 PIN 操作。

3.　Windows Hello

Windows Hello 是 Windows 10 操作系统中全新的安全认证识别技术，它能够在用户登录操作系统时，对当前用户使用指纹、人脸和虹膜等生物识别方式认证登录。Windows Hello 比传统密码更加安全，用户今后将不需要记忆复杂的密码，直接使用自身的生物特征来解锁计算机。

使用 Windows Hello 需要特定硬件支持，指纹识别需要指纹收集器，而人脸和虹膜是被则需要使用 Intel 3D 实感（RealSense）相机，或者采用该技术并且得到微软认证的传感器作为生物信息捕捉设备。

有了 Windows Hello，只需在 Windows 10 操作系统的锁屏界面前露一下脸或刷一下指纹，即可瞬间准确识别当前用户信息并登录 Windows 10 操作系统。

Windows Hello 在不同光线条件下也保持有很高的识别率。同时，人脸识别也相当准确，即使是双胞胎也能准确识别。

此外，微软还引入了名为 Microsoft Passport 的登录认证服务，通过 Microsoft Passport 和 Windows Hello，Windows 10 操作系统可以帮助用户在不使用传统密码的前提下，通过生物验证安全的为应用程序、网站和网络授权。Windows Hello 和 Microsoft Passport 为可选项，用户还可以继续使用传统密码。

微软为了防止收集的生物特征数据泄露，所以将生物特征数据加密保存于本地计算机中。另外，这些数据只能用于 Windows Hello 和 Microsoft Passport，不会被用于在线身份验证。Windows Hello 和 Microsoft Passport 将会使计算机体验更具安全性，更加个性化。

启用 Windows Hello 之后，必须启用 PIN，以防止 Windows Hello 无法使用时还能使用 PIN 解锁操作系统。如果已经启用 PIN，在图 12-38 的 Windows Hello 选项下单击"设置"，即可启动 Windows Hello 设置向导，如图 12-47 所示，单击"开始"，然后向导程序提示开始采集指纹特征数据，如图 12-48 所示。指纹采集过程会要求进行多次采集，以便提高指纹解锁精确度，如图 12-49 所示，按照提示操作即可。指纹采集完成之后，会出现如图 12-50 所示的更多设置选项界面，可以添加其他的手指指纹解锁，如果启用 Windows Hello 之前未设置 PIN，则此处会要求必须设置 PIN，否则 Windows Hello 设置无效。

其他类型的生物验证特征采集过程与指纹采集过程类似，按照提示设置即可。

图 12-47 启用 Windows Hello

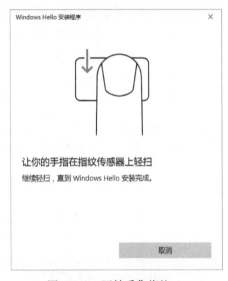

图 12-48 开始采集指纹

图 12-49 采集指纹

图 12-50 更多事项

12.5 帐户管理

由于 Windows 10 操作系统默认禁用 Administrator（管理员），因此该帐户也是通常情况下需要用户启用或禁用的目标帐户。对于 Administrator 帐户而言，Windows 10 专

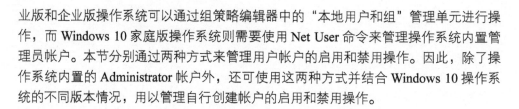

业版和企业版操作系统可以通过组策略编辑器中的"本地用户和组"管理单元进行操作，而 Windows 10 家庭版操作系统则需要使用 Net User 命令来管理操作系统内置管理员帐户。本节分别通过两种方式来管理用户帐户的启用和禁用操作。因此，除了操作系统内置的 Administrator 帐户外，还可使用这两种方式并结合 Windows 10 操作系统的不同版本情况，用以管理自行创建帐户的启用和禁用操作。

在 Windows 10 操作系统中，微软将新建以及更改帐户信息等设置选项移至 Modern 设置，因此，如要进行此类操作请在 Modern 设置中修改。

12.5.1 使用本地用户和组管理帐户

对于使用 Windows 10 专业版和企业版操作系统的用户，可以使用组策略编辑器中的本地用户和组管理单元，对 Windows 10 操作系统中的帐户进行管理。

1. 启用 Administrator 帐户

本节以启用 Administrator 帐户为例，操作步骤如下。

① 按下 Win+R 组合键，在打开"运行"对话框输入 lusrmgr.msc 并回车。

② 在本地用户与组管理器中，依次定位至"用户"-"Administrator"并双击打开，如图 12-51 所示。

图 12-51　本地用户和组管理单元

③ 在 Administrator 帐户属性页中，去掉"帐户已禁用"前面的复选框的勾，然后单击"确定"，如图 12-52 所示，然后注销当前登录帐户，即可使用 Administrator 帐户登录操作系统。如果是第一次以 Administrator 帐户登录操作系统，操作系统会对 Administrator 帐户进行初始化操作。如要为 Administrator 帐户设置密码，在图 12-51 中选中 Administrator 帐户并单击右键在出现的菜单中选择"设置密码"即可。

图 12-52　启用 Administrator 帐户

 注意　开启 Administrator 帐户操作过程中不会为其设置密码，强烈建议为 Administrator 帐户设置密码。

2. 向用户组添加帐户

使用本地用户和组管理单元，还可以把帐户添加至特定的用户组，相当于改变帐户类型。例如把一个管理员帐户添加至来宾用户组等。有关用户组内容请看第 7 章内容。本节以把标准帐户添加至来宾用户组为例，操作步骤如下。

① 在本地用户和组管理单元左侧导航栏中，定位至"组"节点，然后在右侧一栏中，选中 Guests 并双击打开。

② 在 Guests 属性页中，单击"添加"，如图 12-53 所示，然后在"选择用户"对话框中输入帐户完整名称，最后单击"确定"。

图 12-53　Guests 属性

③ 此时查看 Guests 属性页，帐户已被添加至 Guests 用户组成员列表，最后单击"确定"。当下次登录操作系统时，此设置才会生效。

12.5.2　使用 Net User 命令管理帐户

通过控制面板和 Modern 设置可对 Windows 帐户进行简单的管理，使用本地用户和组管理单元，可对帐户进行完全管理。但本地用户和组管理单元，只有在 Windows 10 专业版和企业版操作系统中才具备，而 Windows 10 家庭版操作系统没有此项功能。对于使用 Windows 10 家庭版操作系统的用户，需要启用 Administrator 帐户等操作时，可以使用 Net User 命令来操作。

Net User 命令适用于所有 Windows 10 操作系统版本的帐户启用、禁用以及修改密码等操作。例如启用或关闭 Administrator 帐户以及设置密码，只需以管理员身份运行命令提示符，执行如下命令即可。

```
net user administrator /active:yes
```

启用 Administrator 帐户。

```
net user administrator 1234567
```

为 Administrator 帐户设置密码。其中 1234567 为设置的密码。

```
net user administrator /active:no
```

禁用 Administrator 帐户。

图 12-54 通过 Net User 命令来启用或禁用帐户

第 13 章

操作系统安全与管理

13.1　Windows 服务（Windows Service）

Windows 服务是一种在操作系统后台运行的应用程序类型。Windows 服务除了提供操作系统的核心功能，例如 Web 服务，音视频服务、文件服务、网络服务、打印、加密以及错误报告等功能等外，部分应用程序也会创建自有 Windows 服务为其使用。本节将介绍有关 Windows 服务方面内容。

13.1.1　Windows 服务概述

在 Windows 10 操作系统中，Windows 服务是一种没有图形界面并运行于内存中的应用程序类型，属于操作系统核心部分，在概念上类似于 Unix 操作系统中的守护进程（daemon）。如果不适当的管理 Windows 服务，就会影响到操作系统或应用程序的正常运行。

Windows 服务功能结构由 3 部分组成：服务应用、服务控制程序（SCP）以及服务控制管理器（SCM）。服务应用实质上也是普通的 Windows 可执行程序，但是其必须要符合 SCM 的接口和协议规范才能被使用。服务控制程序（SCP）是一个执行在本地或远程计算机上与 SCM 通讯的应用程序，SCP 负责执行 Windows 服务的启动、停止、暂停、恢复等操作。SCP 具备图形界面，添加了服务管理单元的 Microsoft 管理台（本文称作服务控制台）就是 SCP 程序，如图 13-2 所示。服务控制管理器（SCM）负责使用统一和安全的方式去管理 Windows 服务，其存在于 %windir%\System32\services.exe 程序中，当操作系统启动以及关闭时，其自动被呼叫去启动或关闭 Windows 服务。SCM 可以管理储存于自身中包含有已安装的 Windows 服务以及驱动程序的信息数据库，因此一个 Windows 服务的安装过程其实就是将自身信息写入该数据库的过程。

Windows 服务有 3 种运行状态，分别是运行、停止、暂停。根据不同的使用需求可以选择不同的运行状态。

出于安全原因，需要确定 Windows 服务运行时创建的进程可以访问哪些资源，并给予特定运行权限。因此，Windows 10 操作系统中采用本地系统帐户（local system）、本地服务帐户（local service）、网络帐户（network service）3 种类型帐户，以供需要不同权限的 Windows 服务运行使用。

查看本地计算机 Windows 服务运行状况可以打开任务管理器并切换到服务选项页，里面显示所有 Windows 服务的运行状态，如图 13-1 所示。

图 13-1　任务管理器

同时也可以使用服务控制台对本地计算机或远程计算机中的 Windows 服务进行管理。在"运行"对话框中输入 services.msc 并按 Enter 键或单击图 13-1 底部的"打开服务"，即可打开服务控制台，如图 13-2 所示。

图 13-2　服务控制台

服务控制台界面右侧显示当前计算机所有 Windows 服务信息及运行状态，选中并双击某项服务即可打开服务属性设置界面，如图 13-3 所示，服务属性界面由个选项页组成，以下分别做介绍。

■ 常规

常规选项页中主要显示 Windows 服务名、显示名称、描述信息、启动类型、运行状态、启动参数设置等，如图 13-3 所示。Windows 服务启动类型有"自动（延迟启动）""自动""手动""禁用" 4 种配置可供选择。其中"自动"是指 Windows 服务随操作系统启动而自动启动运行；"自动（延迟启动）"是指等操作系统启动成功之后再自动启动，"手动"是指由用户运行应用程序触发其懂；"禁止"指禁止服务启动。

在常规选项页中，可以对 Windows 服务进行启动、停止、暂停、恢复等操作，还可以对 Windows 服务设置启动参数，以便完成特殊任务。

■ 登录

登录选项页中可以设置 Windows 服务运行时所使用的帐户。可以根据需要使用本地服务帐户、网络帐户以及本地系统帐户。使用本地系统帐户只需勾选图 13-4 中的"本地系统帐户"单选框即可。如要使用本地服务帐户或网络帐户，勾选"此帐户"单选框，然后单击"浏览"按钮并在出现的"选择用户"对话框输入 local service（本地服务帐户）或 network service（网络帐户）并确定，最后重启 Windows 服务即可使用设置的帐户身份运行。

图 13-3 服务"常规"选项页

图 13-4 服务"登录"选项页

■ 恢复

恢复选项页可设置 Windows 服务启动失败之后的操作。在图 13-5 中，可对服务启动失败第一次、第二次以及后续失败之后设置无操作、重新启动服务、运行一个程序、重新启动计算机等。

■ 依存关系

部分 Windows 服务运行时，依赖其他服务、驱动程序以及服务启动顺序等因素，所以在该选项页下可查看 Windows 服务运行时的依存关系以及系统组件对该服务的依存关系，如图 13-6 所示。

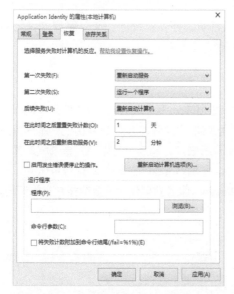

图 13-5　服务"恢复"选项页　　　　图 13-6　服务"依存关系"选项页

注意　更改默认服务设置可能会导致关键服务无法正常运行，请务必谨慎操作。

13.1.2　Windows 服务启动与停止

Windows 服务的启动、停止及暂停等操作，可以在任务管理器服务选项页、服务控制台等环境下选中要操作的服务，然后单击右键，在出现的菜单中选择相应选项即可。另外，也可以在图 13-3 的服务属性界面中进行操作。

除了上述使用图形界面的方式外，还可以使用 net 和 sc 命令行工具对 Windows 服务进行操作。

使用 net 命令对 Windows 服务进行操作

以管理员身份运行命令提示符，执行如下命令。

启动 Windows 服务输入：net start service（服务名称）

停止 Windows 服务输入：net stop service（服务名称）

暂停 Windows 服务输入：net pause service（服务名称）

恢复 Windows 服务输入：net continue service（服务名称）

图 13-7　使用 net 命令对服务进行操作

使用 sc 命令对 Windows 服务进行操作

以管理员身份运行命令提示符，执行如下命令。

启动 Windows 服务输入：sc start service（服务名称）

停止 Windows 服务输入：sc stop service（服务名称）

暂停 Windows 服务输入：sc pause service（服务名称）

恢复 Windows 服务输入：sc continue service（服务名称）

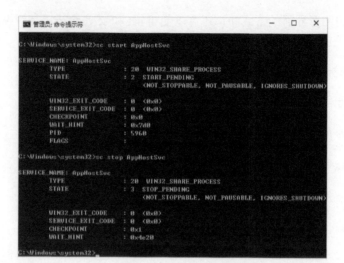

图 13-8　使用 sc 命令对服务进行操作

 注意 如果停止、启动或重新启动某项服务，也会影响所有依存服务。启动服务时，并不会自动重新启动其依存服务。

13.1.3　Windows 服务添加与删除

某些情况下，已经被卸载的应用程序所创建的服务还会继续在操作系统后台运行，对于此类 Windows 服务，在以管理员身份运行的命令提示符中输入 **sc delete service**（服务名称）即可删除，如图 13-9 所示。

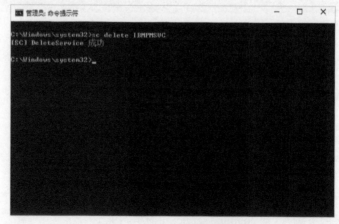

图 13-9　使用 sc 命令删除服务

另外，还可以通过注册表编辑器删除 Windows 服务。按下 Win+R 组合键，在打开"运行"对话框中输入 regedi.exe 并按 Enter 键，即可打开注册表编辑器。在注册表编辑器左侧列表中，定位到 HKEY_LOCAL_MACHINE\SYSTEM\CurrentControlSet\Services 节点，如图 13-10 所示。在 Services 节点下包含所有操作系统中安装的 Windows 服务，选中要删除的服务并单击右键，然后在出现的菜单中选择删除即可。

图 13-10　使用注册表删除服务

注意 删除 Windows 服务之前，请确定该项服务不存在依存服务或系统组件，如果存在依存关系，请谨慎操作。

13.2　用户帐户控制（UAC）

UAC（User Account Control，用户帐户控制）作为 Windows 10 操作系统的一项重要的安全功能，其第一次出现在 Windows Vista 操作系统中，它被设计用来减少操作系统受到恶意软件侵害的机会并提高操作系统安全性。但是在 Windows Vista 操作系统中，由于 UAC 设计不够完善，导致其被广大用户所诟病。在 Windows 7 操作系统中并没有放弃 UAC，而是将其重新设计，使之更适合用户使用。Windows 10 操作系统中的 UAC 不仅继承了 Windows 7/8 操作系统中 UAC 的全部功能，而且功能得到了改进，使之更全面的减少操作系统受到恶意软件侵害的机会。

13.2.1 UAC 概述

Windows Vista 之前的操作系统由于安全方面的问题广受外界批评，所以微软在 Windows Vista 操作系统中引入的新的安全技术 -UAC，目的旨在提高操作系统安全性。

使用 UAC 后，用户在执行可能会影响操作系统运行的操作或执行更改影响其他用户设置的操作之前，提供权限或管理员密码。其次，通过应用程序的数字签名显示该应用程序名称和发行者等信息，确保它正是用户所要运行的应用程序。

通过在这些操作，启动前对其进行验证，UAC 可以有效防止恶意程序和间谍程序在未经许可的情况下，对操作系统设置进行更改或安装应用程序。例如运行一些会影响操作系统安全的操作时，就会自动触发 UAC 并提示框，需要用户确认后才能继续执行操作，如图 13-11 所示。能够触发 UAC 的操作包括以下内容。

- 修改 Windows Update 配置。

- 运行需要特定权限的应用程序。

- 增加或删除用户帐户。

- 改变用户的帐户类型。

- 改变 UAC 设置。

- 安装 ActiveX 控件。

- 安装或卸载程序。

- 安装设备驱动程序。

- 修改和设置家长控制。

- 增加或修改注册表。

- 将文件移动或复制到 Program Files 或是 Windows 目录。

- 访问其他用户目录。

图 13-11 UAC 提示框

通俗来说，UAC 的工作原理之一就是临时提升当前帐户权限，使其具备部分操作系统权限。默认情况下，大部分应用程序只有普通权限，不能对操作系统的关键区域进行修改或使用，所以也不需要 UAC 进行提升权限操作。但是某些需要操作系统权限才能运行的应用程序，必须通过 UAC 临时获得操作系统权限才能运行。同时也可以在应用程序图标上单击右键选择"以管理员身份运行"，手动获取操作系统权限。UAC 功能类似于 Linux 中的 sudo 命令机制。

Windows Vista 操作系统中的 UAC 由于设计不够完善，导致频繁弹出权限验证对话框，影响了正常的用户体验。不过微软并没有放弃 UAC，在 Windows 7/8 操作系统中 UAC 功能得到了完善并加入了 UAC 的等级设置功能，分别对应 4 个级别，每个级别对应一种权限获取通知等级，Windows 10 操作系统也全部继承了 Windows 7/8 操作系统的这些功能改进。在 Cortana 中搜索关键词"uac"，即可打开 UAC 设置界面，如图 13-12 所示，在"运行"对话框中输入 UserAccountControlSettings.exe 并回车，也可打开 UAC 设置界面。

图 13-12　用户帐户控制设置

13.2.2　4 种 UAC 提示框详解

当需要提升权限应用程序才能运行时，UAC 会使用 4 种不同类型的提示框中的一种来通知用户。

■ Windows 10 操作系统中包含的应用程序需要获得用户确认才能运行，如图 13-13 所示。这种提示对话框只出现在运行 Windows 自带的应用程序时才会出现，而且这些应用程序都具有有效的数字签名，通过 UAC 可验证该程序的发布者是否为"Microsoft Windows"。如果出现的是此类型的提示框，表示可以安全的运行此应用程序。如果不确定，可以单击图中的"显示详细信息"来查看应用程序的所在位置以及证书信息。

■ 第三方应用程序需要用户确认才能运行，如图 13-14 所示。此类应用程序都具有有效的数字签名，数字签名可验证该应用程序发布者的身份。如果出现的是此类型的提示框，请确认该应用程序是否为想要运行的程序，并且是由可信任的应用程序发布者发布。

图 13-13 Windows 自带应用程序 UAC 提示框　图 13-14 具有数字签名应用程序 UAC 提示框

■ 应用程序没有数字签名，需要用户确认才能运行，如图 13-15 所示。此类应用程序不具有数字签名。但是不代表这类应用程序不安全，因为许多正规应用程序都没有数字签名。运行此类应用程序之前请确保应用程序的来源是否可靠，因为有些恶意程序会冒充为正规应用程序。

■ 操作系统不允许此应用程序在计算机上运行，如图 13-16 所示。操作系统检测到此类应用程序对计算机有害，不允许在计算机上运行，所以请及时删除此类应用程序。

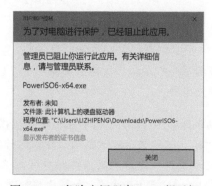

图 13-15 未知应用程序 UAC 提示框　图 13-16 危险应用程序 UAC 提示框

注意 如果要禁止某类应用程序使用 UAC 提升权限运行，可以将该类程序的证书导出并使用软件限制策略进行限制。

13.2.3 配置 UAC 规则

Windows 10 操作系统默认开启 UAC，并有 4 种运行级别。

■ **始终通知（最高级别）**

在高级运行级别下，进行安装或卸载应用程序、更改 Windows 设置等操作时，都会触发 UAC 并显示提示框，此时桌面将会变暗，用户必须先确认或拒绝 UAC 提示框中的请求，才能在计算机上执行此操作。变暗的桌面称为安全桌面，其他应用程序在桌面变暗时无法运行。由此可见该级别是最安全的级别，此级别适合在公共电脑上使用，禁止它人随意更改操作系统设置或安装卸载应用程序。

图 13-17　始终通知运行级别

■ **仅在程序尝试对我的计算机进行更改时通知我（默认级别）**

在此运行级别下，只在应用程序试图改变计算机设置时才会触发 UAC，而用户主动对 Windows 设置进行更改操作则不会触发 UAC。因此，此运行级别可以既不干扰用户的正常操作，又可以有效防范恶意程序在用户不知情的情况下更改操作系统设置。

推荐大部分用户采用此运行级别。

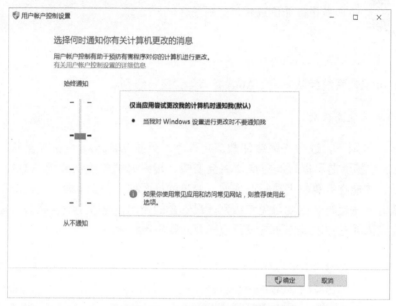

图 13-18　UAC 默认运行级别

■ 仅当程序尝试更改计算机时通知我（不降低桌面亮度）

与默认运行级别不同的是该运行级别将不启用安全桌面，也就是说可能会出现恶意程序绕过 UAC 更改操作系统设置的情况。不过一般情况下，如果用户启动某些应用程序而需要对操作系统设置进行修改，则可以直接运行不会产生安全问题。但如果用户没有运行任何应用程序却触发 UAC 并显示提示框，则有可能是恶意程序在试图修改操作系统设置，此时应果断选择阻止。该运行级别适用于有一定操作系统使用经验的用户。

■ 从不通知（最低级别）

在该运行级别下，如果是以管理员身份的帐户登录操作系统，则所有操作都将直接运行而不会有任何提示框，包括病毒或木马对操作系统进行的修改等操作，如果是以标准帐户登录，则任何需要管理员权限的操作都会被自动拒绝。使用该运行级别后，病毒或木马可以任意连接访问网络中的其他电脑、甚至进行通信或数据传输。在 Windows 7 操作系统下选择此级别就会关闭 UAC，但是在 Windows 10 操作系统中选择此运行级别不会关闭 UAC。

图 13-19 "仅当程序尝试更改计算机时通知我"运行级别

图 13-20 UAC 最低运行级别

13.2.4 开启 / 关闭 UAC

在 Windows 7 操系统中可以很容易的关闭 UAC，但是在 Windows 10 操作系统中就没有那么容易被关闭，必须要通过组策略编辑器才能被彻底关闭。出于安全考虑强烈建议不要关闭 UAC。

关闭 UAC 操作步骤如下。

① 按下 Win+R 组合键，打开"运行"对话框输入 gpedit.msc 并回车，打开组策略编辑器。

② 在组策略编辑器左侧列表中，依次打开"计算机配置"-"Windows 设置"-"安全设置"-"本地策略"-"安全选项"。

图 13-21　UAC 组策略相关设置

③ 在右侧列表中找到"用户帐户控制：以管理员批准模式运行所有管理员"，如图 13-21 所示，然后双击打开。

④ 在"用户帐户控制：以管理员批准模式运行所有管理员"属性中选择"已禁用"，单击"确定"，如图 13-22 所示，然后重新启动计算机，即可完全关闭 UAC。

重新开启 UAC，只要在用户帐户控制界面设置运行级别，然后重新启动计算机即可打开 UAC。

启用 UAC 之后，运行部分应用程序会自动触发 UAC 并需要确认才能执行，但是如果是对于需要后台运行的应用程序（例如某些插件、客户端程序），UAC 也会阻止其运行。这就给用户造成了很大的困扰，关闭 UAC 会导致操作系统不安全，启用 UAC 又会导致后台应用程序无法运行或每次运行都必须进行确认。如果遇到此类情况，可以使用微软提供的 Microsoft Application Compatibility Toolkit 应用程序包中的工具，将可信任的应用程序添加至 UAC 可信任应用程序名单，这样以后运行该应用程序时不会触发 UAC 将直接运行。

图 13-22　彻底关闭 UAC

 注意 在图 13-21 的本地组策略编辑器中可对更多的 UAC 选项策略进行设置。

13.3　Windows Defender 安全中心

Windows 10 操作系统中的 Windows Defender 是一款完整的反病毒软件，在 Windows 10 创意者更新中得到了改进与优化，并且更名为 Windows Defender 安全中心，将操作系统常用的安全设置选项全部移入其中，方便使用。如果对操作系统的安全性要求不是很高，完全可以使用 Windows Defender 和 Windows 防火墙来保护计算机而不必安装第三方的防护软件。

在 Cortana 或控制面板中搜索 Defender 即可打开 Windows Defender 安全中心。打开 Windows Defender 安全中心之后，默认在任务栏通知区域中显示白色盾牌图标，移动鼠标至图标上会显示计算机保护状态，双击该图标可打开 Windows Defender 安全中心。

如果不刻意去寻找 Windows Defender，不会发现其存在，完全在无形中保护计算机。

13.3.1　界面初体验

Windows Defender 界面很简洁，使用了 UWP 应用设计风格，如图 13-23 所示。其中集合了病毒防护、设备运行状态监控、防火墙、SmartScreen 以及家庭选项。

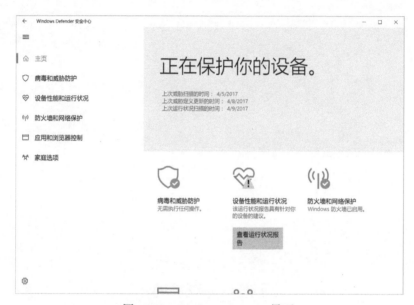

图 13-23　Windows Defender 界面

13.3.2　病毒和威胁防护

病毒和威胁防护模块中，也就是常用杀毒模块，如图 13-24 所示，在其中会显示病毒扫描历史、文件扫描等。

病毒文件扫描方式有 5 种，默认为快速扫描，单击图 13-24 中的高级扫描会显示更多扫描选项，如图 13-25 所示。

- **快速**：使用快速扫描 Windows Defender 只会扫描系统关键文件和启动项，扫描速度也是最快的。

- **完全**：完全扫描及扫描计算机内的所有文件，扫描速度也是最慢的。

- **自定义**：可以自定义要扫描文件或文件夹，扫描速度取决于自定义扫描文件的数量。

图 13-24　病毒和威胁防护

■ **Windows Defender 脱机版扫描**：由于某些顽固病毒无法在系统正常运行的情况下删除，使用此扫描模式会重启计算机进入 Windows RE 环境进行病毒扫描，如图 13-26。推荐在正常方式无法查杀病毒软件的情况下使用该扫描方式。

图 13-25　高级扫描

图 13-26　Windows Defender 脱机版扫描

在图 13-24 的病毒与威胁防护设置中，会显示有关病毒防护的有关选项，可以选择关闭与开启，如图 13-27 所示。

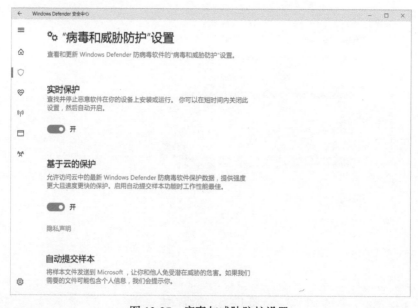

图 13-27　病毒与威胁防护设置

■ 实时保护

此处可以选择是否关闭实时保护，如果不安装其他防护软件，强烈建议启用实时保护。

■ 基于云的保护

启用云保护之后，Windows Defender 会向微软发送一些潜在的安全问题，以便能获得更好、更快的保护体验。建议启用该功能。

■ 自动提交样本

自动提交样本也就是微软自动保护服务，主要功能是向微软发送检测到的恶意软件信息以便进行分析。建议开启此选项。同时也可以手动通过网页提交样本。

■ 排除项

排除设置中分为文件、文件夹、文件类型、进程四种排除选项，如图 13-28 所示。如果对计算机某些位置的安全情况有所了解，可以"文件夹"排除选项，在扫描时排除这些位置，以加快扫描速度。如果计算机上有大量的视频文件或图片，可以使用"文件"或"文件类型"排除选项，排除此类文件。

图 13-28　排除选项

Windows Defender 在扫描时也会扫描当前操作系统运行的进程，可以使用"进程"排除选项，排除某些安全的进程来提高扫描速度。排除的进程只能是 .exe、.com、.scr 程序创建的进程，手动输入进程的名称即可。

■　通知

Windows Defender 会发送包含重要安全信息的通知，可在该设置中修改通知内容。

当 Windows 10 操作系统检测到病毒或恶意软件时，操作系统会在桌面右上角弹出提示窗口，并伴有声音提示，如图 13-29 所示。

单击弹出的提示之后，自动打开 Windows Defender 安全中心中的病毒与威胁防护模块，在其中选择"扫描历史记录"-"查看完整历史记录"，可以查看病毒的具体情况，如图 13-30 所示。

图 13-29　Windows Defender 提示框提示

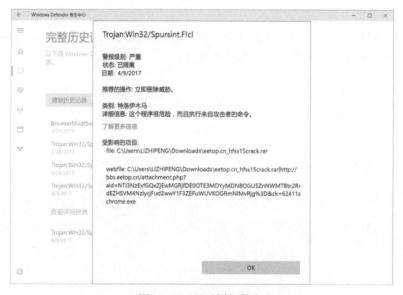

图 13-30　显示详细信息

Windows Defender 的警报级别有如下 4 种。

■　**严重：**表示检测到的文件是病毒，会大规模传播并且会造成计算机瘫痪。推荐的操作是删除文件。

- **高**：表示检测到文件为危害性很强的恶意软件，类似于木马程序。推荐操作为删除文件。

- **中**：表示检测到文件为一般性的恶意软件，也就是普通的恶意软件，系统推荐操作为隔离。

- **低**：表示检测到的文件带有恶意软件的行为，总体来说安全，可以查看文件详细信息来确定安全性。

在更新选项可以看到关于 Windows Defender 更新的一些信息，也可以手动更新病毒库，如图 13-31 所示。Windows Defender 通过操作系统的 Windows Update 自动更新病毒库。

图 13-31　更新

13.3.3　设备性能与运行状况

在设备性能与运行状况中，会显示包括 Windows 更新、硬盘可用空间、设备驱动程序、电池使用时间等方面的信息，如图 13-32 所示，Windows Defender 会定期自动扫描计算机并生成运行报告。如果某一方面存在问题，其会调用疑难解答来解决问题。

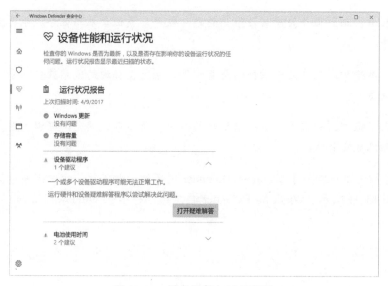

图 13-32　设备性能与运行状况

13.3.4　防火墙与网络保护

防火墙与网络保护模块可以设置在某些网络模式下的防火墙策略，如图 13-33 所示。有关防火墙的详细内容，会在 13.4 节做详细介绍。

图 13-33　防火墙与网络保护

13.3.5 应用和浏览器控制

在应用和浏览器控制模块中，主要是有关 SmartScreen 方面的选项，如图 13-34 所示。SmartScreen 功能适用对象主要有应用与文件、Microsoft Edge 浏览器以及 Windows 应用商店，可以按需选择是否启用或关闭 SmartScreen 功能。

图 13-34　应用和浏览器控制

注意　有关 SmartScreen 功能原理请查看 4.1.9 节内容。

13.3.6 家庭选项

家庭选项中，主要设置孩子使用计算机时的行为控制、跟踪孩子活动以及游戏娱乐方面的内容，如图 13-35 所示。

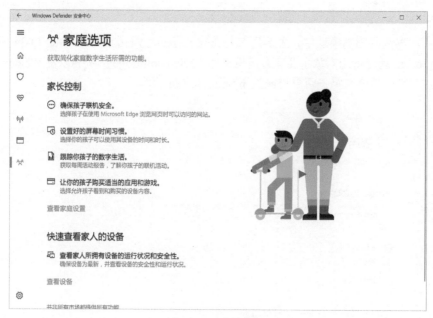

图 13-35　家庭选项

13.3.7　设置

Windows 10操作系统中的Windows Defender防病毒功能，默认情况下无法完全关闭，即使关闭实时保护功能，Windows Defender也会继续在后台保护操作系统安全。如果要完全关闭Windows Defender防病毒功能，需要使用组策略编辑器完成，操作步骤如下。

① 安装Win+R组合键，在打开的"运行"对话框中输入gpedit.msc并回车，打开组策略编辑器。

② 在组策略编辑器中，在左侧列表中依次打开"计算机管理"-"管理模板"-"Windows组件"-"Windows Defender"，如图13-36所示。

③ 在图13-36右侧列表中选中"关闭Windows Defender防病毒程序"并双击打开该策略，如图13-37所示，启用该策略，然后重新启动计算机或在命令提示符中执行gpupdate命令，更新策略信息即可完全关闭Windows Defender防病毒功能。

图 13-36　本地组策略编辑器

图 13-37　启用"关闭 Windows Defender 防病毒"策略

注意 强烈建议如非必要不要完全关闭 Windows Defender 防病毒功能，否则会提升操作系统被侵害的概率。

13.4 Windows 防火墙

自从 Windows XP SP2 操作系统中内置 Windows 防火墙之后，微软也一直在对它进行改进，其功能也更加完善，而且通过 Windows 10 操作系统网络位置的配置文件，Windows 防火墙可以灵活的保护不同网络环境下的网络通信安全。

使用 Windows 防火墙，再配合 Windows 自带的其他安全功能，完全足够保护操作系统的安全。本节主要介绍 Windows 防火墙的配置操作。

13.4.1 开启 / 关闭 Windows 防火墙

Windows 防火墙默认处于开启状态，所以安装 Windows 10 操作系统之后，无需安装第三方防火墙软件操作系统就能立即受到保护。

Windows 防火墙属于轻量级别的防火墙，对普通用户来说完全够用。但是对操作系统安全性要求高的专业用户，建议使用专业级别防火墙软件。虽然安装第三方防火墙之后，会自动关闭 Windows 防火墙，但是在这里还是有必要介绍一下开启或关闭 Windows 防火墙的方法。操作步骤如下。

① 在 Cortana 中搜索关键词"防火墙"，打开防火墙设置界面。如图 13-38 所示。

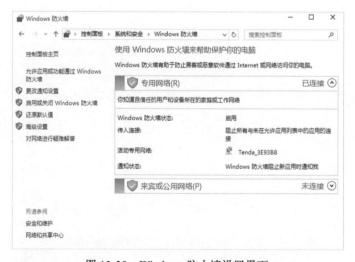

图 13-38 Windows 防火墙设置界面

② 在图 13-38 中的左侧列表中选择"启用或关闭 Windows 防火墙"。

③ 在自定义设置界面中，勾选专用网络和公用网络分类下面的"关闭 Windows 防火墙"，如图 13-39 所示，然后单击"确定"即可关闭 Windows 防火墙。如要开启 Windows 防火墙，分别勾选专用网络和公用网络分类下面的"启用 Windows 防火墙"即可。

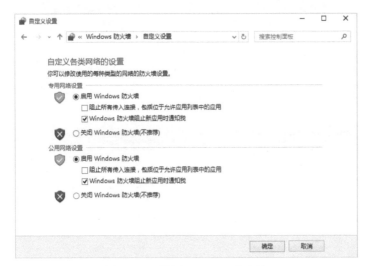

图 13-39　关闭 Windows 防火墙

13.4.2　Windows 防火墙网络位置类型

当安装好 Windows 10 操作系统之后，第一次连接到网络时，Windows 防火墙会自动为所连接网络的类型设置适当的防火墙和安全设置。这样可以让用户不需做任何操作，就能使所有的对网络的通信操作得到监控。Windows 10 操作系统中有 3 种网络位置类型。

■　公用网络

默认情况下，第一次连接到 Internet 时，操作系统会为任何新的网络连接设置为公用网络位置类型。使用公用网络位置时，操作系统会阻止某些应用程序和服务运行，这样有助于保护计算机免受未经授权的访问。

如果计算机的网络连接采用的是公用网络位置类型，并且 Windows 防火墙处于启用状态，则某些应用程序或服务可能会要求用户允许它们通过防火墙进行通信，以便让这些应用程序或服务可以正常工作。例如网络连接采用的是公用网络位置类型并安装有迅雷，当第一次运行迅雷时，Windows 防火墙会出现安全警报提示框，如图 13-40 所示。提示框中会显示所运行的应用程序信息，包括文件名、发布者、路径。如果是可信任的应用程序，单击"允许访问"就可以使该应用程序不受限制的进行网络通信。

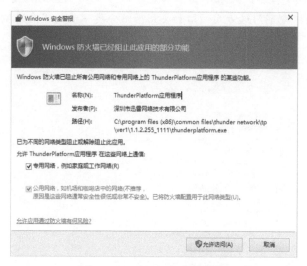

图 13-40　Windows 安全警报

■ **专用网络**

专用网络适合于家庭计算机或工作网络环境。由于 Windows 10 操作系统安全性的需求，因此所有的网络连接都默认设置为公用网络位置类型。用户可以对特定应用程序或服务设置为专用网络位置类型，专用网络防火墙规则通常要比公用网络防火墙规则允许更多的网络活动。

■ **域**

此网络位置类型用于域网络（例如在企业工作区的网络）。仅当检测到域控制器时才应用域网络位置类型。此类型下的防火墙规则最严格，而且这种类型的网络位置由网络管理员控制，因此无法选择或更改。

13.4.3　允许程序或功能通过 Windows 防火墙

在 Windows 防火墙中，可以设置特定应用程序或功能通过 Windows 防火墙进行网络通信。在图 13-38 中的右侧选择"允许应用或功能通过 Windows 防火墙"，在打开的界面中单击"更改设置"，如图 13-41 所示，然后对应用程序或功能修改网络位置类型。如果程序列表中没有所要修改的应用程序，可以单击"允许其他应用"，手动添加应用程序。

应用程序的通信许可规则可以区分网络类型，并支持独立配置，互不影响，所以这对经常更换网络环境的用户来说非常有用。

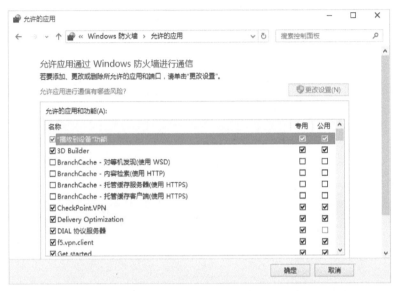

图 13-41　允许应用通过 Windows 防火墙进行通信

注意　当使用浏览器、Windows 应用商店等操作系统自带的应用程序进行网络连接，Windows 防火墙是默认不对其网络通信设限制。

13.4.4　配置 Windows 防火墙的出站与入站规则

前面内容的介绍是 Windows 防火墙的基本配置选项，但是 Windows 防火墙的功能不仅限于此。在图 13-38 中的右侧列表中选择"高级设置"，打开高级安全 Windows 防火墙设置界面，如图 13-42 所示，这里才是 Windows 防火墙最核心的地方。

所谓出站规则，就是本地计算机上产生的数据信息要通过 Windows 防火墙才能进行网络通信。例如通过 QQ 聊天，只有 Windows 防火墙中对 QQ 的出站规则为允许，好友才能收到我发送的消息，反之亦然。

在高级安全 Windows 防火墙设置界面中，可以新建应用程序或功能的出站与入站规则，也可以修改现有的出站与入站规则。

出站规则和入站规则创建方法一样，为了不重复，这里只介绍出站规则创建步骤。

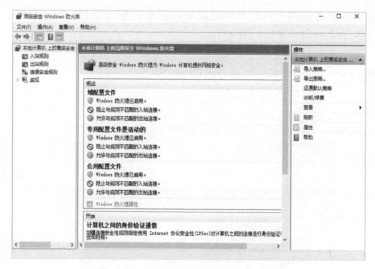

图 13-42 高级安全 Windows 防火墙

■ 创建出站规则

本节以创建对 QQ 的出站规则为例。

① 在图 13-42 的左侧列表中选择"出站规则",然后在右边窗格栏中选择"新建规则"打开新建出站规则向导,如图 13-43 所示。

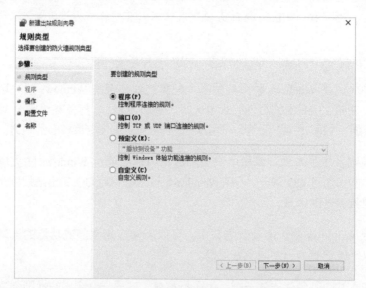

图 13-43 新建出站规则向导主界面

在创建规则类型页中，不但可以选择"程序"为规则类型，还可以选择"端口"、"预定义"（主要是操作系统功能）、"自定义"（包括前面三种规则类型）为规则类型，这几类适合对操作系统有深入了解的用户使用，所以这里选择"程序"规则类型，然后单击"下一步"。

② 选择出站规则适用于所有程序还是特定程序。这里选择出站规则的对象为特定程序并填入 QQ 程序路径，然后单击"下一步"，如图 13-44 所示。

图 13-44 选择出站规则适用对象

③ 这里设置 QQ 程序进行网络通信时，防火墙该采用何种操作，默认为"阻止连接"操作，如图 13-45 所示。此外还有"只允许安全连接"操作，选择此项操作可以保证在网络通信中传输的数据安全。这里保持默认选项即可，然后单击"下一步"。

④ 选择使用何种网络位置类型的网络环境时，出站规则才有效，如图 13-46 所示。出站规则可以有选择的在不同网络环境中生效。这里只保留"公用"选项即可，然后单击"下一步"。

⑤ 最后完成阶段，这里设置出站规则名称以及描述信息，如图 13-47 所示，然后单击"完成"。

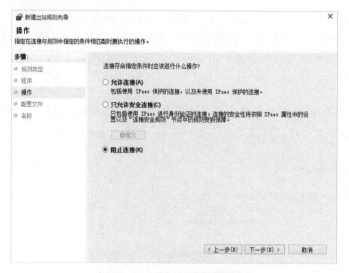

图 13-45 选择规则操作类型

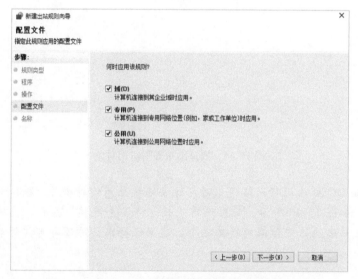

图 13-46 选择出站规则何时有效

完成规则之后，运行 QQ 就会发现 QQ 提示网络超时无法登录，因此表明此出站规则
已经生效。

■ 修改出站规则

创建完出站规则之后，只需选中该规则并双击，即可打开出站规则属性页，对其进行

修改，如图 13-48 所示。

图 13-47　给规则添加名称及描述信息

图 13-48　出站规则属性

13.4.5　Windows 防火墙策略的导出与导入

每次重新安装操作系统之后，设置 Windows 防火墙出站与入站都是一件很繁琐的事情。在高级安全 Windows 防火墙设置界面中，可以对出站与规则进行导入和导出操作。

如图 13-49 所示，选中高级安全 Windows 防火墙界面左侧树形节点顶端的 "本地计算机上的高级安全 Windows 防火墙"，然后单击右键，在打开的菜单中选择对策略进行导入与导出操作。

图 13-49　导入 / 导出策略

注意　导入新的策略之后，原先设置的策略会全部删除。导出的策略文件以 .wfw 结尾。

13.5　BitLocker 驱动器加密

BitLocker 是一种数据加密保护功能，它可以加密整个 Windows 分区或数据分区。BitLocker 最早是作为 Windows Vista 操作系统中的一个数据保护功能出现，微软随后发布操作系统中都集成有 BitLocker，并且功能更加完善与强大。

13.5.1　BitLocker 概述

BitLocker 是一种数据加密保护方式，可以对 Windows 分区（包括休眠和分页文件、应用程序，以及应用程序所使用的数据）或数据分区加密。使用 BitLocker 加密硬盘之后，可以防止被盗或丢失的计算机、可移动硬盘、U 盘上的数据免遭盗窃或泄漏。从使用 BitLocker 加密的分区上恢复删除的数据比从未加密分区恢复要困难得多。

若要在 Windows 10 操作系统中使用 BitLocker，必须要符合一定的硬件和软件要求，以下分别做介绍。

Windows 分区上使用 BitLocker 有如下硬件和软件要求。

■ 计算机必须安装 Windows 10 或 Windows Server 2016 操作系统。BitLocker 是 Windows Server 2016 的可选功能。

■ TPM 版本 1.2 或 2.0。TPM（受信任的平台模块）是一种微芯片，能使计算机具备一些高级安全功能。TPM 不是 BitLocker 必备要求，但是只有具备 TPM 的计算机才能为预启动操作系统完整性验证和多重身份验证赋予更多安全性。

■ BIOS 或 UEFI 中的启动顺序必须设置为先从硬盘开始启动。

■ BIOS 或 UEFI 必须能在计算机启动过程中读取 U 盘中的数据。

■ 使用 UEFI/GPT 方式启动的计算机，硬盘上必须具备 ESP 分区以及 Windows 分区。使用 BIOS/MBR 启动的计算机，硬盘上必须具备系统分区和 Windows 分区。

非 Windows 分区上使用 BitLocker 有如下硬件和软件要求。

■ 要使用 BitLocker 加密的数据分区或移动硬盘、U 盘，必须使用 exFAT、FAT16、FAT32 或 NTFS 文件系统。

■ 加密的硬盘数据分区或移动存储设备，可用空间必须大于 64MB。

使用 BitLocker 时还需注意以下事项。

■ BitLocker 不支持对虚拟硬盘（VHD）加密，但允许将 VHD 文件存储在受 BitLocker 加密的硬盘分区中。

■ 不支持由 Hyper-V 创建的虚拟机中使用 BitLocker。

■ 在安全模式中，仅可以解密受 BitLocker 保护的移动存储设备。

■ 使用 BitLocker 加密后，操作系统的性能损耗很小。根据微软的数据显示，只会增加不到 10% 的性能损耗，所以不必当心操作系统性能问题。

Windows 10 操作系统中，可以对任何数量的各类磁盘提供 BitLocker 加密保护。表 13-1 详细介绍 BitLocker 支持与不支持的磁盘配置类型。

表 13-1   BitLocker 支持的磁盘类型

磁盘配置	受支持	不受支持
网络	无	网络文件系统（NFS） 分布式文件系统（DFS）
光学媒体	无	CD文件系统（CDFS） 实时文件系统 通用磁盘格式（UDF）
软件	基本卷	使用软件创建的RAID系统 可启动和不可启动的虚拟硬盘（VHD/VHDX）动态卷 RAM磁盘
文件系统	NTFS FAT16 FAT32 exFAT	弹性文件系统（ReFS）
磁盘连接方式	USB Firewire SATA SAS ATA IDE SCSI eSATA iSCSI（仅Windows 8之后版本支持） 光纤通道（仅Windows 8之后版本支持）	Bluetooth（蓝牙）
设备类型	固态类型磁盘。例如U盘、固态硬盘 使用硬件创建的RAID系统 硬盘	

虽然 BitLocker 功能特性突出，但是其也存在致命的弱点。经过加密的硬盘分区或移动存储设备虽然很难被破解，但是可以对其进行格式化操作，删除其中的所有数据。

13.5.2 BitLocker 功能特性

Windows 10 操作系统中的 BitLocker 还具备如下功能特性。

■ 安装 Windows 10 操作系统之前启用 BitLocker 加密

在 Windows 10 操作系统中，可以在安装操作系统之前，通过 WinPE（Windows 预安装环境）或 WinRE（Windows 恢复环境）使用 manage-bde 命令行工具加密硬盘分区，前提是计算机必须具备 TPM 且已被激活。

■ 仅加密已用磁盘空间

在 Windows 7 操作系统中，BitLocker 会默认加密硬盘分区中的所有数据和可用空间。在 Windows 10 操作系统中，BitLocker 提供两个加密方式即"仅加密已用磁盘空间"和"加密整个驱动器"。使用"仅加密已用磁盘空间"可以快速加密硬盘分区。

■ 普通权限帐户更改加密分区 PIN 和密码

允许普通权限帐户更改 Windows 分区上的 BitLocker PIN 或密码以及数据分区上的 BitLocker 密码。普通权限帐户需要输入加密分区的最新 PIN 或密码才能更改 BitLocker PIN 或 BitLocker 密码。用户有 5 次输入最新 PIN 或密码的机会，如果达到重试次数限制，普通权限帐户将不能更改 BitLocker PIN 或 BitLocker 密码。当计算机重新启动或管理员重置 BitLocker PIN 或 BitLocker 密码时，重试计数器才能归零。

■ 网络解锁

使用有线网络启动操作系统时，可以自动解锁 BitLocker 加密的 Windows 分区（仅支持 Windows Server 2012 以上版本创建的网络）。此外，网络解锁要求客户端硬件在其 UEFI 固件中实现 DHCP 功能。

■ BitLocker 密钥可以保存在 Microsoft 帐户中

BitLocker 备份密钥可以保存至 Microsoft 帐户，这样可以有效的防止备份密钥丢失。

13.5.3 使用 BitLocker 加密 Windows 分区

使用 BitLocker 加密 Windows 分区，默认计算机必须具备 TPM 才可以加密，不过 TPM 不是很流行，在普通计算机中很难见到，因此 Windows 10 操作系统也支持在没有 TPM 的计算机上加密 Windows 分区。在"运行"对话框中输入 gpedit.msc 并回车，打开本地组策略编辑器，在其左侧列表中依次打开"计算机配置"-"管理模版"-"Windows 组件"-"BitLocker 驱动器加密"-"操作系统驱动器"-"启动时需要附加身份验证"，如图 13-50 所示，选择启用此策略，并确保"没有兼容的 TPM 时允许 BitLocker（在 U 盘上需要密码或启动密钥）"选项已被勾选，然后单击"确定"。重新启动计算机或在命令提示符中执行 gpupdate 命令使设置的策略生效。这样即可在没有 TPM 的计算机上使用 BitLocker 加密 Windows 分区。

图 13-50　配置"启动时需要附加身份验证"策略

在 13.5.1 节已经强调过加密 Windows 分区时，必须具备 350MB 大小的系统分区。如果没有系统分区，则 BitLocker 会提示自动创建该分区。但是创建系统分区的过程中可能会损坏存储于该分区中的文件，所以请谨慎操作。

加密 Windows 分区操作步骤如下。

① 在文件资源管理器中选择 Windows 分区，单击右键并在出现的菜单中选择"启用 BitLocker"，即可启动 BitLocker 加密向导。向导程序会检测当前计算机是否符合加密要求，如果检测通过，则向导程序首先会提示用户，启用 BitLocker 需要执行的步骤信息，如图 13-51 所示，然后单击"下一步"。

② 此时向导程序提示用户，需要创建新的恢复分区，才能加密 Windows 分区，并且提示用户注意备份重要数据，如图 13-52 所示，然后单击"下一步"继续。此时向导程序开始创建恢复分区，并显示操作步骤，如图 13-53 所示，等待执行完成。

图 13-51　BitLocker 执行步骤

图 13-52　BitLocker 加密准备

③ BitLocker 加密准备执行完成之后，会自动进入图 13-54 所示的界面，提示用户已完成加密准备下一步将执行加密分区任务。单击"下一步"继续进行加密。

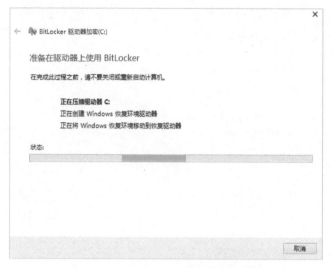

图 13-53　执行 BitLocker 加密准备

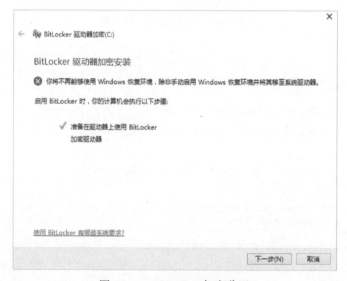

图 13-54　BitLocker 加密分区

④ 此时向导程序会要求选择以何种方式解锁加密的 Windows 分区，默认有 U 盘和密码两种解密方式，如图 13-55 所示。如果计算机具备 TPM 并能正常使用，则有 3 种解密方式分别是：PIN、U 盘、自动解锁。PIN 解锁使用 4～20 位的数字作为解锁密码，这也是推荐解锁方式。U 盘解锁是使用 U 盘作为解锁工具解锁加密分区，其适合对计算机安全性要求高的用户使用。自动解锁是操作系统完成解锁过程，用户无需做任何操作，其适合不需要每次启动计算机都解锁的用户，微软 Surface 平板电脑都使用

自动解锁方式。这里以选择使用"输入密码"为解锁方式为例。

图 13-55　选择解密方式

⑤ 在图 13-56 中，按照提示创建解密密码，然后单击"下一步"。如果选择使用 U 盘解密，向导程序会要求插入 U 盘并在 U 盘中生成解锁信息。

图 13-56　设置解密密码

⑥ 为了确保解锁密钥不会丢失造成加密分区无法解锁，操作系统要求用户必须备份

恢复密钥，并且提供 4 种备份方式："保存到 Microsoft 帐户""保存到 U 盘""保存到文件""打印恢复密钥"，如图 13-57 所示。如果选择保存到文件，则恢复密钥不可保存至被加密的分区，也不可保存于非移动存储设备或分区的根目录。强烈建议用户妥善保管此恢复密钥，因为如果在忘记解密密码且没有恢复密钥的情况下，将无法启动 Windows 10 操作系统，只能通过重新安装操作系统才能使用计算机。建议选择"保存到 Microsoft 帐户"，然后等待提示完成，单击"下一步"。

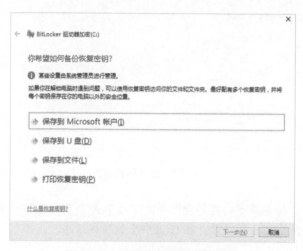

图 13-57　选择恢复密钥备份方式

⑦ 选择加密方式。加密方式分为两种，适合不同环境的计算机，如图 13-58 所示，这里保持默认，然后单击"下一步"。

图 13-58　选择加密方式

⑧ 加密向导的最后确认阶段，勾选"运行 BitLocker 系统检测"，操作系统会检测之前的配置是否正确，如图 13-59 所示。最后确认要加密系统分区并单击"继续"。此时操作系统提示需要重启计算机以完成加密分区过程。

图 13-59　确认加密操作系统分区

⑨ 重新启动计算机时，操作系统会要求输入解锁密码才能继续启动操作系统，如图 13-60 所示。如果使用 U 盘解锁，则请在重新启动计算机之前插入 U 盘。重新启动计算机过程中，操作系统会自动从 U 盘中读取并验证解锁密钥，验证通过后会继续启动操作系统。如果没有插入 U 盘或插入的不是解锁 U 盘，则操作系统就会提示要插入正确的解锁 U 盘。

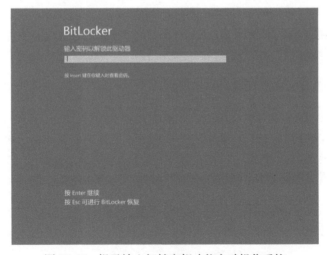

图 13-60　提示输入解锁密钥才能启动操作系统

⑩ 重新启动计算机之后，操作系统即刻开始加密 Windows 分区，如图 13-61 所示，等待提示加密完成，则使用 BitLocker 加密 Windows 分区正式完成。如果使用 U 盘解密，重新启动计算机之后，操作系统会先对 U 盘进行一个设备安装过程，等待其安装完毕，才会开始加密 Windows 分区。

加密完成之后，打开文件资源管理器就会发现 Windows 分区的图标上多了一把解开的锁，如图 13-62 所示，其代表此分区受 BitLocker 加密保护并已解锁。

图 13-61　正在加密 Windows 分区　　　图 13-62　Windows 分区已经解锁图标

13.5.4　使用 BitLocker To Go 加密移动存储设备

加密本地硬盘使用 BitLocker，而加密可移动存储设备使用的是 BitLocker To Go，从本质上来说两种程序加密过程相同。使用 BitLocker To Go 对移动存储设备加密是 BitLocker 的重要功能之一。从安全角度来说，移动存储设备是病毒传播的重要感染对象，所以保护 U 盘等移动存储设备免受病毒感染也被广大用户所重视，尤其是学生用户。

加密本地硬盘数据分区和使用 BitLocker To Go 加密移动存储设备操作步骤一样，所以本节只介绍移动存储设备加密过程并以加密 U 盘为例。

使用 BitLocker To Go 加密 U 盘操作步骤如下。

① 在文件资源管理器中，在 U 盘上单击右键并在出现的菜单中选择"启用 BitLocker"，启动 BitLocker 加密向导并检测该 U 盘是否适合加密，然后要求选择 U 盘解锁方式，这里有两种方式，即密码解锁和智能卡解锁，如图 13-63 所示，选择密码解锁，最后设置解锁密码，并单击"下一步"。

② 和加密 Windows 分区一样，必须要备份恢复密钥，如图 13-64 所示，根据需要选择相应的备份方式，然后单击"下一步"。

图 13-63 选择 U 盘解锁方式并设置密码

图 13-64 选择备份恢复密钥方式

③ 选择 U 盘加密方式，按需选择即可。这里保持默认设置，然后单击"下一步"继续。

图 13-65　选择 U 盘加密方式

④ 最后确认要加密的 U 盘，然后单击"开始加密"，如图 13-66 所示。此时操作系统开始加密 U 盘，加密速度取决于 U 盘中的文件数量。加密过程中不要拔出可 U 盘，否则其中的文件可能会损坏。

图 13-66　确认加密 U 盘

加密完成之后，打开文件资源管理器，U 盘的图标上多了一把灰色解开的锁，这就表明此设备已被解锁。如果 U 盘图标上是一把黄色的锁，如图 13-67 所示，则表明此设备当前未被解锁。

经过加密的移动存储设备，可以在任何安装了 Windows 7、Windows 8、Windows 10
等操作系统的计算机上随意使用。但是对于在安装 Windows XP SP2、Windows XP
SP3、Windows Vista 等操作系统的计算机，必须要借助 BitLocker To Go 读取器才能
读取移动存储设备中的数据，如图 13-68 所示，而且移动存储设备使用的文件系统必
须是 FAT16、FAT32、exFAT 中的一种才可被识别。如果移动存储设备使用 NTFS 等
其他文件系统，则打开设备时操作系统会提示需要格式化该设备才能使用。BitLocker
To Go 阅读器不允许对加密设备中的数据进行除读取外的其他操作，如图 13-69 所示。

图 13-67　U 盘加密后的图标

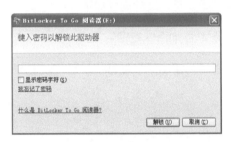

图 13-68　BitLocker To Go 解密界面

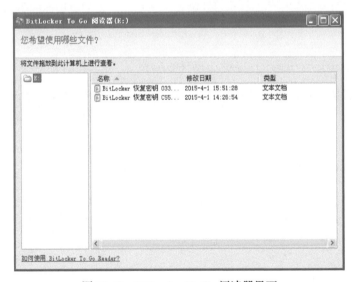

图 13-69　BitLocker To Go 阅读器界面

13.5.5　管理 BitLocker

通过 Windows 10 操作系统自带的 BitLocker 管理选项，可以更加方便的使用
BitLocker 加密功能。

1. 使用恢复密钥解锁 Windows 分区

某些情况下可以能会忘记解锁密码，不过在加密过程中已经备份过恢复密钥且没有丢失，则这种情况完全不必担心。

如果忘记 Windows 分区的解锁密码，可以在操作系统要求输入解锁密码的界面中，按下 Esc 键进入 BitLocker 恢复界面，如图 13-70 所示，打开之前备份的恢复密钥文本文件，每个恢复密钥都有一个唯一的标识符，用以区别加密分区，恢复密钥文件名中也包含该标识符，文件内容如下。

BitLocker 驱动器加密恢复密钥

要验证这是否为正确的恢复密钥，请将以下标识符的开头与电脑上显示的标识符值进行比较。

标识符：

0335CFB2-41E4-44DB-A69F-EBB15548A41F

如果以上标识符与电脑显示的标识符匹配，则使用以下密钥解锁你的驱动器。

恢复密钥：

525536-174240-208879-555379-252934-349954-243155-374825

如果以上标识符与电脑显示的标识符不匹配，则该密钥不是解锁你的驱动器的正确密钥。

请尝试其他恢复密钥，或参阅 http://go.microsoft.com/fwlink/?LinkID=260589 以获得其他帮助。

核对标识符是否和图 13-70 中的恢复密钥 ID 相同，然后找到"恢复密钥"字段下的 48 位的恢复密钥，输入恢复密钥并回车，如果恢复密钥正确，操作系统即可正常启动。

2. 更改解锁密码

进入 Windows 10 操作系统之后，依次在控制面板中打开"安全与系统"-"BitLocker 驱动器加密"，如图 13-71 所示，找到已被加密的硬盘分区，单击"更改密码"，在打开的更改密码对话框中，输入新旧密码，然后单击"更改密码"，如图 13-72 所示。如果忘记解锁密码，则单击"重置已忘记的密码"选项并按照提示创建新解锁密码。

图 13-70　BitLocker 密钥恢复界面

图 13-71　BitLocker 管理界面

3. 暂停保护

暂停保护就是暂停对 Windows 分区的加密保护功能,那么什么时候需要暂停保护呢?
遇到以下几种情况是需要对 Windows 分区采取暂停保护操作。

■ BISO/UEFI 固件更新。

■ TPM 更新。

■ 修改启动项，例如在 BCD（启动配置数据）文件中添加其他操作系统引导项。

单击图 13-71 中的"暂停保护"，在打开的提示框中确认暂停操作，然后单击"是"，如图 13-73 所示。此时 Windows 分区将暂停使用加密保护功能，进行完成上述操作之后，再重新选择恢复保护即可。如果忘记恢复保护，那么操作系统会在下次重新启动计算机时，自动恢复对 Windows 分区的加密保护功能。

图 13-72　修改 BitLocker 密码

图 13-73　挂起 BitLocker 保护

4. 自动解锁

如果在常用的计算机上经常使用已被 BitLocker To Go 加密的移动存储设备，则可设置该设备在插入计算机时自动完成解锁过程。自动解锁功能只能用于数据分区和移动存储设备，开启自动解锁功能，只需在图 13-74 中选择"启用自动解锁"即可。同时，也可以在数据分区或移动存储设备解锁界面中，勾选"在这台计算机上自动解锁"选项即可启用自动解锁功能。

图 13-74　BitLocker To Go 加密驱动器管理界面

5. 备份恢复密钥

如果不慎丢失了备份的解锁密钥文件且能解锁硬盘分区或移动存储设备，则可以重新对其进行重新备份。选择图 13-71 中单击"备份恢复密钥"，然后按照提示完成即可。

6. 关闭 BitLocker

在不需要使用 BitLocker 加密功能时，可以单击图 13-71 中的"关闭 BitLocker"选项，确认关闭 BitLocker 操作之后，操作系统开始解密被加密的硬盘分区或移动存储设备，如图 13-75 所示。等待解密完成即可完全关闭对该设备的 BitLocker 加密功能。

图 13-75　解密被加密的驱动器

7. 重新锁定数据分区或移动存储设备

如果解锁数据分区或移动存储设备之后，要对其进行重新锁定，则必须重新启动计算机或重新插入移动存储设备才能重新锁定。

不过 Windows 10 操作系统中提供了一个命令行工具可以快速重新锁定数据分区或移动存储设备。在命令提示符中执行如下。

```
manage-bde e: -lock
```

其中 e: 为所要重新锁定设备的盘符。

图 13-76　重新锁定驱动器

13.6   应用程序控制策略（AppLocker）

有时候可能要基于各种理由想限制某些应用程序的运行，但是传统的第三方软件又不是很好用。限制运行应用程序的名称，可以通过修改应用程序名，轻松的跳过限制；限制应用程序的哈希值，当应用程序有的时候会更新，原有的哈希值就会改变，所以应用程序可以运行。

Windows 10 操作系统中的 AppLocker，可以说是一款完美的应用程序限制功能，通过简单的设置即可达到限制应用程序运行的目的。

13.6.1   AppLocker 概述

AppLocker 中文名称为应用程序控制策略，顾名思义，就是制定应用程序运行策略的功能。AppLocker 可以帮助用户制定策略，限制运行应用程序和文件，其中包括 exe 可执行文件、批处理文件、msi 文件、DLL 文件（默认不启用）等文件类型。

Windows 10 操作系统自带的软件限制策略功能只针对所有计算机用户起作用，但是不能对特定帐户做限制。而使用 AppLocker 可以为特定的用户或组单独设置限制策略，这也使 AppLocker 可以更灵活的使用于各种计算机环境。

AppLocker 是如何限制应用程序或文件的运行呢？ AppLocker 主要通过三种途径来限制应用程序运行，即文件哈希值、应用程序路径和数字签名（数字签名中包括发布者、产品名称、文件名和文件版本）。

AppLocker 规则行为只有两种。

■ 允许

指定允许哪些应用程序或文件可以运行或使用，以及对哪些用户或用户组开放运行权限，还可以设置例外应用程序或文件。

■ 拒绝

指定不允许哪些应用程序或文件运行或使用，以及对哪些用户或用户组拒绝运行，还可以设置例外应用程序或文件。

AppLocker 在 Windows 7 操作系统中就已被集成，在 Windows 10 操作系统中，

AppLocker 功能得到了完善与加强，下表依据操作系统版本列出 AppLocker 每项主要功能之间的区别。

表 13-2　　　　　　　　　　AppLocker 各版本功能区别

特性/功能	Windows Server 2008 R2 和Windows 7	Windows Server 2016和 Windows 10
设置打包应用和打包应用安装程序的规则的功能	否	是
AppLocker策略通过组策略来维护，只有计算机管理员可以更新AppLocker策略	是	是
AppLocker允许自定义错误消息，从而将用户定向到某一网页寻求帮助	是	是
可与软件限制策略一起使用（运用单独的GPO）的功能	是	是
AppLocker支持通过一部分PowerShell cmdlet来帮助进行管理和维护	是	是
AppLocker规则可以控制的文件格式	.exe .com .ps1 .bat .cmd .vbs .js .msi .msp .dll .ocx	.exe .com .ps1 .bat .cmd .vbs .js .msi .msp .mst .dll .ocx .appx

按下 Win+R 组合键，打开"运行"对话框输入 secpol.msc 并回车，本地安全策略编辑器，然后依次打开"应用程序控制策略" - "AppLocker"，如图 13-77 所示。

　AppLocker 只适用于 Windows 10 企业版操作系统，虽然在 Windows 10 专业版操作系统中可以创建 AppLocker 规则，但这些规则无法运行。

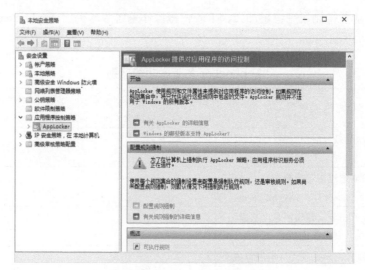

图 13-77　AppLocker 主界面

13.6.2　AppLocker 默认规则类型

AppLocker 默认可以对五种类型的应用程序或文件设置限制策略，默认情况下只启用 4 种规则。

1. 可执行规则

在可执行规则下，可以对 .exe 和 .com 等格式文件以及与应用程序相关联的任何文件设置限制规则。由于所有可执行规则集合的默认规则都基于文件夹的路径，因此这些路径下的所有文件都将被都允许运行或使用。下表为可执行规则集合的默认规则。

表 13-3　　　　　　　可执行规则集合的默认规则

目的	名称	用户	规则条件类型（AppLocker路径变量）
允许本地 Administrators组的成员运行所有应用程序	（默认规则）所有文件	BUILTIN\Administrators	路径：*
允许所有用户组的成员运行位于Windows文件夹中的应用程序	（默认规则）位于 Windows文件夹中的所有文件	每个人	路径：%WINDIR%*
允许所有组的成员运行位于Program Files文件夹中的应用程序	（默认规则）位于 Program Files文件夹中的所有文件	每个人	路径：%PROGRAMFILES%*

2. Windows 安装程序规则

Windows 安装程序规则主要针对 .msi、.msp 和 .mst 格式的 Windows 安装程序设置限制规则。下表为 Windows 安装程序规则集合的默认规则。

表 13-4 Windows 安装程序规则集合的默认规则

目的	名称	用户	规则条件类型（AppLocker路径变量）
允许本地Administrators组的成员运行所有Windows Installer文件	（默认规则）所有Windows Installer文件	BUILTIN\Administrators	路径：*.*
允许所有用户组的成员运行数字签名的Windows Installer文件	（默认规则）所有数字签名的Windows Installer文件	每个人	出版商：*（所有签名文件）
允许所有用户组的成员运行位于%systemdrive%\Windows\Installer中的所有Windows Installer文件	（默认规则）%systemdrive%\Windows\Installer中的所有Windows Installer文件	每个人	路径：%WINDIR%\Installer*

3. 脚本规则

在脚本规则下，可以对 .ps1、.bat、.cmd、.vbs、.js 等格式的脚本文件设置限制策略。下表为脚本规则集合的默认规则。

表 13-5 脚本规则集合的默认规则

目的	名称	用户	规则条件类型（AppLocker路径变量）
允许本地Administrators组的成员运行所有脚本	（默认规则）所有脚本	BUILTIN\Administrators	路径：*
允许所有用户组的成员运行位于Windows文件夹中的脚本	（默认规则）位于Windows文件夹中的所有脚本	每个人	路径：%WINDIR%*
允许所有用户组的成员运行位于Program Files文件夹中的脚本	（默认规则）位于"程序文件"文件夹中的所有脚本	每个人	路径：%PROGRAMFILES%*

4. 封装应用规则

此规则主要是针对 Modern 应用程序设置限制策略，Modern 应用程序的扩展名为 .appx。下表为封装应用规则集合的默认规则。

表 13-6　　　　　　　　　　　封装应用规则集合的默认规则

目的	名称	用户	规则条件类型（AppLocker路径变量）
允许所有用户组的成员运行签名的封装应用	（默认规则）所有签名的封装应用	每个人	出版商：*（所有签名文件）

5. DLL 规则

在 DLL 规则下，可以对 .dll、.ocx 等文件格式设置限制策略。下表为 DLL 规则集合的默认规则。

表 13-7　　　　　　　　　　　DLL 规则集合的默认规则

目的	名称	用户	规则条件类型（AppLocker路径变量）
允许本地 Administrators组的成员加载所有DLL	（默认规则）所有DLL	BUILTIN\Administrators	路径：*
允许所有用户组的成员加载位于Windows文件夹中的DLL	（默认规则）Microsoft Windows DLL	每个人	路径：%WINDIR%*
允许所有用户组的成员加载位于Program Files文件夹中的DLL	（默认规则）位于"程序文件"文件夹中的所有DLL	每个人	路径：%PROGRAMFILES%*

默认状态下用户不能对 DLL 等文件设置限制策略，因为 DLL 属于应用程序运行必备文件。如果使用 DLL 规则，则 AppLocker 会检查每个应用程序加载的 DLL 文件，这样就会导致应用程序打开缓慢，影响用户体验。

启用 DLL 规则，只需在图 13-77 中的 AppLocker 节点上单击右键并在出现的菜单中选择"属性"，在打开的 AppLocker 属性页的高级选项卡中，勾选"启用 DLL 规则集合"，如图 13-78 所示，然后单击"确定"，即可启用 DLL 规则。

图 13-78　启用 DLL 规则集合

13.6.3　开启 Application Identity 服务

要使用 AppLocker，首先得启动名为 Application Identity 的服务，才能使 AppLocker 设置的规则生效。默认状况下，此服务需手动启动。这里将其设置为开机自动运行，才能保证限制策略的有效性。

① 按下 Win+R 组合键，在"运行"对话框中输入 services.msc 并回车，打开"服务"配置界面。

② 在服务列表中找到 Application Identity 服务并双击打开，修改启动类型为"自动"，如图 13-79 所示，然后单击"启动"等待服务启动之后，单击"确定"。

图 13-79　启动 Application Identity 服务

13.6.4　创建 AppLocker 规则

1.　AppLocker 针对可执行文件的规则

对可执行文件进行限制，可能是大多数用户所需要的功能，例如不想让别人在计算机中使用 QQ、玩游戏等。通过对可执行文件的限制，同时也可以防止恶意程序或病毒运行。本节以设置拒绝 Excel 程序运行规则为例，操作步骤如下。

① 在图 13-77 中单击"可执行规则"节点，然后在右侧一栏中，单击右键并在出现的菜单中选择"创建新规则"。

② 创建可执行规则向导首页会显示一些注意事项，可以勾选"默认情况下跳过此页"，如图 13-80 所示，下次创建规则时此页将不会被显示，然后单击"下一步"。

图 13-80　创建规则注意事项

③ 在权限设置页中，可以选择 AppLocker 规则操作行为，也就是对应用程序使用允许运行或拒绝运行操作。单击图 13-81 中的"选择"，可以指定特定的用户或用户组才对此规则有效，默认对所有用户组的成员有效。这里选择操作为"拒绝"对所有用户有效，然后单击"下一步"。

④ 在条件设置页中，选择要用何种方式来限制应用程序或文件，如图 13-82 所示。使用"发布者"方式，应用程序必须具备有效的数字签名，否则不能使用此方式，推荐具备数字签名的应用程序使用此方式。使用"路径"方式，可以对特定应用程序或文件夹通过路径限制应用程序运行，如果选择文件夹，则整个文件夹下的应用程序程序都会受到规则的影响，推荐对经常进行更新的应用程序使用此方式。使用"文件哈希值"方式，操作系统会计算应用程序或文件的哈希值，然后通过哈希值来识别应用程序，推荐对没有数字签名的程序使用此方式。这里选择条件类型为"发布者"，然后单击"下一步"。

图 13-81　选择操作行为

图 13-82　选择条件类型

⑤ 使用"发布者"条件类型并选择 Excel 应用程序之后，操作系统会自动识别应用程序的数字签名信息，如图 13-83 所示。可以通过右侧的滑块来决定使用数字签名中的那种信息来生成限制规则，默认使用"文件版本"。如果勾选图中的"使用自定义值"，可以在"文件版本"信息右侧下拉列表中，选择针对程序文件版本，使用只运行此版本的应用程序、只运行此版本及以上的应用程序或此版本及以下的程序。这里保持默认即可，然后单击"下一步"。

图 13-83　选择"发布者"规则类型

如果选择"路径"条件类型，则需要在此处选择特定应用程序或文件夹的路径，如图 13-84 所示。文件或文件夹路径可以使用通配符，例如输入 D:*.exe，就会对 D 盘下所有的 .exe 有影响。

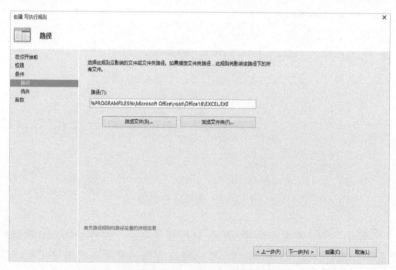

图 13-84　选择应用程序路径

如果选择"文件哈希值"条件类型，则操作系统会自动计算应用程序哈希值，如图 13-85 所示。

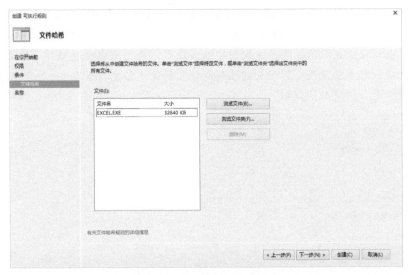

图 13-85　生成文件哈希值

⑥ 如果使用"发布者"或"路径"条件类型，则此处可以设置例外程序，排除于规则之外。例外程序也可以使用"发布者""路径""文件哈希"这三种方式添加，如图 13-86 所示。如使用"文件哈希"条件类型，则不能设置例外程序。例外程序规则行为遵循，拒绝操作里的例外是允许，允许操作里的例外是拒绝。这里不设置例外程序，单击"下一步"继续。

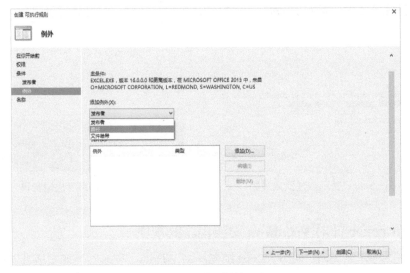

图 13-86　设置例外程序

⑦ 此页设置规则名称，以及程序受到规则影响之后的描述信息，如图 13-87 所示，然后单击"创建"。此时 AppLocker 会提示为了确保操作系统的正常运行，需要创建默认规则，如图 13-88 所示。强烈建议创建默认规则，否则大部分的操作系统自带应用程序或功能可能无法使用，不管创建的规则使用的是"拒绝"还是"允许"操作行为。这里单击"是"创建默认规则。

图 13-87　修改规则名称或添加描述信息

创建规则完毕之后，运行 Excel，此时操作系统提示该程序已被管理员阻止运行，如图 13-89 所示。

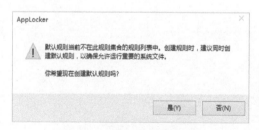

图 13-88　提示创建默认规则

图 13-89　程序无法运行提示

2. AppLocker 针对 Windows 安装程序的规则

部分安装程序是以 .msi、.msp 和 .mst 结尾，由 Windows 安装程序来安装此类应用程序。此类应用程序也可以由 AppLocker 制定运行规则。

在图 13-77 中单击"Windows 安装程序规则"节点，然后在右侧一栏单击右键并在出现的菜单中选择"创建新规则"，单击"下一步"，跳过创建规则流程简介。剩下的操作步骤和 13.6.4 节内容相同，这里不再赘述。

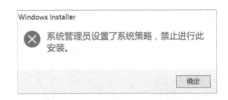

图 13-90　运行 Windows 安装程序错误提示

如图 13-90 所示，被限制的 Windows 安装程序运行时会出现此错误提示。

3. AppLocker 针对脚本文件的规则

以 .ps1 、.bat 、.cmd 、.vbs 、.js 等结尾的脚本文件也是经常被使用。某些情况下脚本文件也可以对计算机造成危害，所以使用 AppLocker 可以对此类文件制定运行规则。

在图 13-77 中单击"脚本规则"节点，然后在右侧一栏单击右键并在出现的菜单中选择"创建新规则"，然后单击"下一步"，跳过创建规则流程简介。剩下的操作步骤和 13.6.4 节内容相同，这里不再赘述。

大部分脚本文件没有数字签名，所以不适合使用"发布者"条件类型。

例如对 PowerShell 脚本文件设置拒绝运行操作行为。当运行 PowerShell 脚本文件时会出现如图 13-91 所示的错误提示。

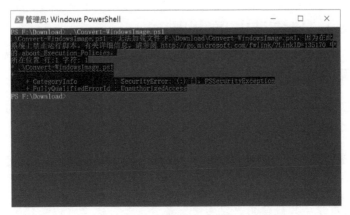

图 13-91　运行 PowerShell 脚本文件错误提示

4.　AppLocker 针对 DLL 文件的规则

DLL 文件是应用程序运行必须使用的文件，限制使用此类文件，可以变相的限制应用程序运行。但是需要注意，每个 DLL 文件可能有多个应用程序在使用，也包括操作系统，所以对此类文件慎重操作。

　强烈建议用户创建 DLL 默认规则，否则可能会导致大部分应用程序无法运行，不管规则使用的是"拒绝"还是"允许"操作行为。

在图 13-77 中单击"DLL 规则"节点，然后在右侧一栏中单击右键并在出现的菜单中选择"创建新规则"。然后单击"下一步"，跳过创建规则流程简介。剩下的操作步骤和 13.6.4 节内容相同，这里不再赘述。

例如对 QQ 的某个 DLL 文件使用拒绝操作行为，则运行 QQ 就会出现如图 13-92 所示的错误提示。

图 13-92　QQ 无法运行错误提示

5.　AppLocker 针对封装应用的规则

AppLocker 还可以针对 Modern 应用程序制定限制策略。本节以禁止操作系统自带的天气应用为例，操作步骤如下。

① 在图 13-77 中单击"封装应用规则"节点，然后在右侧一栏单击右键并在出现的菜单中选择"创建新规则"，单击"下一步"，跳过创建规则流程简介。

② 在权限设置界面中，选择操作行为为"拒绝"，规则适用用户为当前登录用户，然后单击"下一步"。

③ Modern 应用程序只能使用"发布者"条件类型。这里可以选择 Modern 应用程序的适用对象是已安装的应用，还是未安装的应用文件即 .appx 格式的文件，如图 13-93 所示。

一般情况下，用户很难获得 .appx 格式的文件，所以本节只介绍如何禁止运行已安装的 Modern 应用程序为例。单击图 13-93 中的"选择"按钮，在打开的窗口中选择想要禁止运行的 Modern 应用程序，这里选择 QQ 应用，如图 13-94 所示，然后单击"确定"。此时界面中会显示 Modern 应用程序签名信息，如图 13-95 所示，这里和 13.6.4 节设置内容相同，这里不再赘述。然后单击"下一步"。

图 13-93　选择 Modern 应用程序类型

图 13-94　选择已安装的 Modern 应用程序

④ 最后设置规则名称以及应用程序受到规则影响之后的描述信息，然后单击"创建"，由于 Modern 应用程序特性，所以不需创建默认规则。

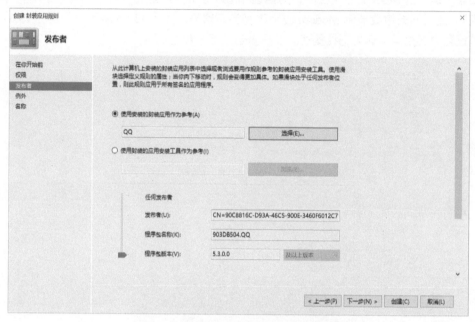

图 13-95　设置 Modern 应用程序限制条件

13.6.5　AppLocker 规则的仅审核模式

针对规则使用仅审核模式，则 Windows 10 操作系统不强制执行该规则。当运行包含在使用拒绝行为规则中的应用程序时，该应用程序可以正常运行，有关该应用程序运行的信息会保存到 AppLocker 事件日志。所以使用仅审核模式可以记录应用程序的使用情况，通过此模式可以先了解规则的执行情况，能否达到预期目的，然后决定是否真正执行规则。

在本地安全策略编辑器中，定位至 AppLocker 节点并单击右键，然后在出现的菜单中选择"属性"，如图 13-96 所示。在打开的 AppLocker 属性界面中，勾选想要使用仅审核模式的规则集合，然后在下拉列表中选择"仅审核"，最后单击"确定"即可，如图 13-97 所示。

图 13-96　打开 AppLocker 属性页

图 13-97　启用仅审核模式

13.6.6　管理 AppLocker

1.　导出规则策略

创建完规则策略之后，可以导出规则策略对其做备份，以备不时之需。在图 13-96 中选择"导出策略"，然后选择保存路径及填写文件名，单击"确定"即可。保存的策略文件是 .xml 格式文件。

2.　导入规则策略

如遇到重新安装操作系统或要在其他安装有 Windows 10 企业版操作系统的计算机使用 AppLocker 规则策略，可在图 13-96 中选择"导入备份"，然后选择备份的规则策略文件导入即可。

在 Windows 10 操作系统中创建的 AppLocker 规则策略无法用于管理运行 Windows 7 操作系统之前版本计算机。

3.　清除所有规则

当不需要使用 AppLocker 功能时，可以清除所有设置的限制规则，以保证所有文件和应用程序正常使用。在图 13-96 中选择"清除策略"，等待操作系统清除完成即可。

4. 修改规则

如果需要对已经创建的规则进行修改，例如修改规则操作行为、添加例外程序之类要求，只需在规则列表中，选中要修改的规则，然后双击打开，如图 13-98 所示。每种规则可修改的设置和创建该规则时的设置相同，这里不再赘述。

5. 更新策略

某些情况下会导致创建的规则策略无效，可能是由于策略没被更新导致。此时可以通过重新启动计算机使策略生效，但这样会稍显麻烦。使用 Windows 10 操作系统自带的 gpupdate 命令行工具，可以快速更新策略。

图 13-98　修改策略

以管理员身份运行命令提示符，执行 gpupdate 命令，等待策略更新完毕，如图 13-99 所示。

图 13-99　更新策略

13.7　Windows To Go

每个人都想随身携带自己的操作系统在身边，出差在外带着笔记本电脑确实是件辛苦的事情。即便有其他计算机可以使用，但是不同的操作环境也会影响工作的效率，没有常用的应用、熟悉的操作设置等都是影响工作效率的因素。

在 Windows 10 操作系统中，使用 Windows To Go 即可将操作系统安装至 USB 移动存储设备，例如 U 盘、移动硬盘等。这意味着无须再作任何设置就能够从 USB 移动存储设备上启动 Windows 10 操作系统，这样就可以带着自己专属的操作环境满世界跑。不过目前 Windows 安装程序依旧不支持把操作系统直接安装至 USB 移动存储设备。

13.7.1 Windows To Go 相关特性

既然要安装操作系统至移动存储设备，则 Windows To Go 程序对移动存储设备的要求也相当严格。首先移动存储设备的可用空间必须不得小于 16GB，所以对于 U 盘来说只能选择 32GB 容量的 U 盘。Windows To Go 同时支持 USB 2.0、USB 3.0、eSATA 等接口的移动存储设备，推荐使用 USB 3.0 接口设备。此外，安装操作系统的 U 盘需要得到微软认证才能使用 Windows To Go 功能，移动硬盘则无此项要求。

Windows To Go 只支持在 Windows 10 企业版操作系统中，安装操作系统至移动存储设备，并且安装的操作系统版本只能是 Windows 10 企业版操作系统。不过在其他版本的 Windows 10 操作系统中，可以设置 Windows To Go 启动选项。

对于已经安装至移动存储设备中的操作系统，可以把其称为 Windows To Go 工作区。

同样微软也对能运行 Windows To Go 工作区的计算机做有如下要求。

■ CPU 必须达到 1GHz 或者更快。

■ 内存必须达到 2GB 或者更大。

■ 显卡必须支持 DirectX 9 且驱动程序支持 WDDM 1.2 或更新的驱动程序。

■ 必须具有 USB 2.0 或以上接口。

■ 不支持外部 USB 集线器，必须直接连接到主板的 USB 接口。

■ BIOS/UEFI 必须支持从 USB 设备启动。

■ 64 位 CPU 可以在使用 BIOS 与 MBR 方式启动的计算机中，使用 32 位与 64 位 Windows To Go 工作区，32 位 CPU 只支持 32 位的 Windows To Go 工作区。对于使用 UEFI 与 GPT 方式启动的计算机，32 位的 UEFI 只能使用 32 位的 Windows To Go 工作区，同样 64 位的 UEFI 只能使用 64 位 Windows To Go 工作区。目前绝大部分采用 UEFI 固件的计算机都使用 64 位的 UEFI 固件。

Windows To Go 工作区和使用 Windows 安装程序安装的操作系统相比还需要注意以下

几点区别。

- Windows 10 操作系统支持把 pagefile.sys 虚拟内存文件放存放至移动存储设备，这意味着无须本地硬盘也能正常运行移动存储设备中的操作系统。

- 如果从移动存储设备启动 Windows To Go 工作区，并在运行中拔掉移动存储设备，Windows To Go 工作区将会锁定 60 秒，此时 Windows To Go 工作区基本无法操作，60 秒之内没有重新插入移动存储设备，此时计算机会蓝屏，然后重新启动计算机。

- Windows 10 操作系统会捆绑计算机所需的绝大部分驱动程序，如果没有驱动程序，操作系统会通过 Windows Update 下载。从试用 Windows To Go 的情况来看，对显卡的计算机驱动支持还不完善，需要用户手动安装显卡驱动程序。

- Windows To Go 工作区默认情况下禁止使用休眠功能，使用组策略编辑器可启用休眠功能。

- 默认 Windows To Go 工作区和本地硬盘上的操作系统不能互相查看对方数据。

- Windows To Go 支持使用 BitLocker 加密移动存储设备中的数据，启动时需解锁才可使用 Windows To Go 工作区。

- Windows To Go 工作区不支持使用 TPM（受信任的平台模块）。

- 不支持使用 WinRE（恢复环境）修复 Windows To Go 工作区。

- Windows To Go 工作区不支持使用系统恢复与系统重置功能。

13.7.2　使用 Windows To Go 安装系统到移动存储设备

通过上节介绍，可以了解到 Windows To Go 的功能特性，本节介绍如何安装操作系统至移动存储设备。

首先，按照上节要求准备移动存储设备，例如 U 盘、移动硬盘等。其次，准备 Windows 10 企业版操作系统安装镜像文件或 DVD 安装光盘。本节使用 320GB 的移动硬盘做安装演示，操作步骤如下。

① 加载 Windows 10 企业版操作系统安装镜像至虚拟光驱或把 DVD 安装光盘放入光驱。

② 按下 Win+R 组合键，打开"运行"对话框输入 pwcreator.exe 并回车，打开"创建 Windows To Go 工作区"向导程序。如果移动存储设备已连接到计算机，即可出现在图 13-100 所示的设备列表中。

图 13-100　选择设备

③ 选择使用 Windows To Go 的移动硬盘，单击"下一步"，向导程序会自动扫描并识别加载到虚拟光驱或物理光驱中的操作系统安装文件。如果没有被识别，请单击图 13-101 中的"添加搜索位置"选项，手动添加搜索位置。选中被识别到的映像文件，然后单击"下一步"。

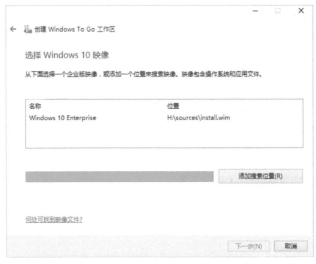

图 13-101　选择系统安装镜像

④ 这里选择是否对 Windows To Go 工作区使用 BitLocker 加密，如图 13-102 所示。使用 BitLocker 加密之后，会在每次启动 Windows To Go 工作区时要求输入 BitLocker 密码进行解锁，解锁成功之后，才能使用使用 Windows To Go 工作区。需要注意的是，对 Windows To Go 工作区使用 BitLocker 加密，必须先要对整个移动硬盘进行 BitLocker 加密，否则无法加密 Windows To Go 工作区。

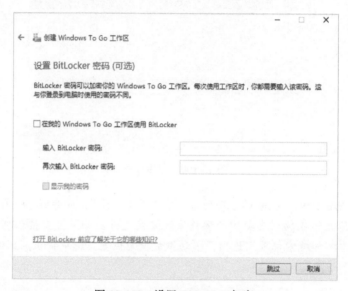

图 13-102　设置 BitLocker 加密

如果对数据的安全性有特殊要求，可以使用 BitLocker 加密 Windows To Go 工作区。如果没有 BitLocker 加密需求，可以跳过此设置步骤。

⑤ 设置完毕之后，向导程序会提示格式化整个移动硬盘，如果移动硬盘上有重要数据，请及时备份。单击"创建"，向导程序开始创建 Windows To Go 工作区。创建 Windows To Go 工作区取决于移动存储设备读取速度。本节使用 USB 2.0 接口的移动硬盘，大概需要半个小时才能创建完毕。

⑥ Windows To Go 工作区创建完毕之后，设置 Windows To Go 工作区启动选项，选择是否自动从 Windows To Go 工作区启动计算机，这里按需设置即可，如图 13-104 所示。

图 13-103　开始创建 Windows To Go 工作区

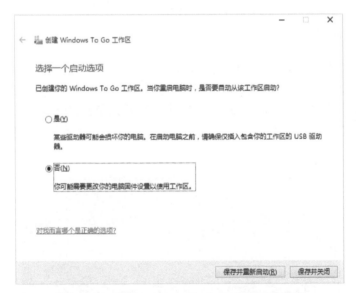

图 13-104　选择 Windows To Go 工作区启动设置

13.7.3　Windows To Go 启动选项设置

关于 Windows To Go 启动选项的设置，除了创建完毕 Windows To Go 工作区之后可以设置外，还可以通过其他两种方法修改 Windows To Go 启动选项。

使用图形界面

在控制面板的"硬件和声音"分类中或使用 Cortana 搜索，打开"更改 Windows To Go 启动选项"选项，即可设置计算机是否自动从 Windows To Go 工作区启动，如图 13-105 所示。

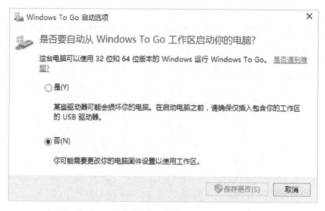

图 13-105　更改 Windows To Go 启动选项

使用命令行工具

Windows 10 操作系统同时还提供了 pwlauncher 命令行工具来修改 Windows To Go 启动选项。以管理员身份运行命令提示符执行 pwlauncher /？命令即可查看相关参数，如图 13-106 所示。输入 pwlauncher /enable 命令就可以设置计算机默认从 Windows To Go 工作区启动。

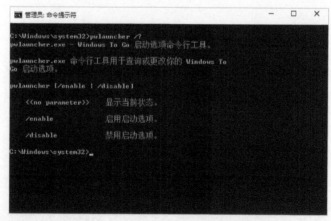

图 13-106　pwlauncher 命令行工具

13.8　Windows Update

Windows Update（Windows 更新）是 Windows 10 操作系统自带的更新程序，其可自动从微软服务器下载并安装最新的安全更新补丁。Windows Update 不仅可以自动安装操作系统更新补丁，而且还可为微软其他产品和硬件驱动程序提供更新服务，例如Microsoft Office、SQL Server、网卡驱动等。

Windows Update 作为操作系统安全防护的一个重要环节，同样值得去重视，及时修复操作系统漏洞，可以有效的减低计算机被病毒或恶意程序感染的风险。

13.8.1　更新体验

Windows 10 操作系统中的 Windows Update 被从控制面板移至 Modern 设置，而且设置选项也做了相应简化。打开 Modern 设置，然后选择其中的"更新和安全"分类，即可打开 Windows Update，如图 13-107 所示。

图 13-107　Windows Update

Windows Update 是保持操作系统安全的重要功能。在 Windows 10 操作系统中，微软不允许关闭 Windows Update，且对于发布的更新补丁必须进行下载安装，用户仅能对更新补丁的安装时间进行控制。Windows Update 的这些改进措施，可以使操作系统保持最新状态，有助于提升操作系统安全性，防止被恶意软件关闭或阻止 Windows Update 安装更新补丁。

在 Windows 7 操作系统中，只要安装了安全补丁之后，操作系统会会每隔一段时间在屏幕右下角弹出窗口，提示需要重新启动计算机完成更新补丁安装。虽然可以选择提醒的时间间隔，但是当用户不在计算机旁边，而计算机上还有未保存的重要文件，则重新启动计算机将是件可怕的事情。

在 Windows 10 中，当安装的更新补丁需要重启计算机时，操作系统会在特定的时间弹出提示框，提醒用户需要重启操作系统完成安装，如图 13-108 所示。

图 13-108　更新重启提醒

在 Windows 10 创意者更新中，Windows Update 功能更加完善个性化，在图 13-107 中单击"更改使用时段"，可以在打开的界面中设置一个时间段，告诉操作系统此时间段内不重启操作系统，如图 13-109 所示。

图 13-109　设置计算机活动时间

> **注意**　微软安全补丁会在每月的第二个星期二发布，但遇到重要安全补丁例外。

当操作系统安装完成更新需要重启时，除了手动重启之外，还可以单击图 13-107 中的"重新启动选项"，然后可以设置在某一个时间点重启操作系统完成更新安装，如图 13-110 所示。

图 13-110　重新启动选项

单击图 13-107 中的"高级选项",打开 Windows Update 高级选项界面,如图 13-111 所示,其中可设置更新安装方式、允许为微软其他产品提供更新服务等选项。同时,对于更新可以选择"暂停更新"推迟安装更新 7 天,但是 Windows Update 不允许拒绝更新。

图 13-111　Windows Update 高级选项

以往受限于网速，使用 Windows Update 下载更新补丁有时会非常缓慢。因此，微软为 Windows 10 操作系统中的 Windows Update 增加了更新补丁下载加速功能。在图 13-111 中，选择"选择如何提供更新"，打开下载更新设置界面，如图 13-112 所示，Windows Update 默认启用多源下载更新补丁。使用此功能，操作系统一方面可从微软官方服务器下载更新补丁，另一方面也可通过本地局域网或 Internet 从已经下载了更新补丁的计算机来加速下载。

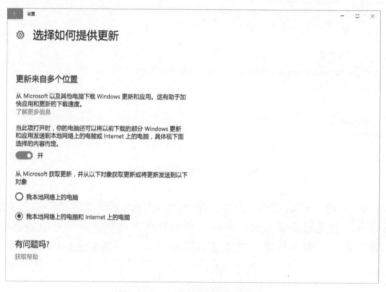

图 13-112 选择如何提供更新

13.8.2 安装更新

Windows 10 操作系统默认自动下载安装更新，但是有时候也可以手动检查更新。在 Windows Update 中单击"检查更新"，Windows Update 会自动连接至微软服务器检测是否有可用的更新补丁包，如图 13-113 所示。

如果有可用更新补丁，Windows Update 会自动进行下载并显示下载进度，如图 13-114 所示。

更新补丁安装完成之后，Windows Update 会提醒用户需要重启计算机，可以手动重启，也可以设置重新启动操作系统时间。等待重新启动完成之后，更新补丁也安装完成。

图 13-113 检查更新

图 13-114 下载安装更新

13.8.3 卸载更新

某些情况下，一些更新的补丁程序或驱动程序会导致操作系统不稳定，因此为了保证操作系统的正常运行，必须要卸载某些更新补丁。

在图 13-114 中单击"历史更新记录"，打开历史更新记录界面，其按照更新的类型分类列出安装成功和失败的所有更新列表，如图 13-115 所示。单击列表中的某一个更新可以显示该更新的详细信息。

图 13-115　历史更新记录

如果要卸载更新，单击图 13-115 中的"卸载更新"，打开已安装的更新补丁列表，如图 13-116 所示。选中要卸载的更新补丁并单击右键，然后在出现的菜单中选择"卸载"，操作系统即刻开始卸载该更新补丁。对于部分更新补丁，还需要重新启动计算机才可以卸载完成。

图 13-116　卸载更新补丁

第 14 章

专题：使用技巧与故障排除

14.1　操作系统安装篇

操作系统的安装可能是很多用户在使用计算机过程中经常遇到而又无法自行解决的问题，本节即介绍有关 Windows 10 操作系统版本选择及双系统安装的内容。

14.1.1　选哪个版本，32 位还是 64 位

Windows 10 操作系统除了有家庭版、专业版、教育版、企业版等以功能区分的版本外，还有按照 CPU（中央处理器）处理信息的方式划分的 32 位与 64 位版本。这也就是我们经常听到 32 位操作系统与 64 位操作系统。

为何操作系统会有 32 位和 64 位版本呢？因为目前绝大部分 CPU 使用 x86 架构，其按照 CPU 通用寄存器（GPR）的数据带宽又分为 32 位的 x86 CPU 和 64 位的 x86-64 CPU，其中 x86-64 通用的简称为 x64。32 位 CPU 处理数据的带宽理论上来说只有 64 位 CPU 的一半。64 位 CPU 相对于 32 位 CPU 最明显的两大优点是：支持超过 4GB 的内存以及支持硬件虚拟化技术。

这里可能会有人问，难道 32 和 64 位的 CPU 只能分别使用 32 位与 64 位的 Windows 10 操作系统吗？当然不是，32 位的 Windows 10 操作系统可以在使用 32 位或 64 位 CPU 的计算机上安装，而在使用 32 位 CPU 的计算机上则只能安装 32 位的 Windows 10 操作系统。目前绝大部分的计算机都使用 64 位的 CPU，所以 CPU 使用何种架构模式可以忽略，只需选择安装那个版本的 Windows 10 操作系统即可。

在使用 32 位 Windows 10 操作系统的中，最多只能使用 4GB 左右的内存，因为操作系统对内存的最大寻址空间为 2^{32} 次方 Bytes，也就是 4GB。由于操作系统会为部分硬件设备保留一部分 $100 \sim 600$MB 内存空间，所以如果计算机安装有 4GB 内存，则在操作系统中只会显示可用容量为 3.5GB 左右。

而在使用 64 位的 Windows 10 操作系统中，由于操作系统对内存的最大寻址空间为 2^{64} 次方 Bytes 及 16TB，所以 64 位操作系统支持 4GB 以上的内存。

综合来说 64 位操作系统有如下几点优势。

- **性能更强**：使用 64 位操作系统能最大发挥计算机性能。例如，可使用超过 4GB 内存、支持硬件虚拟化技术等。但是目前就使用感受来说，除了支持 4GB 以上的内存能提升计算机性能外，其他方面和 32 位版本计算机无明显区别。

- **兼容性高**：理论上来说 64 位操作系统只能使用运行 64 位应用程序，但是借助于微软 WOW64（Windows On Windows 64-bit）技术，在 64 位操作系统上也可以运

行 32 位应用程序且性能损耗完全可以忽略，实际使用感受非常出色，基本能兼容 90% 的 32 位应用程序。

- **安全性**：64 位操作系统相比于 32 位操作系统更加安全，其采用 PatchGuard（安全内核）和 DEP（数据执行保护）技术保护操作系统安全。

- **免费**。只要购买 Windows 10 操作系统，即可使用激活密钥激活 32 位或 64 位操作系统。

综上所述，如果计算机只会用来办公、看视频且内存不超过 4GB 也不打算升级内存，建议使用 32 位 Windows 10 操作系统。如果使用 4GB 以上内存且对计算机性能要求高的用户，建议使用 64 位 Windows 10 操作系统。此外，对于游戏发烧友，也建议使用 64 位 Windows 10 操作系统，因为相当一部分大型游戏只支持在 64 位操作系统。

14.1.2　常规 Windows 双系统安装

双系统安装主要介绍 Windows XP、Windows 7 与 Windows 10 操作系统的安装方式。理论上来说，安装双系统必须先安装低版本操作系统，然后再安装高版本操作系统，这也是最简单的双系统安装方式，但是此种安装方式也有极大的局限性，例如本身计算机已经安装 Windows 10 操作系统即无法使用此种方式安装系统。此外，根据计算机使用固件（BIOS/UEFI）的不同，双系统安装方式也不同。本节即介绍各种类型环境的双系统安装方式。

1.　Windows 7 与 Windows 10 双操作系统安装

安装 Windows 7 与 Windows 10 双操作系统时，计算机有以下 4 种安装环境。

- 计算机使用 UEFI+GPT 方式启动并已安装 Windows 7 操作系统（64 位）。

- 计算机使用 UEFI+GPT 方式启动并已安装 Windows 10 操作系统（64 位）。

- 计算机使用 BIOS+MBR 方式启动并已安装 Windows 7 操作系统（64 位或 32 位）。

- 计算机使用 BIOS+MBR 方式启动并已安装 Windows 10 操作系统（64 位或 32 位）。

安装双系统前需要先为第二操作系统划分安装分区，建议分区容量不小于 20GB。其次，Windows 7 或 Windows 10 操作系统安装文件必须是微软官方渠道获取版本，例如 MSDN、TechNet 等订阅下载的镜像文件或官方零售光盘。

使用 UEFI+GPT 方式启动并已安装 Windows 7 操作系统（64 位）

由于使用 UEFI+GPT 启动方式的计算机只能安装 64 位操作系统，所以本节以安装 64 位 Windows 10 操作系统为例。挂载 Windows 10 安装镜像文件至虚拟光驱或解压缩至非操作系统安装分区，这里以将安装镜像挂载至 F 盘为例，安装双系统安装步骤如下。

① 打开安装镜像所挂载的 F 盘，然后进入 sources 文件夹，双击运行其中的 setup.exe，等待安装程序初始化完成即可启动 Windows 10 安装程序，如图 14-1 所示。本节选择不安装更新，单击"不，谢谢"继续。

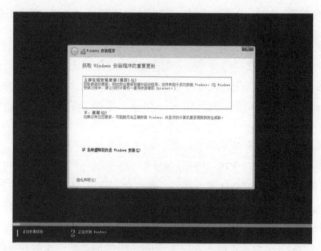

图 14-1　选择安装 Windows 更新

② 在出现的界面中接受许可条款，然后单击"下一步"继续，随后 Windows 安装程序要求用户选择操作系统安装方式，由于本节是以安装双系统为例，所以这里单击选择"自定义：仅安装 Windows"选项进行安装。

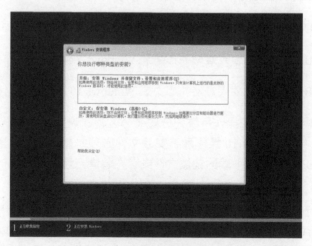

图 14-2　选择操作系统安装方式

③ 选择 Windows 10 操作系统安装位置，如图 14-3 所示，其表中已经列出计算机中的所有分区，选择之前已经划分好的分区，这里以选择 E 盘为例，然后单击"下一步"。

 注意 由于是按照双操作系统，所以请勿选择已安装 Windows 7 的硬盘分区。

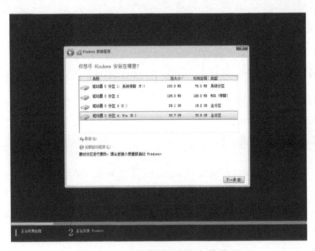

图 14-3　选择操作系统安装位置

④ 选择操作系统安装位置之后，Windows 安装程序开始安装 Windows 10 操作系统，后续安装步骤和常规安装方式相同，这里不再赘述。Windows 10 操作系统安装完成之后，默认使用 Modern 图形启动菜单，如图 14-4 所示，然后选择要启动的操作系统即可。有关 Modern 图形启动菜单，请查看 12.1.1 节内容。

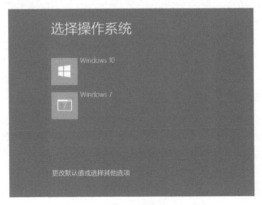

图 14-4　Modern 图形启动菜单

使用 UEFI+GPT 方式启动并已安装 Windows 10 操作系统（64 位）

在 Windows 10 中安装 Windows 7 操作系统和在 Windows 7 中安装 Windows 10 操作系统操作步骤和安装要求一样，只是在 Windows 安装程序中选择安装位置时，安装程序会提示选择的硬盘分区不是推荐使用分区，不用理会提示按照提示继续安装即可。

 注意 如果计算机启用安全启动功能，请参照第五章内容关闭，否则 Windows 7 操作系统无法启动。

使用 BIOS+MBR 方式启动并已安装 Windows 7 操作系统（64 位或 32 位）

在使用 BIOS+MBR 方式启动并已经安装有 32 位或 64 位的 Windows 7 操作系统中，安装相同架构版本的 Windows 10 操作系统，其安装步骤和上述安装步骤相同，请参照 14.1.2 节内容，这里不再赘述。

如果在已安装 32 位 Windows 7 操作系统的基础上安装 64 位 Windows 10 操作系统或在 64 位 Windows 7 操作系统的基础上安装 32 位 Windows 10 操作系统，其安装步骤较多。本节在已安装 32 位 Windows 7 操作系统的基础上安装 64 位 Windows 10 操作系统为例，具体安装步骤如下。

① 使用 Windows 10 操作系统安装 U 盘或光盘启动计算机启动 Windows 安装程序。

② 按照提示选择安装程序语言及输入法并接受许可条款，然后选择操作系统安装方式为"自定义：仅安装 Windows"，最后进入操作系统安装位置选择界面，如图 14-5 所示，选择为安装 Windows 10 操作系统准备的分区，然后单击"下一步"。

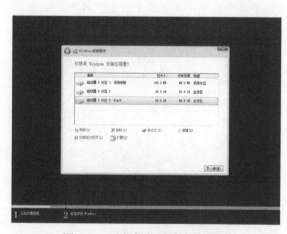

图 14-5　选择操作系统安装位置

注意 在使用 BIOS+MBR 方式启动的计算机中，操作系统必须安装至主分区，所以请确保安装 Windows 10 操作系统的分区为主分区。

③ Windows 安装程序开始展开文件并安装功能，安装完成之后计算机重新启动，并自动启动 Windows 10 操作系统安装程序完成安装过程，然后计算机再次重新启动并进入 Modern 图形启动菜单，在菜单中选择相应操作系统启动即可。

使用 BIOS+MBR 方式启动并已安装 Windows 10 操作系统（64 位或 32 位）

在已安装 Windows 10 操作系统的基础上安装相同或不同架构版本的 Windows 7 操作系统，其安装方式与上节所述操作步骤相同，这里不再赘述。安装 Windows 7 操作系统之后，启动管理器菜单变成传统黑白界面，如图 14-6 所示。

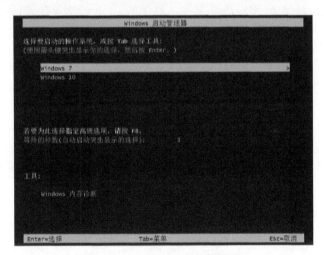

图 14-6　Windows 启动管理器

2. Windows XP 与 Windows 10 双操作系统安装

由于 Windows XP 操作系统不支持 UEFI+GPT 方式启动，所以 Windows XP 与 Windows 10 双操作系统启动只能在使用 BIOS+MBR 方式启动的计算机中实现。因此，安装 Windows XP 与 Windows 10 双操作系统时，计算机有以下两种安装环境。

■ 计算机使用 BIOS+MBR 方式启动并安装 Windows XP 操作系统（64 位或 32 位）。

■ 计算机使用 BIOS+MBR 方式启动并安装 Windows 10 操作系统（64 位或 32 位）。

注意　由于 Windows XP 操作系统已于 2014 年 4 月 8 日终止技术支持，微软以后不再为 Windows XP 提供更新补丁。此外，目前相对较新的计算机或计算机配件都不提供适用于 Windows XP 的驱动，所以建议使用 Windows XP 以上版本的操作系统。

使用 BIOS+MBR 方式启动并已安装 Windows XP 操作系统（64 位或 32 位）

在 Windows XP 操作系统中安装同架构版本的 Windows 10 操作系统，其安装过程与 14.1.2 节过程相同，这里不再赘述。绝大部分情况下计算机安装的 Windows XP 操作系统为 32 位版本，所以使用 32 位 Windows XP 操作系统与 64 位 Windows 10 操作系统的双启动安装方式最多，其安装方法与 14.1.2 所述安装步骤相同，这里不再赘述。安装 Windows 10 操作系统时，其使用自带的启动管理器（BOOTMGR）替换 Windows XP 的系统加载程序（NTLDR）作为默认启动管理程序。重新启动计算机之后，会自动进入 Modern 图形启动菜单，对于 Windows XP 等早期版本的操作系统，启动菜单中会标注为"早期版本的 Windows"，如图 14-7 所示。

图 14-7　Modern 图形启动菜单

使用 BIOS+MBR 方式启动并已安装 Windows 10 操作系统（64 位或 32 位）

在已经安装有 Windows 10 操作系统的计算机上安装 Windows XP 操作系统，其安装方式需要借助第三方工具完成。本节以安装 Ghost 方式存储的 Windows XP 操作系统为例，其中需要使用带有一键 Ghost、启动修复等应用程序的 WinPE，安装步骤如下。

① 使计算机启动并进入 WinPE，运行一键 Ghost 恢复软件并选择 Ghost 文件位置以及 Windows XP 安装位置，最后按照提示开始恢复操作，如图 14-8 所示。

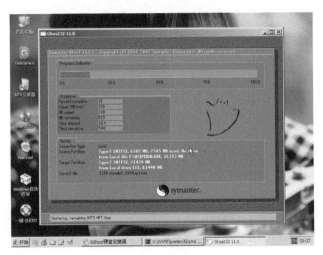

图 14-8　Ghost 恢复系统

② 等待 Ghost 文件恢复完成，运行 Windows 启动修复应用程序，然后安装提示修复操作系统启动选项，如图 14-9 所示，提示修复成功之后，重启计算机。

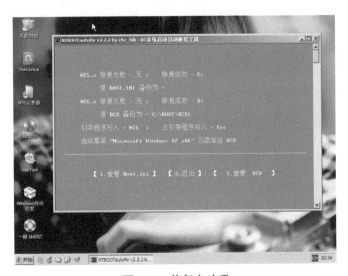

图 14-9　修复启动项

③ 计算机重新启动之后，自动进入 Modern 图形启动菜单，选择启动 Windows XP 完成后续安装过程。

图 14-10　Modern 图形启动菜单

3.　删除双操作系统

如果要删除双操作系统中的其中一个，删除方式有两种。第一种是删除低版本操作系统保留高版本操作。例如删除 Windows 7 或 XP，保留 Windows 10 操作系统，只需在高版本操作系统中格式化安装低版本操作系统的硬盘分区即可完成删除，理论上来说重启计算机之后，不会进入启动菜单而直接启动计算机中唯一操作系统。如果还会进入启动菜单，可按下 Win+R 组合键，打开"运行"对话框输入 msconfig 并回车，打开系统配置界面，如图 14-11 所示，切换至引导选项卡，删除已被删除的操作系统启动选项即可。

图 14-11　系统配置

第二种情况是删除高版本操作系统保留低版本操作系统。例如保留 Windows 7 或 XP，删除 Windows 10 操作系统，此类这种情况又根据 BIOS+MBR 与 UEFI+GPT 启动方式的不同，删除操作又分为两种情况。

使用 UEFI+GPT 方式启动

由于 UEFI 功能特性，操作系统的启动文件存储于 ESP 分区，只要保证 ESP 分区存在且正常，可以直接格式化安装有 Windows 操作系统的硬盘分区。另外，强烈建议在格式化分区之前，在图 14-11 所示的系统配置中设置要保留的 Windows 操作系统启动选项为默认设置，然后删除其他 Windows 操作系统启动选项。

如果计算机默认使用 Modern 图形启动菜单，且没有在格式化 Windows 10 操作系统安装分区之前修改默认启动选项为其他操作系统，则格式化分区之后重新启动计算机，会进入如图 14-12 所示的启动恢复界面。此时，按下 F9 键即可启动保留的 Windows 操作系统，登录操作系统之后，在系统配置中修改默认启动操作系统并删除无关启动选项即可。

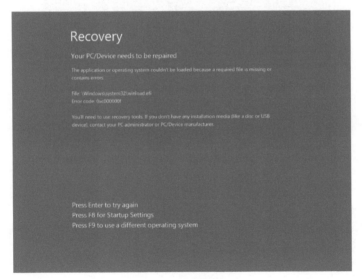

图 14-12　启动恢复

使用 BIOS+MBR 方式启动

在使用 BIOS+MBR 方式启动的计算机中，因为计算机默认使用高版本操作系统的启动管理程序，如果贸然格式化高版本操作系统安装分区，将可能会导致低版本操作系统无法启动。

如果是 Windows 7 和 Windows 10 操作系统启动组合，则先进入 Windows 7 操作系统，然后在系统配置中修改默认启动选项为 Windows 7 操作系统并删除 Windows 10 操作系统的启动信息，最后格式化 Windows 10 操作系统安装分区即可完全删除 Windows 10 操作系统。

但是，对于 Windows XP 和 Windows 10 操作系统启动组合，由于两者的启动管理程序不同，所以无法使用 Windows XP 操作系统中的系统配置修改默认启动操作系统为 Windows XP，直接格式化 Windows 10 操作系统安装分区会导致每次启动计算机时，都会进入图 14-12 所示的启动恢复界面，此时需要使用 bootsect 命令行工具进行修改。bootsect 命令行工具存储于 Windows 安装文件的 boot 目录，因此在 Windows XP 操作系统中，打开命令提示符并切换至 bootsect 命令行工具所在目录，然后执行 bootsect /nt52 c: 命令，如图 14-13 所示，其中 c: 为 Windows XP 操作系统安装分区盘符，命令执行成功后，重新启动计算机即会自动进入 Windows XP 操作系统。

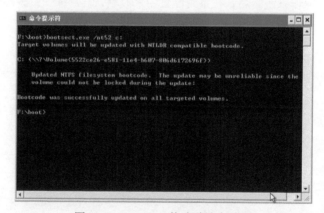

图 14-13　bootsect 修改默认启动项

 注意　由于 MBR 分区表特性，请确保预留的 Windows 操作系统安装分区为活动的主分区，否则操作系统将无法启动。

14.2　技巧篇

本节主要介绍有关使用 Windows 10 操作系统中的一些技巧与功能。

14.2.1　笔记本变身无线路由

在 Windows 10 操作系统中自带虚拟无线热点功能，使用其可以让具备无线网卡的计算机变成无线路由器，让其他设备共享上网，操作步骤如下。

① 以管理员身份运行 PowerShell 或命令提示符执行如下命令，开启虚拟无线热点功能。

```
netsh wlan start hostednetwork
```

如要关闭虚拟无线热点功能，只需将 start 参数改为 stop 并执行即可。

② 执行如下命令设置虚拟无线热点名称及密码。

```
netsh wlan set hostednetwork mode=allow ssid=WiFi key=123456789
```

此命令有 3 个参数，其中，mode 字段设置是否启用虚拟无线网卡，参数改为 disallow 则为禁用，ssid 字段热点名称，建议使用英文，key 字段热点密码，默认需设置 8 位密码。

命令执行成功后，在网络连接设置界面中会出现一个使用网卡为 Microsoft Hosted Network Virtual Adapter 的本地连接，为了方便记忆，可将其改名为 WiFi。

③ 在网络连接设置界面中，选中已经连接到 Internet 的网络连接，然后单击右键并在出现的菜单中选择属性，在属性中切换至共享选项卡设置无线热点可使用此连接网络，如图 14-14 所示，然后单击"确定"即可使用此无线热点连接上网。

图 14-14　共享网络

④ 如果无线热点无法连接或不能上网，可参照第 13 章内容关闭防火墙或为无线热点设置出站和入站规则。此外，还可执行如下命令显示无线热点网络信息。

```
netsh wlan show hostednetwork
```

图 14-15　设置虚拟无线热点

14.2.2　无需输入密码自动登录操作系统

有些用户可能觉得输入帐户密码过于麻烦，而且平时计算机被其他人使用的机会很小，则可在 Windows 10 操作系统中可设置自动登录操作系统，免除每次开机必须要输入密码的过程。具体操作步骤如下。

① 按下 Win+R 组合键，在"运行"对话框中输入 netplwiz 并回车，打开用户帐户设置界面，如图 14-16 所示。

② 勾选图中的"要使用计算机，用户必须输入用户名和密码"选项，然后选择要自动登录的帐户，最后单击"确定"。

③ 在随后出现的自动登录对话框中，输入要自动登录帐户的密码并确认密码，如图 14-17 所示，然后单击"确定"。

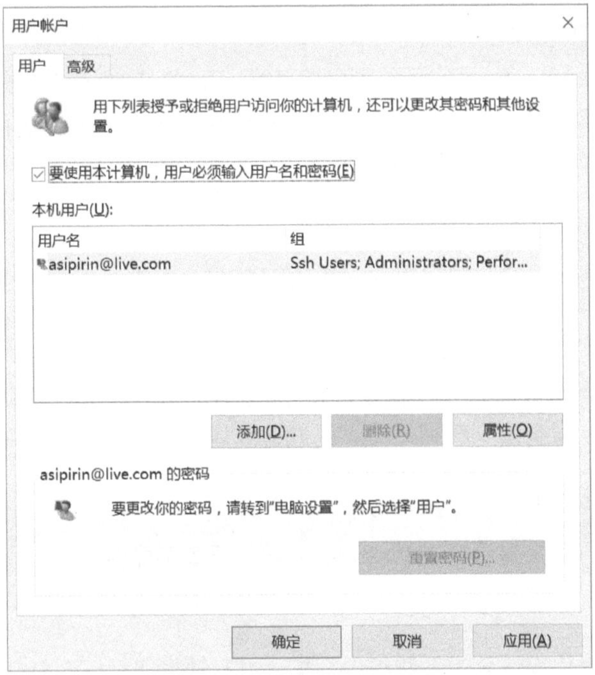

图 14-16 设置帐户自动登录

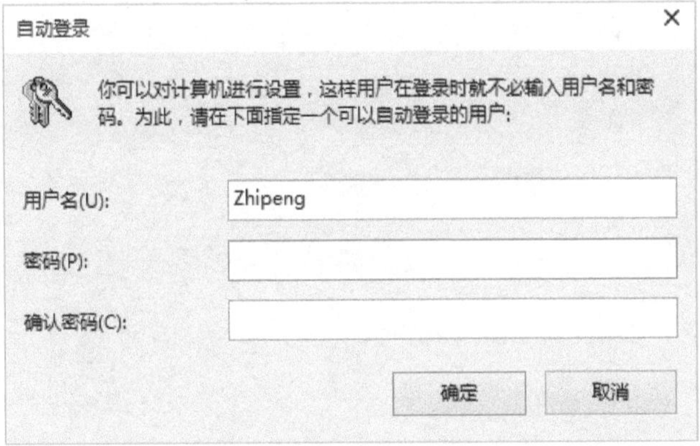

图 14-17 自动登录对话框

14.3 系统故障修复篇

使用计算机的过程中，最头疼的就是操作系统出现各种各样的故障。本节介绍两种常见故障解决方案以及用于修复启动故障的 WinPE 工具。

14.3.1　使用命令修复 Windows 10 系统组件

某些情况下，Windows 10 操作系统组件会由于各种各样的原因导致无法使用，此时该怎么做呢？重装操作系统还是找人修理？其实通过微软自带的两个命令行工具就可以解决觉大部分此类问题。

使用 dism 修复系统组件

以管理员身份运行命令提示符或 PowerShell 并执行如下命令。

```
dism /online /cleanup-image /restorehealth
```

命令执行之后，操作系统会自动连接至微软服务器，并对系统组件扫描，如有缺失或损坏操作系统会从服务器下载相关文件并进行修复。推荐使用此命令修复系统组件。

使用 sfc 修复系统组件

以管理员身份运行命令提示符或 PowerShell 并执行如下命令。

```
sfc /scannow
```

命令执行之后，操作系统会对系统组件扫描，如有缺失或损坏会自动修复。

图 14-18　执行 sfc 命令

14.3.2　网络连接故障剖析及解决方案

在平时工作生活中，可能会遇到网络无法连接导致无法上网的情况，造成此类问题的原因有多种，本节分别做一介绍。

网络设备问题

网络出现故障时，应该查看一下 ADSL 调制解调器（俗称猫）、交换机以及路由器等设备上的网线是否插好，其次查看网络设备运行是否正常。如果运行不正常首先应该重启网络设备，然后观察其是否正常运行，如果还是不能正常运行请更换网络设备。

网络运营商问题

有的时候网络无法连接是因为网络提供商自身原因导致，遇到此类情况首先拨打运营商客服电话进行确认，然后等待网络运营商解决故障。其次，查看网络帐户是否欠费，如果是，请及时缴费。

驱动程序故障

网络故障有相当一部分原因是由网卡驱动程序故障造成，遇到此类问题最快速的解决方式是重新安装网卡驱动。按下 **Win+X** 组合键并在出现的菜单中选择"设备管理器"，

在设备管理器中，定位至"网络适配器"节点，选择出现故障的网卡（有线网卡或无线网卡），然后单击右键并在出现的菜单中选择"卸载"，如图 14-19 所示，最后重启计算机。操作系统会自动重新安装网卡驱动，网络故障即可解决。

除了上述方法，还可以从网卡产商官网下载驱动程序进行更新。对于硬件较新的计算机建议从官网下载网卡驱动进行更新或使用网卡驱动文件重新安装。

图 14-19　卸载驱动

操作系统设置问题

如果运营商和驱动程序都没有问题，则问题就只能出现在操作系统设置中。对于此类情况有以下几种解决方法。

1. 使用 Windows 网络诊断解决。在任务栏通知区域选中网络连接图标，然后单击右键在出现的菜单中选择"疑难解答"打开 Windows 网络故障程序，如图 14-20 所示。此时程序会检测网络连接状况，如有故障会进行修复。

2. 重置网卡 IP 地址。对于使用路由器上网的用户，其 IP 地址由网络设备自动分配，但是有的时候网卡没有获取正确的 IP 地址，例如 127.0.0.1 或 169 开头的 IP 地址，这时可以以管理员身份运行命令提示符输入 ipconfig /release 命令自动从网络设备重新获

取 IP 地址。

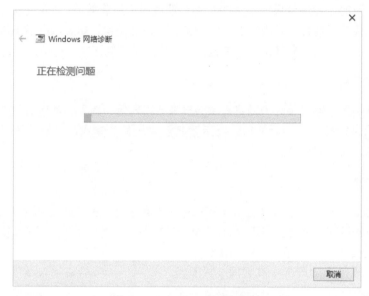

图 14-20　Windows 网络诊断

Winsock LSP 劫持

有时候会遇到这么一种情况，网络连接正常，IP 地址、DNS 地址配置正确，路由器也配置正常，但就是无法浏览网页、登录 QQ，而且使用 ping 命令测试计算机连接 Internet 上的网站，测试结果显示计算机可以连接至 Internet。但是为什么不能上网呢？遇到这种情况极大的可能是因为 Winsock LSP 劫持造成。

Winsock LSP（Windows Socket 分层服务提供商）。所有使用 Windows Socket 进行网络通信的程序都要经过 Winsock LSP。基于上述原因，一些应用程序会将自身加入 Winsock 配置信息进行 LSP 劫持，所有与网络交换的信息都要通过这些应用程序，当卸载该应用程序之后就会导致无法上网。

修复 LSP 被劫持的问题，有两种方法：一种是使用第三方的工具进行修复，第二种是使用 Windows 10 操作系统自带的 netsh 命令进行修复。以管理员身份运行命令提示符或 PowerShell 并执行如下命令。

```
netsh winsock reset catalog
```

命令执行完毕之后，重新启动计算机即可正常上网。

14.3.3 制作 WinPE 系统故障急救操作系统

Windows Preinstallation Environment（Windows 预安装环境）简称 Windows PE 或 WinPE，他是一个运行在内存中并具有 Windows 操作系统有限功能的精简版操作系统。自 Windows Vista 操作系统之后的所有 Windows 操作系统都是使用 WinPE 进行安装。WinPE 主要有以下功能。

■ 对硬盘分区进行划分或调整。

■ 修复 Windows 系统组件。

■ 使用本地硬盘或网络安装 Windows 操作系统。

■ 部署或捕获 Windows 安装文件。

■ 恢复或备份数据。

■ Windows 启动故障修复。

由于 WinPE 安装文件小（250MB 左右），所以适合把其安装至 U 盘或光盘，遇到操作系统故障时把 U 盘或光盘插入计算机然后选择从 U 盘或光盘启动进入 WinPE，使用 WinPE 自带命令行工具处理操作系统故障。

WinPE 是精简版的 Windows 操作系统，所以只保留了命令提示符以供用户使用，如图 14-21 所示，但是 WinPE 具备如下 Windows 高级功能。

■ 支持 Windows 脚本、ActiveX 数据对象和 PowerShell 组件。

■ 支持运行大部分的 Windows 桌面应用程序。

■ WinPE 包含网卡、显卡、大容量存储器启动程序。

■ 支持 TCP/IP 有线访问共享文件。

■ 支持使用 BitLocker 加密、受信任平台模块（TPM）和安全启动。

■ 支持挂载使用虚拟磁盘文件（VHD）。

制作普通用户能使用的 WinPE，需要使用微软提供的 Windows 评估和部署工具包（Windows ADK）来完成。下载安装 Windows ADK 之后，在"开始"菜单查找或使用 Cortana 搜索"部署和映像工具"，然后以管理员身份运行。部署和映像工具是制作 WinPE 的主要工具，本节以制作安装于 U 盘和 ISO 文件的 WinPE 为例。

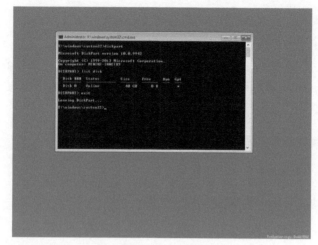

图 14-21 WinPE 界面

安装 WinPE 至 U 盘

在部署和映像工具中执行如下命令。

`copype amd64 e:\winpe_64`

新建 winpe_64 目录并复制 64 位 WinPE 文件至此文件夹。如要制作 32 位 WinPE，把 amd64 修改为 x86 即可。

`makewinpemedia /ufd e:\winpe_64 i:`

安装 64 位 WinPE 至 U 盘，i: 为 U 盘盘符。此命令会格式化 U 盘，请注意备份数据。

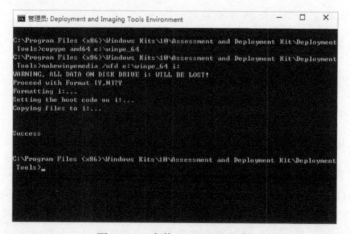

图 14-22 安装 WinPE 至 U 盘

制作 WinPE 镜像文件

在部署和映像工具中输入如下命令。

```
copype amd64 e:\winpe_64
```

新建 winpe_64 目录并复制 64 位 WinPE 文件至此文件夹。如要制作 32 位 WinPE，把 amd64 修改为 x86 即可。

```
makewinpemedia /iso e:\winpe_64 e:\winpe_64.iso
```

制作 WinPE 镜像文件。

制作好的 WinPE 镜像文件可以使用系统自带的刻录光盘功能写入光盘，也可以使用 5.4.1 节的方法写入 U 盘使用。

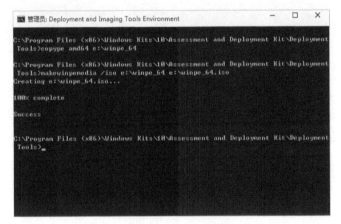

图 14-23　制作 WinPE 镜像文件

注意　使用 Windows ADK 制作的 WinPE 支持 UEFI 与 BIOS 固件启动。在 WinPE 环境下任何对 WinPE 系统做的修改或设置都将在重新启动计算机之后丢失。

如果觉的 WinPE 中自带的命令行工具不能满足使用需求，可以向 WinPE 中添加绿色版第三方工具软件。在部署和映像工具中输入如下命令挂载 WinPE 核心文件 boot.wim。

```
dism /mount-image /imagefile:"e:\winpe_64\media\sources\boot.wim" /index:1 /
mountdir:"e:\winpe_64\mount"
```

其中 e:\ winpe_64\mount 为 WIM 文件挂载目录。挂载完成之后打开该目录就发现其目录结构和 Windows 分区目录结构相同，复制第三方工具至 Program Files (x86) 或 Program Files，然后退出映像文件挂载目录并在部署和映像工具中输入如下命令保存修改的 WIM 文件。

```
dism /unmount-image /mountdir:"e:\winpe_64\mount" /commit
```

WIM 保存成功之后，重新使用在部署和映像工具中使用 makewinpemedia 命令制作 WinPE 即可。

图 14-24　挂载与卸载 WIM 文件

在某些情况下修改过的 WIM 文件不能保存，所示此时先在部署和映像工具中执行 dism/unmount-image /mountdir:"e:\winpe_64\mount" /discard 命令放弃对 WIM 文件的修改，卸载完成之后，输入 dism /cleanup-mountpoints 命令清除与已挂载 WIM 文件相关联的资源，命令执行完成之后，重新挂载 WIM 文件修改即可正常保存。

欢迎来到异步社区!

异步社区的来历

异步社区(www.epubit.com.cn)是人民邮电出版社旗下IT专业图书旗舰社区,于2015年8月上线运营。

异步社区依托于人民邮电出版社20余年的IT专业优质出版资源和编辑策划团队,打造传统出版与电子出版和自出版结合、纸质书与电子书结合、传统印刷与POD按需印刷结合的出版平台,提供最新技术资讯,为作者和读者打造交流互动的平台。

社区里都有什么?

购买图书

我们出版的图书涵盖主流IT技术,在编程语言、Web技术、数据科学等领域有众多经典畅销图书。社区现已上线图书1000余种,电子书400多种,部分新书实现纸书、电子书同步出版。我们还会定期发布新书书讯。

下载资源

社区内提供随书附赠的资源,如书中的案例或程序源代码。

另外,社区还提供了大量的免费电子书,只要注册成为社区用户就可以免费下载。

与作译者互动

很多图书的作译者已经入驻社区,您可以关注他们,咨询技术问题;可以阅读不断更新的技术文章,听作译者和编辑畅聊好书背后有趣的故事;还可以参与社区的作者访谈栏目,向您关注的作者提出采访题目。

灵活优惠的购书

您可以方便地下单购买纸质图书或电子图书,纸质图书直接从人民邮电出版社书库发货,电子书提供多种阅读格式。

对于重磅新书,社区提供预售和新书首发服务,用户可以第一时间买到心仪的新书。

用户账户中的积分可以用于购书优惠。100积分=1元,购买图书时,在 里填入可使用的积分数值,即可扣减相应金额。

纸电图书组合购买

社区独家提供纸质图书和电子书组合购买方式，价格优惠，一次购买，多种阅读选择。

社区里还可以做什么？

提交勘误

您可以在图书页面下方提交勘误，每条勘误被确认后可以获得100积分。热心勘误的读者还有机会参与书稿的审校和翻译工作。

写作

社区提供基于 Markdown 的写作环境，喜欢写作的您可以在此一试身手，在社区里分享您的技术心得和读书体会，更可以体验自出版的乐趣，轻松实现出版的梦想。

如果成为社区认证作译者，还可以享受异步社区提供的作者专享特色服务。

会议活动早知道

您可以掌握 IT 圈的技术会议资讯，更有机会免费获赠大会门票。

加入异步

扫描任意二维码都能找到我们：

异步社区	微信服务号	微信订阅号	官方微博	QQ群：436746675

社区网址：www.epubit.com.cn

投稿 & 咨询：contact@epubit.com.cn